人間科学のための
統計分析

こころに関心があるすべての人のために

石井 秀宗 著

医歯薬出版株式会社

序　文

　統計学が学問として成立したのは，19世紀後半から20世紀初頭にかけてです．それから100年以上が経過した今日において，統計学は，科学を記述する言語ともいわれ，その役割はますます大きくなっています．また，昨今は，ビッグデータ時代の到来などといわれるように，さまざまな，そして新しい分析法が，研究者のみならず社会において広く利用されるようになってきています．

　しかし，そうではあっても，データを収集し，分析して，最終的に結果を解釈するのは私たち人間です．どんなに分析技術が高度になったとしても，それを利用する私たちがその手法について正しく理解していなければ，分析結果を有効かつ適切に活用することはできません．誰もが統計分析を利用できる時代になったからこそ，単なる手続きではなく，分析の考え方や論理をしっかりと理解しておくことが必要です．

　本書は，人間科学，とくに，こころに関心がある人のために，統計分析の考え方や，分析結果の解釈の仕方を，具体的な例を示しながら解説した本です．こころに関心があるとは，人のこころや知的能力など，物理的にとらえることのできない構成概念を対象としているということです．構成概念は実在しませんから，それをとらえるためにはそれなりの工夫と配慮が必要です．本書では，通常の統計学や統計分析の書籍では扱われることが少ない構成概念の測定やその分析法について，詳しく解説しています．

　おもな読者対象は，心理学，看護学，保健学，医学，教育学，社会学，福祉学などを学ぶ大学生，大学院生，研究者等になると思いますが，統計分析の基本的な考え方はどの領域にも共通しますので，統計分析を用いる他の多くの分野の皆さんにお読みいただけると思います．

　本書は全22章からなり，その構成は以下のようになっています．

　1～6章は，統計分析の入門的な内容です．

　1章では，なぜ統計分析を行うのか，人のこころを扱う領域において統計分析をするとはどのような意味があるのかということについて考えます．2章ではデータを収集する方法や倫理的配慮について，3章ではデータの種類や構造について，4章では統計図表を用いたデータの要約について説明します．続く5章では平均値や標準偏差など分布統計量について，6章では共分散と相関係数について説明します．

　7章では，構成概念の測定に関する理論であるテスト理論について解説します．この章が存在することが，本書と通常の統計学や統計分析の書籍との大きな違いの1つです．心理尺度やテストは，体重計などとは異なり，標準規格があってそれに合わせて作られているわけではありません．とらえたいものをきちんととらえられるかどうかは，テストを作っただけでは実はよく分からないのです．構成概念の測定においては，適切な測定をしているといえる証拠固めが必要です．7章では，その具体的方法について説明します．

　8～10章は，統計的推測の論理について理解するための章です．統計分析はどのような論理に基づいて組み立てられているかを，基本的な例を用いながら説明します．

　8章では，統計的推測の論理を理解するための準備を行います．標準誤差という，統計学上き

わめて重要な概念について理解します．統計分析によく用いられる確率分布についても簡潔に説明します．9章では統計的検定の論理について，10章では信頼区間について解説します．また，信頼区間を用いた標本サイズの設計についても説明します．

11〜16章では，具体的な統計的推測の方法を紹介します．

11章はt検定，12章は分散分析，13章はノンパラメトリック法，14章は相関係数，15章は分割表，16章は比率を扱います．

17〜22章で，回帰分析を中心とした多変量データ解析と，構造方程式モデリングについて解説します．

17章では，多変量データ解析を理解するための準備として，変数ベクトル，偏相関係数，単回帰分析について説明します．18章では重回帰分析について説明します．19〜22章にかけて，構造方程式モデリング（SEM）についてみていきます．SEMは結局どういうことをやっているのか，パス解析，モデルの評価，因子分析，より複雑なモデルなどについて，順を追って説明していきます．

2005年に筆者は「統計分析のここが知りたい―保健・看護・心理・教育系研究のまとめ方―」（文光堂）を出版し，お陰さまで多くの皆さまにお読みいただいております．本書は，その後，筆者が授業を行ったり，分析の相談にのったりするなかで気づいたことをもとに，あらためて執筆した統計分析の本です．いずれの本を書くにあたっても心がけたことは，統計分析の考え方を理解する，利用度の高い基本的な分析法を扱う，読者に馴染みのある具体例を用いて説明するなどです．本書を読まれるにあたっては，このような志向性があるということを，ご理解いただければと思います．

本書の分析例は，すべて人工データを用い，Rという統計ソフトを利用して分析しています．Rは世界中で利用されている，統計分析のフリーソフトです．このソフトの使い方についても，機会があればぜひ書いてみたいと思っています*．

本書を書くにあたっては，繰り返し授業に参加してくれた安永和央さん，二村郁美さんから，たくさんの貴重なコメントをいただきました．また，医歯薬出版編集部の方には，本書の完成に至るまで本当にお世話になりました．その他，考えるヒントを与えてくれた学生の皆さんなど，多くの方々に支えられて本書は生まれました．ここに，改めて感謝申し上げます．ありがとうございました．

2014年8月

筆者

*：Rの使い方についての資料を名古屋大学大学院心理発達科学専攻のホームページで公開しています．本書で扱っている分析例のプログラムと出力結果も載っています．
http://www.psych.educa.nagoya-u.ac.jp/doc/Rscripts_ishii.pdf

CONTENTS

人間科学のための統計分析
こころに関心があるすべての人のために

序文 …………………………………………………………………………………… 3

第1章 なぜ統計分析は必要か …………………………………………………… 11
1 統計分析が必要な理由 ……11
2 さまざまな統計分析法 ……12
　独立変数，従属変数 12／統計分析法 12
3 心理統計 13
　構成概念 13／構成概念の測定 14／心理統計の必要性 15
　コラム 量的研究法と質的研究法 15

第2章 データの収集 ……………………………………………………………… 16
1 母集団と標本 ……16
2 標本抽出法 ……17
　単純無作為抽出法 17／多段抽出法 17／系統抽出法 17／層化抽出法 18
　実際の研究における標本 18
3 データ収集法 ……19
　実験法 19／調査法 19／面接法 19／観察法 20
4 倫理的配慮 ……20
5 データ収集の手続き ……20
　予備調査 21／本調査 21／およその標本サイズ 21
6 質問紙の作成 ……22
　倫理的事項 22／質問項目の配置 22／順序効果 24／複数冊子の利用 24
　評定段階数 25／項目の多義性 25／強調語，曖昧語 26
　どちらともいえない，わからない 26／逆転項目 26／全体確認 27
　コラム 全数調査は有効か 27

第3章 データの種類 ……………………………………………………………… 28
1 尺度水準 ……28
　名義尺度 29／順序尺度 29／間隔尺度 29／比尺度 30／尺度水準間の関連 30
　段階評定項目の扱い 31
2 データの構造 ……31
　多変量データ 31／反復測定データ 31／対応のあるデータ 32
　対応のないデータ 32／要因，水準，群 33
　コラム 尺度得点に使うのは尺度合計点？尺度平均点？ 34

第4章 統計図表 …………………………………………………………………… 35
1 質的データの集約 ……35
　度数分布表 35／クロス集計表 36／円グラフ 36／帯グラフ 37
　棒グラフ 37

CONTENTS

2 量的データの集約 ……38
度数分布表 38／ヒストグラム 39／箱ひげ図 39／折れ線グラフ 40／散布図 40
コラム ナイチンゲールと統計学 41

第5章 量的データの分布の記述 …………………………………………………………… 42

1 母集団分布とデータ分布 ……42
2 代表値 ……43
3 散布度 ……44
分散 45／標準偏差 45／範囲 46／四分位範囲 46
4 分布の歪み，裾の重さ ……46
歪度 46／尖度 48
5 データの標準化 ……48
構成概念の測定におけるデータの標準化の必要性 48／標準化 48
標準偏差の理解 49
コラム 外れ値のチェック 51

第6章 量的変数間の関連 …………………………………………………………………… 52

1 合成得点と共分散 ……52
合計得点の平均 52／合計得点の分散 53／共分散 54
差得点の平均，分散 54
2 共分散の性質 ……54
共分散と散布図 54／標準化データの共分散 55
3 相関係数 ……56
ピアソンの積率相関係数 56／得点を合計することの合理性 58
4 相関係数に関するいくつかの議論 ……59
外れ値の影響と順位相関係数 59／見かけの相関と偏相関係数 60／曲線的な関係 61
選抜効果 62／相関関係と因果関係 63
コラム 合計得点に効くのはどの変数？ 64

第7章 テスト理論 ……………………………………………………………………………… 65

1 妥当性 ……65
測定の妥当性 65／内容的妥当性 66／基準関連妥当性 67／構成概念妥当性 67
現在における妥当性のとらえ方 68
2 信頼性 ……69
測定の信頼性 69／信頼性と妥当性の関係 69
3 信頼性係数 ……70
古典的テスト理論 70
4 信頼性係数の推定 ……73
再検査信頼性係数 73／内的整合性信頼性係数 74
5 信頼性係数に関するいくつかの議論 ……74
信頼性係数の経験的な目安 74／測定の標準誤差 75／相関の希薄化 76
α係数と級内相関係数 77／α係数と項目数 77
6 項目分析 ……78
分布の確認 78／識別力の確認 79
コラム 重要度が異なる下位尺度の扱い 81

第8章 統計的推測の準備 ……………………………………………………… 82
- **1** なぜ統計的推測を行うのか ……82
- **2** 標準誤差 ……83
  統計量 83／標本分布 84／標準誤差 85
- **3** 確率分布 ……86
  確率 86／t分布，χ^2分布，F分布 87
- **4** 確率・統計に関するいくつかの議論 ……89
  期待値 89／不偏性 89／大数の法則 90／中心極限定理 90
  コラム いろいろな標準誤差 86

第9章 統計的検定の論理 ……………………………………………………… 91
- **1** 統計的検定の前準備 ……91
- **2** 統計的検定 ……93
  帰無仮説，対立仮説 93／両側検定，片側検定 94／検定統計量，限界値 94
  棄却域，採択域 95／有意水準 95／統計的有意性 96／有意確率 96
  検定結果の解釈 97
- **3** 統計的検定に関するいくつかの議論 ……97
  標本サイズの影響 97／「有意」の意味 99／2種の誤り 99／自由度 101
  コラム 両側検定の後に片側検定は必要か？ 102

第10章 統計的推定の論理 …………………………………………………… 103
- **1** 点推定 ……103
  不偏推定量 103／一致推定量 104／そのほかの推定量 105
- **2** 区間推定 ……105
  信頼区間 105／信頼区間の構成 106
- **3** 信頼区間と統計的検定の関係 ……107
  標本サイズの影響 108／検定結果と信頼区間の位置の関係 108
  標本サイズは小さいが有意 109／わずかな差だが有意 109
- **4** 信頼区間を用いた標本サイズの設計 ……110
  コラム ベイズ統計学 104

第11章 2群の平均値に関する推測 ………………………………………… 112
- **1** 対応のある2群の平均値の分析 ……112
- **2** 対応のない2群の平均値の分析 ……113
- **3** 平均値の非劣性，同等性 ……116
- **4** 効果量 ……118
  平均値差の効果量 118／効果量と検定統計量の関係 120／効果量と信頼区間の関係 120
  メタ分析 121
  コラム 高いのは共感性？攻撃性？ 121

第12章 多群の平均値に関する推測 ………………………………………… 122
- **1** 分散分析 122
  要因計画 122／平方和の分割 123／検定統計量 126／なぜ「分散」分析？ 127
  効果量 127／多重比較 128

CONTENTS

- **2** 1つの被験者間要因がある場合の分析 ……129
- **3** 1つの被験者内要因がある場合の分析 ……129
- **4** 2つの被験者間要因がある場合の分析 ……131
- **5** 2つの被験者内要因がある場合の分析 ……134
- **6** 1つの被験者間要因と1つの被験者内要因がある場合の分析 ……134
- **7** データの変換 ……136
  - **コラム** 対照群の設定が困難な効果検証研究　137

第13章　分布の位置に関する推測 …… 138

- **1** 対応のある2群の分布の位置の比較 …… 138
- **2** 対応のある多群の分布の位置の比較 …… 139
- **3** 対応のない2群の分布の位置の比較 …… 140
- **4** 対応のない多群の分布の位置の比較 …… 141
  - **コラム** 「標本サイズが小さいからノンパラ」は適切か？　142

第14章　相関係数に関する推測 …… 143

- **1** 1群の相関係数に関する推測 ……143
- **2** 2群の相関係数の差に関する推測 ……145
- **3** 多群の相関係数の差に関する推測 ……148
  - **コラム** 量的データの一致度　149

第15章　分割表に関する統計的推測 …… 150

- **1** 変数の独立性 ……150
  - 独立と連関　150／セル確率，周辺確率　151／期待度数　152
- **2** 連関係数 ……152
  - クラメルの連関係数　152／ファイ係数　154
- **3** 独立性の検定 ……154
  - カイ2乗検定　154／尤度比検定　155／フィッシャーの直接検定法　155
- **4** 残差分析 ……155
  - ピアソン残差　156／デビアンス残差　157
- **5** 一致係数 ……158
- **6** 分割表の分析におけるいくつかの注意点 ……159
  - 係数だけでなく表もみる　159／連関は交互作用　159
  - シンプソンのパラドックス　160
  - **コラム** 対数線形モデル　161

第16章　比率に関する統計的推測 …… 162

- **1** 1群の比率に関する推測 ……162
- **2** 対応のある2群の比率に関する推測 ……164
- **3** 対応のある多群の比率に関する推測 ……165
- **4** 前向き研究，後ろ向き研究，横断研究 ……166
  - 前向き研究　166／後ろ向き研究　167／横断研究　167
- **5** リスク差，リスク比，オッズ比 ……168
  - リスク差　168／リスク比　169／オッズ比　170
- **6** 対応のない2群の比率に関する推測 ……171

- **7** 比率の非劣性の検証 …… 173
- **8** 対応のない多群の比率に関する推測 …… 173
  - **コラム** ロジスティック回帰分析 174

第17章 多変量データ解析の準備 …… 175

- **1** データ行列 …… 175
- **2** 変数ベクトル …… 176
  - 変数ベクトル 176／変数ベクトルの長さ 177／変数ベクトルのなす角 178
- **3** 成分の除去 …… 180
  - ベクトルの分解 180／偏相関係数と変数ベクトル 180／偏相関係数の解釈 181
- **4** 単回帰分析 …… 182
  - 単回帰モデル 183／回帰係数の統計的推測 183
- **5** 回帰分析の基本的理解 …… 185
  - 回帰直線の性質 185／回帰係数の解釈 185／単回帰分析の視覚的理解 186
  - 予測分散，残差分散 187／決定係数，重相関係数 188／予測の標準誤差 188
  - 変数間の相関 189／残差プロット 189
  - **コラム** 相関関係に基づく分析法と類似度に基づく分析法 190

第18章 重回帰分析 …… 191

- **1** 重回帰分析 …… 191
  - 重回帰モデル 191／偏回帰係数の統計的推測 192
- **2** 予測の精度 …… 193
  - 決定係数 193／自由度調整済み決定係数 194／変数間の相関 194
- **3** 偏回帰係数の理解 …… 195
  - 偏回帰係数の視覚的理解 195／偏回帰係数の解釈 196
  - 相関係数と偏回帰係数 196
- **4** 説明変数の要件 …… 197
  - 多重共線性 197／変数間の相関関係 199／変数選択 199／2値変数 199
  - 調整変数 200／交互作用 201
  - **コラム** 主成分得点を説明変数に用いた重回帰分析 202

第19章 構造方程式モデリングの基礎 …… 203

- **1** 構造方程式モデリングの基本論理 …… 203
  - パス図 203／構造方程式 204／共分散構造 204
  - 構造方程式モデリングによる分析 205
  - 構造方程式モデリングと共分散構造分析 205
- **2** 重回帰モデル …… 206
  - 非標準化解，標準化解 …… 206
- **3** パス解析 …… 207
  - パスモデル 207／直接効果，間接効果 208／外生変数，内生変数 209
  - 分散説明率 209

第20章 構造方程式モデルの評価 …… 210

- **1** モデルの自由度 …… 210
- **2** 識別問題 …… 212

CONTENTS

- **3 適合度指標** ……213
  GFI 213／AGFI 213／X^2統計量 214／NFI 214／RMSEA 214／AIC 215
  適合度指標の目安 215
- **4 適合度に関するいくつかの注意点** ……215
  適合度と説明力 215／有意なパス 216／誤差間相関 216／同値モデル 217
- **5 不適解** ……218

第21章 因子分析 …… 219

- **1 潜在変数の導入** ……219
  測定方程式 219／因子分析モデル 219
- **2 確認的因子分析** ……220
- **3 探索的因子分析** ……222
  探索的因子分析モデル 222／因子数 223／推定法 224／因子の回転 224
- **4 因子分析表** ……226
  因子負荷 226／共通性 227／寄与 227／寄与率 227／因子間相関 228／因子名 228
- **5 因子分析を尺度作成に適用する際の注意点** ……228
  項目の取捨選択 228／既成の尺度の利用にあたって 229／因子得点，尺度得点 230
  コラム 正答－誤答データの相関係数 230

第22章 構造方程式モデルの拡張 …… 231

- **1 下位尺度を構成するモデル** ……231
  2次因子分析モデル 231／階層因子分析モデル 233
- **2 構成概念間の予測関係を記述するモデル** ……233
  多重指標モデル 233／より一般的な構成概念間の予測モデル 234／パス図による錯覚 235
- **3 多母集団分析** ……236

付表 …… 240

索引 …… 245

chapter 1 なぜ統計分析は必要か

　本章では，全体の導入として，なぜ統計分析を行うのか，統計分析にはどのようなものがあるのか，性格や感情，知能，学力などを扱う研究の統計分析においてとくに必要なことは何かなどについて説明します．独立変数，従属変数という，統計分析において頻繁に用いられる用語についても説明しておきます．
　後の章で説明することを先取りしている部分もありますので，分かりにくいところは読み流して，とりあえず先に進んでいただければと思います．

1 統計分析が必要な理由

　何かについて知りたいと思ったとき，私たちは資料やデータを集めます．例えば，子どもたちがどのような朝食を摂っているかを知りたければ，子どもたちもしくはその保護者にアンケート調査を行って，朝食メニューのデータを集めます．
　集めたデータは，そのままでは有益な情報をもたらしてくれません．何百人，何千人分という朝食メニューのデータがあっても，それが何らかの視点や観点で整理・集約されていなければ，全体の傾向を理解することはできないからです．個々のデータをみているだけでは，目にとまったデータにひきずられた，主観的な印象評価程度のことしかできないでしょう．
　そこで統計分析が必要になります．例えば，米食とパン食の割合や，おかずの品数，果物の種類など，いくつかの観点からデータを整理し，品目や割合などを集計すれば，全体的な傾向を客観的に把握することができます．このように統計分析には，データのもつ情報を集約して記述するという働きがあります．
　統計分析には，情報を集約する以外の働きもあります．例えば，日本の小学生全体の朝食の様子について知りたい場合，すべての子どもを対象として調査をすることは，時間や労力などを考えると現実的には困難です．そこで，全国から選んだいくつかの小学校の児童に調査を行い，そこでの傾向をもって，日本の小学生全体の傾向を推測することを考えます．このように統計分析には，全体から抽出した一部のデータから，全体の傾向を推測するという働きもあります．
　さらに統計分析には，収集したデータに基づいて何らかの意思決定を行う際の，判断材料を提供する働きなどもあります．朝食を十分摂る児童と摂らない児童とで，体力や集中力に差があるかという問いに対して，朝食を十分摂る児童と摂らない児童を抽出し，その子たちの体力や集中力を比較して，差があるといえるかどうかを検証する場合などです．
　以上のように，私たちが何かを知ろうとしてデータを収集したとき，そのデータのもつ

情報を有効に活用しようと思えば，多かれ少なかれ統計分析を利用することになります．

統計分析を行うメリットは，客観的な証拠，すなわちエビデンスに基づいた議論ができることです．しかし，分析結果の解釈を誤っては元も子もありません．統計分析が必要であると同時に，分析結果を正しく解釈する力をもつことが求められます．

2 さまざまな統計分析法

データはさまざまな情報を含んでいますから，それらを取り出す統計分析法にも，いろいろなものがあります．例えば，何らかの変数の値がどのように出現しているかを把握する場合には，度数分布表やヒストグラムなどの利用が考えられます．また，データの何らかの特性を表す指標値（平均値など）を提示することもよく行われます．

独立変数，従属変数

いま，変数という言葉が出てきたので，ここで変数について説明します．変数（variable）とは，おかずの品数や果物の種類などのように，個々の対象（子ども）により値が異なりうる，ある特定の属性のことをいいます．

統計分析においては，変数間の関連をとらえることが非常に多くあります．相関関係や連関関係といわれる関連は，2つもしくはそれ以上の変数間の対称な関係を表します．例えば，小学生において，国語ができる子どもは算数もできるということもできるし，反対に，算数ができる子どもは国語もできるということもできるような関連です．

これに対し，一方の変数の値から，他方の変数の値を予測（説明）するという，非対称な関連を見出すこともあります．例えば，ストレスの程度がうつ傾向にどれだけ影響するかを検討する場合などです．

このように，変数の関係が非対称であるとき，予測に用いる側の変数のことを独立変数（independent variable），予測される側の変数のことを従属変数（dependent variable）といいます．いまの例だと，ストレスが独立変数で，うつ傾向が従属変数です．独立変数は，説明変数（explanatory variable），予測変数（predictor variable）などといわれることがあります．また，従属変数は，基準変数（criterion variable），反応変数（response variable）などともいわれます．

統計分析法

表1-1は，予測（説明）関係を検討する統計的検定法を，尺度水準やデータ構造の観点から分類して整理したものです．また，表1-2は，いくつかの多変量データ解析法を，分析目的の視点から整理したものです．尺度水準やデータ構造については3章で説明します．

個々の分析法の詳しい説明は後章や他の成書に譲りますが，データがどのような情報をもっているか，また，データからどのような情報を取り出すかに応じて，さまざまな統計分析法が考案されていることが分かります．

表 1-1　予測（説明）関係を検討する統計的検定法の分類

	従属変数			独立変数（質的）	
	尺度水準	説明される特性	群数	対応の有無	
				対応あり	対応なし
パラメトリックな方法	比 間隔	平均値	2群	対応のある t 検定	対応のない t 検定
			多群	被験者内要因分散分析	被験者間要因分散分析
ノンパラメトリックな方法	順序	分布位置	2群	ウィルコクソンの符号つき順位検定	ウィルコクソンの順位和検定＝マン・ホイットニーの検定
			多群	フリードマンの検定	クラスカル・ウォリスの検定
	名義	度数 比率	2群	マクネマーの検定	リスク差・リスク比・オッズ比の検定
			多群	コクランの Q 検定	カイ 2 乗検定

表 1-2　分析目的による多変量データ解析法の分類

> **従属変数に対する独立変数の影響の強さを検討する分析法**
> 　重回帰分析　　　　　　　　　数量化 I 類
> 　因子分析　　　　　　　　　　数量化 II 類
> 　ロジスティック回帰分析　　　ロジット対数線形モデル
> 　判別分析　　　　　　　　　　など
>
> **変数や個体のまとまりを構成する分析法**
> 　クラスター分析　　　　　　　対応分析
> 　主成分分析　　　　　　　　　数量化 III 類
> 　因子分析　　　　　　　　　　数量化 IV 類
> 　潜在クラス分析　　　　　　　多次元尺度構成法　　など
>
> **変数間の関連を説明するモデルを構成する分析法**
> 　パス解析　　　　　　　　　　対数線形モデル
> 　共分散構造分析（SEM）　　　　など

3　心理統計

構成概念

　長さや時間など物理的なものは，定義が一意で，基本となる量（単位量）が明確に決められています．例えば，長さの単位である 1 m は，光が真空中を 2 億 9979 万 2458 分の 1 秒で伝わる距離と定義されています（1 秒も，原子の振動現象を使って一意に定義されています）．

　これに対し，性格や感情，知能，学力などは，物理的に存在する具体的なものではなく，そういう概念を想定すると何らかの現象を都合よく説明できるという，頭の中で構成された抽象的な構成概念（construct）です．例えば，明るい性格といった場合，私達は，笑うことが多く，声の調子が高く，発音が明確で，挨拶をよくし，活動的で，多くの友人がいるような人物を想像します．このような特徴を毎回並べ立てるのは大変なので，「明るい性格」という構成概念を用いて，これらの特徴を一括して伝達しようとするのです．

構成概念は具体的なものではありませんから，一意に定義することが困難です．「明るい性格」をここでは，笑うことが多く，声の調子も高く…，と特徴づけましたが，他の特徴を挙げる人もいるでしょうし，同じ特徴を他の言い方で表現する人もいるでしょう．また，誰がみても明るい性格と思われる人もいますが，みる人によって明るい性格と思うかどうかが違ってくる人もいます．何がどの程度だったら明るい性格なのかの基準が，みる人によってまちまちだからです．

構成概念の測定

机の長さや，目的地に着くまでの時間などは，物差しや時計を使って，長さや時間を直接かつ正確に測ることができますが，構成概念は物理的なものではありませんから，物差しや時計などを使って，その量や程度を直接測ることができません．しかし私たちは，あの人は周囲からの人望が厚いとか，数学の力がついたとかいっているように，構成概念の量や程度を日常的に評価しています．明確な定義や評価基準がないにもかかわらずです．私たちは，どのようにして，構成概念の程度を評価しているのでしょうか？

構成概念の程度を評価するとき，私たちは，思考や行動，発言，知識，成果物などに，構成概念の程度が反映されている（影響している）と暗黙のうちに考えています．そして，思考や行動，発言，知識，成果物などを観測することにより，間接的に構成概念を測定しています（図1-1）．

例えば，数学の力を測るためには，数学の力が高い人だったら解ける問題，数学の力が低い人だったら解けない問題と思われる問題を複数提示し，それらの問題に正答するか誤答するかで，数学の力がどの程度あるかを評価します．数学の力というものを直接測っているのではなく，提示した問題に対する反応結果から，数学の力を間接的に測定しているのです．時間の測定に例えるなら，目的地に着くまでの時間を，時計を使ってではなく，お腹の空き具合や身体の疲れ具合から，間接的に経過時間を予想しているような感じです．

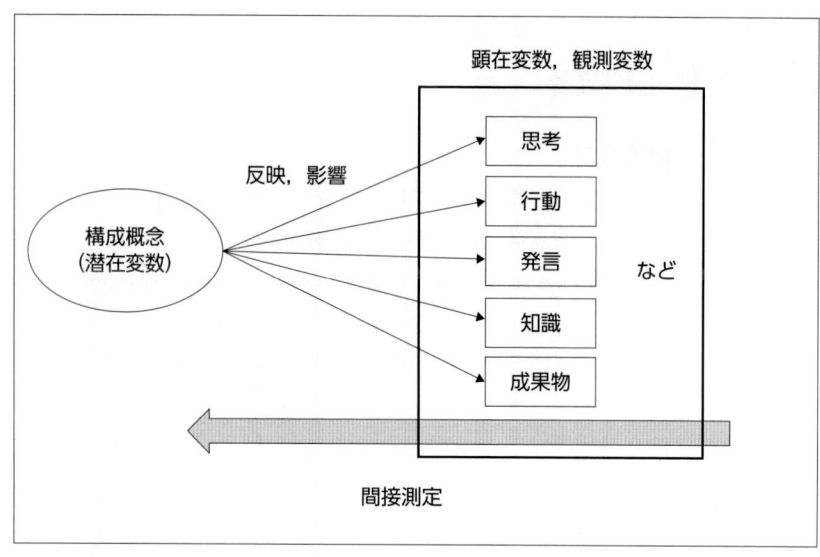

図1-1 構成概念の測定

心理統計の必要性

このように，構成概念の測定は間接測定なので，物理的なものの測定に比べ，誤差が非常に大きくなります．目的地に着くまでの時間を，お腹の空き具合や身体の疲れ具合で測ったら，1 秒単位の正確な時間を測ることはまず無理ですし，混雑状況や体調など，時間経過以外の要因によっても値が変わってくることは十分考えられます．

日常生活においては，構成概念の測定はその程度の精度でかまわないかもしれませんが，研究で構成概念を扱うとなると，そうはいかなくなります．性格や感情，知能，学力など，とらえたい構成概念をどれだけ適切にとらえているか，どれくらい精度よくとらえているかということを確認する必要があります．

構成概念を測定し，それを用いた研究を行うことを念頭においた統計学の一領域を，心理統計学とか計量心理学（psychometrics）とよびます．

心理統計においては，構成概念の程度を表す観測不可能な変数を潜在変数（latent variable），構成概念が反映されていると考える観測可能な変数を顕在変数もしくは観測変数（observable variable）といいます．先の例でいえば，数学の力が潜在変数，個々の問題が観測変数です．観測変数を使ってどの程度潜在変数を適切にとらえているかを評価し，納得いく程度に適切に潜在変数をとらえていると確認できてはじめて，その構成概念を用いた研究が可能になります．

Column

量的研究法と質的研究法

量的研究法（quantitive research）は，現象に対して数値を割り当て，定量的な分析（統計分析）によって全体的な傾向をとらえる研究法で，仮説を検証する研究に用いられることが多いといわれます．一方，質的研究法（qualitative research）は，現象を言語的に記述し，定性的な分析によって現象のありようを記述する研究法で，仮説を生成する研究に用いられることが多いといわれます．

量的研究法には，個々の特殊事情にとらわれず全体的傾向を把握できる，結果だけでなく結果の精度も数量的に表すことができるというメリットがありますが，現象の詳細をとらえようとすると変数の数が膨大になり，分析が複雑になるというデメリットがあります．

質的研究法には，個々の現象を詳細に記述することができるというメリットがありますが，結果の客観性，一般性をいうのが難しいというデメリットがあります（客観性，一般性を追求すべきでないという意見もあります）．

今日では，量的研究で用いられる統計分析の，計算の部分は統計ソフトがやってくれます．しかし，どのような情報を取り出すために，どのような変数を設定するか，どのようなデータ収集を行うか，どのような分析を行うかなどは，研究者がフルに頭を絞って考えることです．そしてこの能力は，質的研究における定性的な分析においても必要になるものです．

つまり，量的研究と質的研究で，求められる能力がまったく違うわけではないということです．量的研究で用いられる統計分析法の論理を理解することは，質的研究を行うにあたっても，きっと役に立つと思います．

chapter 2 データの収集

　統計分析を行って適切な情報を得るには，統計分析法について適切な理解をしていることもさることながら，データが有用な情報をもっていることが前提になります．どんなに高度な統計分析法を駆使しても，使い方が間違っていたらどうしようもありませんし，そもそもデータがいい加減なものだったら，有益な情報は引き出せません．統計分析は魔法の道具ではないのです．料理に例えるなら，どんなに良い道具を使ったとしても，料理する人の腕が悪ければまともな料理は作れないし，材料が悪ければ，どんなに腕の良い料理人でも美味しい料理を作ることはできないのです．

　そこで本章では，いかに適切にデータを収集するかということに関して，標本抽出法，データ収集法，データ収集法のなかでも構成概念の測定でよく用いられる質問紙調査法について説明します．人を対象に調査を行う場合は倫理的な問題も生じてきますので，倫理的配慮についても検討します．

1 母集団と標本

　日本の小学生全体の朝食について知りたいとき，全国から選んだいくつかの小学校の児童に調査を行い，そこでの傾向をもって日本の小学生全体の傾向とするというように，統計分析には，全体から抽出した一部のデータから全体の傾向を推測する働きがあります（1.1 節）．

　統計分析の用語では，全体を母集団（population），全体から抽出した一部を標本（sample），母集団や標本を構成する個々の要素を個体（unit または observation）とよびます（**図 2-1**）．いまの例では，日本の小学生全体が母集団，選ばれた小学生の集団が標本，個々の小学生が個体です．なお，人を対象とした研究では，個体は研究参加者

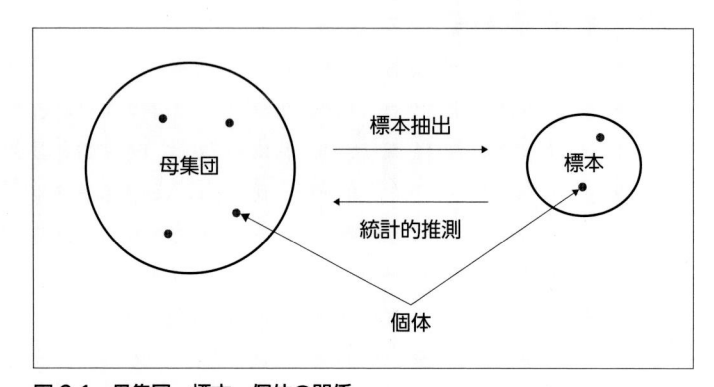

図 2-1　母集団，標本，個体の関係

(participant) や被験者（subject）などといわれます．最近では研究参加者ということが多いですが，「被験者間要因」のように専門用語として定着しているものもあります．

標本に含まれる個体の数を，標本サイズ（sample size）または標本の大きさといいます．人を対象とした研究においては，研究参加者の数が標本サイズです．これとは別に，標本数（the number of samples）という言葉があります．標本の数ですから，本来の意味は，母集団から何個の標本（個体の集合）を抽出したかという値ですが，1つの標本に含まれる個体の数，すなわち標本サイズのことを標本数といっている場合もよくあります．文脈によって意味を見分けることが必要です．

2 標本抽出法

標本は母集団の一部ですから，標本から母集団のことを適切に推測するためには，母集団の小型版のような標本を抽出する必要があります．例えば，日本の小学生といいながら，1年生だけのデータを集めたとしたら，小学1年生のことは分かるかもしれませんが，小学生全体のことは分かりません．また，抽出する地域が都市部に集中してもいけないでしょう．そこで，このような偏りを生じさせず，母集団からその小型版になるように標本を抽出する方法が考えられています．代表的なものを以下に紹介します．

単純無作為抽出法

もっともシンプルなのは単純無作為抽出法（simple random sampling）です．図 2-2a にそのイメージを示します．文字通り，母集団から作為なく標本を抽出します．

無作為（作為がない）というのは，デタラメやいい加減とは違います．例えば，知り合いのいる1つの学校で調査を行うとしたら，これはいい加減な抽出です．単純無作為抽出とは，どの個体も選ばれる確率は同じであるという状態の下で抽出することを意味します．日本全国のどの小学生も，等しく同じ確率で選ばれる可能性があるということです．

多段抽出法

学校など，ある程度まとまったところに個体が存在している場合には，多段抽出法（multi-stage sampling）という方法を用いることも考えられます．図 2-2b の図です．

多段抽出法では，標本抽出をいくつかの段階に分けて行います．2段抽出の例を考えると，まず1段目で，全国からいくつかの小学校を抽出し，2段目で，抽出された各小学校の中から児童を無作為に抽出します．学校を絞って調査ができますので，無作為抽出より調査が簡単になりますが，1段目の抽出で選ばれなかった学校の児童は絶対に標本に入らないという欠点もあります．標本サイズを大きくすることで，その欠点を補います．

系統抽出法

クラス名簿など，個体をリスト化するものがある場合は，系統抽出法（systematic sampling）を利用することもできます．図 2-2c の図です．1番，4番，7番…のように，リストから一定の間隔で個体を抽出します．名簿に周期性があって，その周期と抽出周期

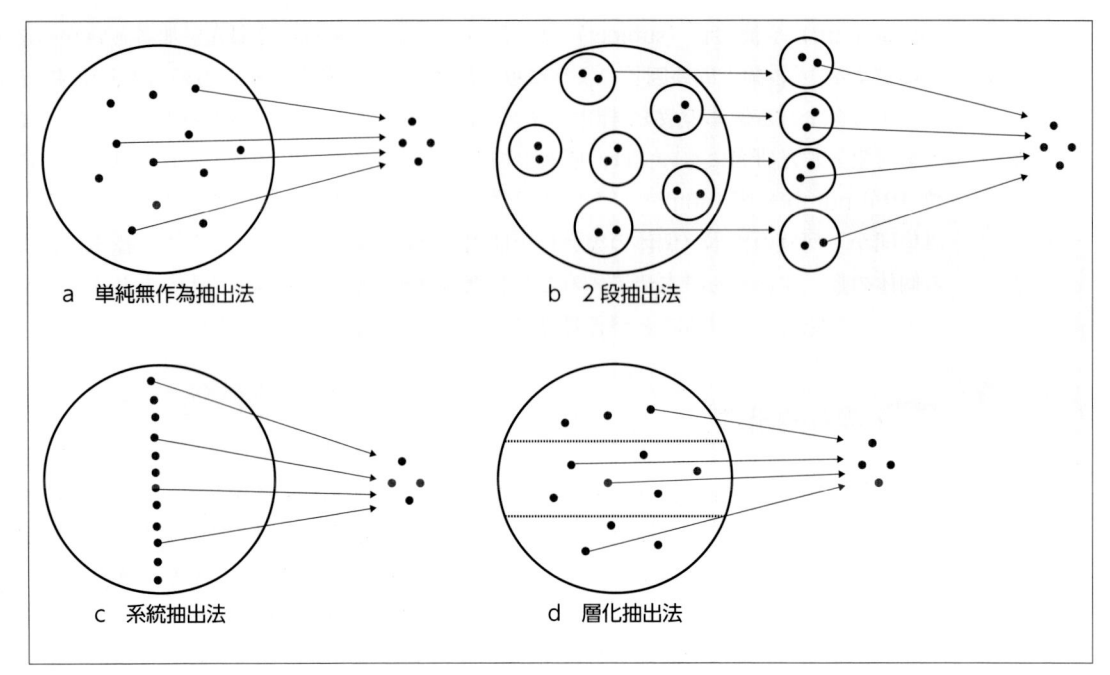

図 2-2　標本抽出法

が比例してしまうと標本に偏りが生じてしまいますので注意が必要です．

層化抽出法

　学生調査を行い，大学全体としての傾向をとらえたい場合は，各学部に所属する学生数の割合に応じて各学部から学生を抽出します．そのようにすると，より母集団の小型版に近い標本ができやすいからです．このように，母集団をいくつかの層（いまの例では学部）に分け，各層からその割合に応じた標本を抽出することを層化抽出法（stratified sampling）といいます．図 2-2d がそのイメージです．

　学部によって，学生の生活スタイルやカラーの傾向は異なるので，学部で層化するのは有効だと考えられます．しかし，例えば，学生番号の末尾の番号や記号で層化しても，層によって生活スタイルやカラーが異なるとは考え難いです．したがって，層化するのは，調査したい内容と関連する変数について行うのが有効といえます．

実際の研究における標本

　実際の研究でこれらの方法を利用するのは難しいことも多いかもしれませんが，よい標本を得る方法を理解しておくことは重要です．自分が収集した標本でどの程度のことがいえるか，その限界を意識することができるからです．

　例えば，知り合いのいる 1 つの小学校だけで調査を行った場合，その学校と似たような学校には分析結果を一般化できるかもしれませんが，日本全体の小学校に話を一般化することは難しいでしょう．

　また例えば，中学や高校における生徒間のいじめについて研究をしたいときに，大学生

に過去を振り返ってもらう調査を行っても，いくつか問題があります．過去のことなので記憶が修正されることも問題ですが，標本抽出のことで考えると，大学に進学しない生徒のデータはまったく収集されません．したがって，大学生に過去を振り返ってもらう調査では，大学に進学するような生徒におけるいじめの研究はできるかもしれませんが，中学生や高校生全体の研究にはなりません．

研究においては，まず母集団を規定し，そこからよい標本を抽出して研究を行うのが本来ですが，それが難しい場合は，自分が収集した標本が，どのような母集団なら代表しているといえるかを考えて研究を進めることが肝要です．

3 データ収集法

抽出した各個体からデータを得る方法にもいくつかの方法があります．ここでは，人を対象とした研究で用いられるデータ収集法について，簡単に説明します．

実験法

条件（処理，処遇，condition）を研究者がコントロールして，研究参加者からデータを収集する方法を実験法（experiment）といいます．例えば，一方の患者群には本当の薬を，他方の患者群には偽薬を投与して，本当の薬の効果を検討する研究などが相当します．

児童虐待やネグレクト（育児放棄）が子どもに及ぼす影響を調べるなど，条件をコントロールすることができなかったり，倫理的に問題がある場合は，その条件に該当する人に研究に参加してもらうという準実験法（quasi-experiment）が用いられます．

調査法

研究参加者に質問項目やテスト項目を提示し，それらに対する応答によってデータを収集する方法を調査法（survey）といいます．性格特性を質問紙で測ったり，学力をテストで測ったりすることがこれに該当します．

質問紙を用いた研究において，条件を変えた何種類かの冊子を作り，研究参加者によって異なる冊子に回答するようにした場合は，調査法と実験法を組み合わせたデータ収集法になります．

面接法

研究参加者と面接者が顔をあわせて，自由発話や，質問に対する返答などによりデータを得る方法を面接法（interview）といいます．面接法にも，その構造のあり方によっていくつかの水準があります．

あらかじめ用意した質問を順次問いかけていき，それらに対する返答を聞く面接を構造化面接（structured interview），あらかじめ質問項目は用意してあるが，研究参加者の返答に応じて質問を変えたり，場合によっては研究参加者に自由に答えてもらうような面接を半構造化面接（semi-structured interview, patterned interview），主要なこと以外，

とくに具体的な質問は用意せず，もっぱら研究参加者に自由に語ってもらう面接を非構造化面接（unstructured interview）といいます．

観察法

　研究参加者に直接応答してもらうのではなく，研究参加者を特定の観点から観察することでデータを収集する方法を観察法（observation）といいます．観察法は，観察場面の自然な状態の変容を観察する自然的観察法（naturalistic observation），研究者が観察場面に入り，被観察者に一定程度関与する参加観察法（participant observation）などに分類されます．

4　倫理的配慮

　研究参加者からデータを収集する場合には，倫理的な配慮と，十分な説明と同意（インフォームド・コンセント）が必要です．

　倫理的な配慮としては，研究への参加は任意であること，参加しなくてもまったく不利益はないこと，いつでも参加を取り止められること，同意がないかぎり個人が特定されないこと，何らかの苦痛が生じる場合はそれが最小限のものであること，適切な予後対応がなされること，収集したデータや個人情報は当該研究以外には使用しないこと，研究終了後はデータを破棄することなどです．

　十分な説明とは，研究参加者が，自分は何を行うか（何が行われるか）について十分納得したうえで研究に参加できるように，事前に適切な説明をすることです．研究実施者がこれで十分と思う説明ではなく，研究参加者にとって十分な説明がなされることが求められます．

　研究参加者の同意は，研究内容や研究領域によって，確認の方法が異なることがありますが，研究参加者自身が同意したことを自覚でき，それが何らかのかたちで記録されることが求められます．同意書にサインしてもらう，「同意する」のチェック欄に印をつけてもらう，回答したことをもって同意があったとするなど，いくつかの方法が考えられます．

　心理学の一部の領域では，まず虚偽の研究目的を伝え，それについて同意を得てデータを収集し，その後，虚偽があったことを謝罪し，真の研究目的を伝え，他の人には真の目的はいわないよう約束させるということをしています．デブリーフィング（debriefing）といいます．最初から真の目的を伝えると，データ収集に不都合が生じ，研究に支障をきたすことがあるため，そのような方法を取っています．虚偽があったことを謝罪した後にあらためて研究への協力をお願いし，同意の確認を行う必要があるのはいうまでもないことですが，真の目的を口外させないことがストレスになる場合などは，倫理的な問題が残る研究法といえます．

5　データ収集の手続き

　データ収集の手続きについて説明します．心理学や看護学では調査法を用いた調査研究

が行われることが多いことから，ここでは調査法を念頭において説明しますが，実験法や面接法などでも似たような流れになります．

予備調査

まず予備調査を実施します．小さな標本で調査を行い，教示文や質問項目に分かりにくいところはないか，皆が同じ回答をしてしまい機能しない質問はないかなどを確認します．どんな項目が必要かを把握するため，予備調査をする前に，さらに小規模な調査を行うこともしばしばあります．

予備調査の結果に基づいて，質問紙やテストの修正を行います．研究そのものを修正するようなこともありえます．

思い入れの強い項目ほど，予備調査の結果を厳しく受け止める必要があります．多くの人が自分とは異なる傾向を示したら，自分の意見は少数意見です．統計分析は全体的傾向をとらえる手法ですので，少数意見に焦点を当てたいと考えるなら，研究手法を変えるか，想定する母集団を変える必要があります．ただし，その場合でも，全体の傾向を知っておくことは有意義だと考えられます．

実験研究においては，条件の統制が適切にできているかを予備調査で確認します．また，研究者が実験手続きに慣れることも予備調査の目的になります．

予備調査は1回やればよいという通過儀礼的なものではありません．1回の予備調査で十分な修正ができなかった場合や，修正の適否を確認しておきたい場合は，予備調査を繰り返します．

本調査を行った後で，あの変数も取っておけばよかったと思ってもあとの祭りです．予備調査で項目の選定をきちんと行い，不足項目のないようにしておきます．

どのような項目が必要かを確認するには，どのような分析を行うかを具体的に考えることが有効です．「具体的に」というのが重要で，どの項目で群分けを行い，どの項目の得点を合計し，どの得点間の比較を行うなど，分析したいことに項目を当てはめていきます．すると，こんな項目が必要だったとか，この項目はいらないということがみえてきます．

本調査

予備調査を経た後，本調査を実施します．本調査では，研究において主要な結果を導出するためのデータを収集します．

いくつかの場所で本調査を行う場合は，各実施場所の環境をなるべく揃えておくようにします．また，場面設定が異なる複数版の質問紙がある場合は，それらが無作為に研究参加者に配布されるように気をつけます．教室の前方にはA冊子，後方にはB冊子とか，この学校はC冊子，こちらの学校はD冊子のように，配布する冊子に偏りがあると，データにバイアスが入ってしまいます．

およその標本サイズ

データ収集にあたってのおよその標本サイズの目安を表2-1に示します．表2-1に示した値は，公刊された研究論文などにおける経験的な値であり，統計学的に根拠づけられた

表 2-1　研究の種類と経験的な標本サイズ

データ収集法	面接法・観察法	実験法	調査法	
研究の種類	事例研究	実験研究	質問紙調査・尺度作成	尺度の標準化・大規模試験
項目収集時	若干名	若干〜数名	数〜数十名	数十名
予備調査	若干名	若干〜数名	数十名	数百名
本調査	数〜数十名	数十名	数百〜数千名	数千〜数万名

ものではありませんが，これまでになされてきた多くの研究の規模を知っておくことは参考になると思います．なお，標本サイズの設計に関しては，10.4節も参考にして下さい．

悪い例として，尺度作成の研究で，数〜数十名の自由記述回答から項目を作成し，専門家などがチェックをして，数百〜数千名の本調査を実施するという研究を考えます．これは，予備調査を飛ばして本調査を実施している状態です．専門家などのチェックがあったとはいえ，研究者の意図通りに，実際の研究参加者が項目の内容を理解し回答するとはかぎりません．本調査後に因子分析を行ったら，研究者が想定していた因子とはまったく異なる因子構造が得られたという研究をみかけることがありますが，その中には予備調査を怠っているものが多くあります．予備調査を軽んじると，研究全体が台無しになってしまいます．

❻ 質問紙の作成

調査研究では多くの場合，質問紙を作成してデータを収集します．ここでは，質問紙作成にあたっての一般的な注意事項について説明します．質問紙の例を**図 2-3**，質問紙作成の注意点のリストを**表 2-2**に示します．

倫理的事項

まず，2.4節でも述べたように，倫理的配慮が必要です．回答に何十分もかかるような質問紙は作成すべきではありません．質問項目数を必要最小限にし，成人でもせいぜい5〜10分くらいで回答できるものにします．また，つらい体験を想起させたり，不快な印象を与えたりする場合は，事前にその旨を説明し，参加の任意性を十分保障してから実施する必要があります．

著作権に関する意識ももたなければなりません．市販されている尺度を使う場合は，人数分きちんと購入します．項目に勝手に手を加えることも慎まなければなりません．外国の尺度を翻訳して使用する場合には，原著者の了承を得る必要があります．

質問項目の配置

質問紙の冒頭には，調査（研究）の目的，倫理的事項，回答への協力のお願い，研究者の連絡先を書きます．同意確認をするチェック欄を設ける場合は，冒頭の説明書きの後に配置します．

次に，性別や年齢層，職位など，研究参加者の属性を把握するための項目をおきます．

質問紙調査へのご協力のお願い

　私達は，統計分析を行う力とそれに関連する要因との関係について研究を行っています．つきましては，質問紙調査にご協力下さいますよう，お願い申し上げます．
　正しい回答，間違った回答というものはありません．思ったままをご回答下さい．
　ご回答頂いた質問紙は，統計的に処理し，個人が特定されることはありません．また，ご回答頂かなくても，何ら不利益を被ることはございません．ご回答を途中でやめたり，答えたくない項目は飛ばして頂いても結構です．
　研究が終了しましたら，すべてのデータを破棄致します．
　不明な点などございましたら，いつでも下記連絡先にお問い合わせ下さい．

　趣旨をご理解の上，回答して頂ける場合は，以下の「同意します」のチェック欄に✓を記入し，以降の質問にご回答下さい．同意されない場合は，「同意しません」に✓を記入するか，何も記入しない状態で，回収時に質問紙をご返却下さい．

　よろしくお願い申し上げます．

研究代表者　医歯薬大学人間科学系研究科
　　　　　　　名誉教授　　桃栗　辰男

問合せ先　　医歯薬大学人間科学系研究科
　　　　　　　教授　　　　大板　輝良
　　　　　　　xxx@yyyy.zzz.ac.jp

質問紙調査への回答に
　□　同意します　　□　同意しません

1. 以下の項目のあてはまるところの数値に丸をつけて下さい．

1) 性別　　　1. 男　　2. 女
2) 学部系統　1. 文学系　2. 教育学系　3. 法学系　4. 経済学系　5. 情報系
　　　　　　6. 理学系　7. 医学系　8. 工学系　9. 農学系　10. その他
3) 学年　　　1年生　2年生　3年生　4年生　5年生　6年生　その他

2. 以下の各項目について，あてはまる程度を，「5. とてもよくあてはまる」「4. まああてはまる」「3. どちらともいえない」「2. あまりあてはまらない」「1. まったくあてはまらない」の5段階で評定し，あてはまる数値に丸をつけて下さい．

1) 早起きである ································· 1 － 2 － 3 － 4 － 5
2) 音楽が好きである ······························ 1 － 2 － 3 － 4 － 5
3) 読書が好きである ······························ 1 － 2 － 3 － 4 － 5
4) 食べるのが好きである ·························· 1 － 2 － 3 － 4 － 5

図 2-3　質問紙の例

属性項目とかフェイスシート項目といわれる項目です．あまり細かい属性を聞くと個人が特定できてしまう可能性がありますので，細かくしすぎない配慮が必要です．例えば，性別，年齢，所属大学，所属学部，所属サークルなどをすべて聞くと，個人が特定されやすくなります．なお，属性項目は，質問紙の末尾に配置される場合もあります．

表 2-2 質問紙作成にあたっての注意点

- 倫理的配慮を行う
- 既存の尺度を使う場合，著作権の確認をする
- 研究者の連絡先などを書く
- 構成を工夫し，必要最小限の内容にする
- 個々の回答者の負担が重すぎないようにする
- 質問内容の配置を適切にする
- 順序効果が生じないように工夫する
- 質問項目の意味が多義的にならないようにする
- 項目の中に「とても」など強調語・曖昧語を入れない
- 逆転項目の利用可能性を検討する
- 自分で回答してみる
- 他の人にみてもらう
  など

　質問内容が複数ある場合には，なるべくお互いが干渉しないようにします．例えば，ネガティブ感情と利他的行動について聞く場合，ネガティブ感情尺度を先におくと，ネガティブな気持ちが喚起され，利他的行動の意識に影響する可能性が考えられます．これを防ぐには，利他的行動尺度を先に配置し，その後にネガティブ感情尺度をおくようにします．

順序効果

　周囲に大勢人がいる場面，周囲にある程度人がいる場面，周囲にほとんど人がいない場面という，3つの場面のそれぞれで利他的行動意識を測るような場合，場面の提示順序が固定されていると，場面間の回答に順序効果（order effect）が現れてしまいます．

　回答者はふつう前のほうから回答していきますので，後ろのほうでは回答に疲れてきます．場面の順番が固定されていると，後ろのほうに配置された場面ではいつも疲れた状態で回答されることになってしまいます．このような効果が順序効果です．

　これを防ぐには，場面の提示順を変えたいくつかの冊子を作成し，それを無作為に配布することが考えられます．そうすることで，疲れの影響が混入するのを分散させ，それぞれの場面を対等に比較することができるようになります．

複数冊子の利用

　1人の研究参加者に多量の条件下で回答してもらわなければならないような条件設定をしたい場合も，ときにはあります．例えば，先の利他的行動意識の場面設定に，友人と一緒にいるかいないか，電車の中など立ち去れない状況か否かなどの条件を組み合わせれば，$3 \times 2 \times 2 = 12$ 場面の利他的意識を聞く必要が出てきます．

　しかし，1人の研究参加者にそんなに負担はかけられません．負担でなくとも，同じような質問が繰り返されれば飽きてしまいます．

　このような場合は，1つの冊子に入れる場面数は3場面か4場面とし，場面の組み合わせを変えたいくつかの冊子を作成して，調査を実施することが考えられます．1人ひとりのデータは不完全なものになりますが，研究参加者全体でみると，研究者の考えている条件設定を実現させることができます．統計分析にあたっては，対応のないデータの形にデータを変形して，対応のない分析を適用するのが簡潔でしょう．なお，「対応のない」

表 2-3　小学校低学年が回答する質問紙の選択枝の配置例

```
Q1  がっこうのべんきょうは，わかりますか？
    4. よくわかる
    3. まあわかる
    2. あまりわからない
    1. まったくわからない

Q2  がっこうで，じぶんのものがなくなることがあり
    ますか？
    4. よくある
    3. ときどきある
    2. ほとんどない
    1. まったくない
```

については3.2節を参照して下さい．

　冊子の違いを研究参加者が意識しても構わなければ，冊子を識別する記号を表紙に入れます．冊子の違いを研究参加者が意識しないほうがよい場合は，ページ番号の書式（立体，イタリック，ひげ付き）や，位置（左右割付，中央揃え）を変えるなど，目立たないかたちで冊子を識別できるようにします．

評定段階数

　質問項目で聞かれていることにあてはまる程度を，何段階かの数値から選んで回答する回答法がよく用いられます．リッカート尺度（Likert scale，正しくはライカートと発音する）といいます．

　リッカート尺度では，数値が大きいほど，測定している特性の程度が高くなるように尺度を組むようにします．段階数としては3〜6段階が用いられることが多いようです．何段階にすべきとか，中央カテゴリ（「どちらともいえない」）を入れるべきなどの決まりはとくにありませんが，先行研究や他の研究との比較を考えたいなら，先行研究と同じにしておきます．同一冊子内に異なる段階数の尺度があったとしても，あまり問題にはなりません．

　なお，小学生とくに低学年に調査を実施する場合には，選択枝を横並びではなく，**表2-3**のように縦並びに配置したほうがよいといわれています．実施するときも，担任などが項目を読み上げて，みんなで1問ずつ回答を進めていきます．低学年の子どもにとっては，段階評定は抽象度が高くて難しいといわれています．

項目の多義性

　質問紙調査において，1つの質問項目の内容は，多義的にならないようにします．例えば，学校に関する質問で，「学校に行くと気を遣い疲れるので行きたくない」という項目では，学校に行くと気を遣う，気を遣うと疲れる，疲れるから行きたくない，ということが混ざっています．気を遣わなくても疲れるから行きたくない，とにかく行きたくないという場合もあれば，気を遣い疲れるけど行きたくないわけではない，気を遣うが疲れを感じるほどではないという場合もあり，研究参加者はどう回答していいか迷ってしまいます．

　このような場合は，項目を分解し，「学校に行くと気を遣う」「学校に行くと疲れる」「学

校に行きたくない」のそれぞれについて回答を求めるようにすれば，回答者の混乱は解消されます．

強調語，曖昧語

質問項目の中に「だいたい」「あまり」「とても」など，程度を表す表現を入れるのもよくありません．例えば，「学校に行くと，とても気を遣う」という項目に対して，少しは気を遣う場合は，「4. まああてはまる」と答えればよいのか，とても遣っているわけじゃないから「2. あまりあてはまらない」と答えればよいのか，迷いが生じる可能性があります．

どちらともいえない，わからない

「運転中，前の車がゆっくり走っているとイライラする」という項目に対してあてはまる程度を答えてもらうとき，運転免許をもっていない人は運転経験がありませんから，答えられないはずです．このような場合，その研究参加者は「どちらともいえない」という中央カテゴリに丸をつける可能性があります．これと，運転経験のある人で本当にどちらともいえない人とを区別するためには，「わからない」という選択枝を，段階評定とは別に用意します．

分析においては，「わからない」という回答は分析対象から除外します．また，「わからない」を用意するのではなく，経験がない場合は想像で答えて下さいとする方法もあります．データを分析から除外する必要はなくなりますが，想像で答えられたデータが混入することになります．どちらの方法を用いるかは，研究目的に応じて判断します．

逆転項目

回答者のなかには，1だけとか5だけなど，全部同じカテゴリに丸をつける人もいます．質問項目を読んだうえでそのように回答している場合もありますが，項目を読まずにただ丸をつけるという場合もあります．逆転項目を入れておくと，これらを識別することができます．

逆転項目とは，項目内容が他の項目とは逆になっている項目のことです．例えば，「運転中，前の車がゆっくり走っているとイライラする」という項目に「5. とてもよくあてはまる」と答える人は，「料金所はなるべく空いているところを選ぶ」という項目にも「5. とてもよくあてはまる」と答えるかもしれませんが，「渋滞していても気にしない」という項目には「1. あてはまらない」などと答え，「5. とてもよくあてはまる」とは答えないでしょう．項目を読んでいればこのような回答をしますが，項目を読んでいないと，5, 5, 5…と回答してしまいます．このように，回答者が項目を読んでいないと判断できる場合は，その回答用紙は有効回答から除外します．

逆転項目を入れた場合，合計得点の算出にあたっては，逆転項目の得点の方向を，以下の式により他の項目と揃える必要があります．

$$変換後データ = 最小カテゴリ値 + 最大カテゴリ値 - 逆転項目データ$$

例えば，1〜5の5件法で，逆転項目のデータが2であった場合は，1＋5－2＝4が，変換後のデータになります．

全体確認

以上のような点に注意して質問紙を作成したら，まず自分で回答してみます．自分でもやる気の起きないようなものだったら，他人はなおさらやりたくありません．全体の体裁や誤字脱字のチェックも行います．

必ず他の人にも質問紙をみせ，回答してもらいます．読みにくいところ，意味が分かりにくいところ，誤字脱字などを指摘してもらいます．自分は何度も読んでいるので意味が分かるが，はじめて読む人には意味が分からない，分かりにくいということはよくあります．他の人の意見には素直に耳を傾け，項目を修正します．

Column

全数調査は有効か

母集団について知りたいとき，すべての個体について調査を行う全数調査（一斉調査，悉皆調査）が可能なら，そうしたほうがよいでしょうか？

実現可能で，知りたいことを適切にとらえられるなら，全数調査を行ったほうがよいでしょう．しかし，全数調査を行うことにより，何らかの問題が生じる場合は，標本調査のほうが優れています．

まず，全数調査には時間と労力がかかります．時間経過の間に測りたいことが変化したり，データを集める調査員の違いによって評価基準が異なったりすれば，全数調査のデータは信用できなくなります．

また，全数調査の結果が何らかの評価に用いられるとしたら，都合の悪いデータは改ざんされたり，欠測（未観測）にされたりして，バイアスが生じます．これでは，調査の目的にかなったデータにはなりません．

これらの問題が懸念される場合は，調査対象集団を小さくして時間と労力を縮小し，データにバイアスがかかるリスクも小さい標本調査のほうがよいのです．

chapter 3 データの種類

　統計分析で用いるデータは基本的に数値です．言語データを統計分析する場合も，単語などの要素を数値コード化して分析します．それゆえ，見た目は 0, 1, 2, 3…という数字でも，その値が意味することは，どんな変数のデータかによって変わってきます．
　変数にはいくつかのタイプがあり，それによってデータもいくつかの種類に分かれます．本章では，そのようなデータの種類について考えます．
　まず，データがどの程度数量としての意味をもっているかという，尺度水準について説明します．構成概念の測定では，リッカート法を用いた質問紙評定がよく使用されます．そのデータをどう扱うかという考え方についても述べます．
　通常，データ収集は複数の変数について行われます．その複数の変数がどういう関係であるかによって，データの構造が変わってきます．2.6節で出てきた「対応のない」とか「対応のある」などです．そこで次に，データの構造について説明します．尺度水準やデータ構造に関連する統計分析上の用語として，要因，水準，群があります．これらの意味についても説明します．
　尺度水準やデータ構造は，集めたデータをどのように分析できるかということに大きく関わってきます．誤った分析を行わないためにも，きちんと理解しておくことが望まれます．

1 尺度水準

　ある変数で起こりうるすべての状態（特性）に対して，それぞれ異なる数値を対応させるルールを尺度（scale）といいます．例えば，自宅生・寮生・下宿生という3つの状態からなる居住形態変数に対して，自宅生なら1，寮生なら2，下宿生なら3という数値を対応させるルールが尺度です．
　統計分析では，何らかの尺度を用いてデータを収集して分析を行いますが，すべてのデータが等しく同じように分析できるわけではありません．例えば，研究参加者の年齢の平均を求めることには意味がありますが，居住地の平均として郵便番号の平均値を算出しても意味をなすとは考えられません．これは，年齢と郵便番号が，数量としての性質を異にしていることによります．
　収集したデータがどの程度数量としての性質をもつかによって，尺度はいくつかの水準に分けられます．以下では，よく用いられる4つの尺度水準（scales of measurement）について説明します．

名義尺度

　先の居住形態のように，数値の違いが状態の違いを表すものの，数量的な意味はもっていない尺度を名義尺度（nominal scale）といいます．そして，自宅生，寮生などの各状態を水準（level）またはカテゴリ（category）といいます．

　名義尺度では，状態と数値が1対1対応してさえいればよいので，下宿生を1，自宅生を2，寮生を3としても，自宅生を5，寮生を28，下宿生を41としても，分析上何の問題も生じません．

　名義尺度では，数値が数量的な意味をもっていませんので，足し算，引き算，掛け算，割り算の四則演算は意味をなしません．名義尺度の変数は，研究参加者を群分けするなど，分類記号として機能します．

順序尺度

　進行性の疾患で，罹患なしを0，初期を1，中期を2，末期を3とするなど，数値の順序が状態の違いを表す尺度を順序尺度（ordinal scale）といいます．

　カテゴリの順序関係が示されていればよいので，罹患なしを1，初期を2，中期を3，末期を4のようにデータ値を変えたり，罹患なしを4，初期を3，中期を2，末期を1のように数値を逆順にしても構いません．マラソンや学校の成績のような順位も順序尺度と考えられますが，順位は，特性が高いものから順に1位，2位，3位…と値をつけます．

　順序尺度は数値が順序関係以上の数量的な意味をもっていませんので，やはり四則演算はできません．順序尺度の変数は，順序性のある分類記号として機能します．

間隔尺度

　今日の最低気温は−2℃，最高気温は12℃，気温差は14℃のように，数値の間隔が状態の違いの程度を表す尺度を間隔尺度（interval scale）といいます．

　数値の間隔が状態の違いを表せばよいので，原点（0）を移動したり，目盛りの間隔を変えたりすることができます．実際，アメリカで用いられている華氏温度（°F）と日本などで用いられている摂氏温度（℃）には，F＝9/5 C＋32という関係があります．

　原点をずらすことができるということは，0（ゼロ）という値が，その特性がない状態を表すわけではないということです．例えば，0℃は標準状態において水が凍る温度ですが，温度がないわけではありません．

　間隔尺度では，数値どうしの足し算，引き算を行うことができます．先ほどの例のように，気温差を求めたり，60℃のお湯をさらに20℃加熱して80℃にするというような計算ができます．しかし，気温の変化を12÷（−2）＝−6として気温が−6倍になったとはいわないように，数値どうしの掛け算，割り算を行うことはできません．

　数値どうしの足し算，引き算ができるということは，その変数の合計点や平均値を求めることができるということです．したがって，間隔尺度の変数は，統計分析において，合計点や平均値を求める変数になります．

比尺度

100mは50mの2倍のように,数値の比が状態の違いの程度を表す尺度を比尺度(ratio scale)といいます.

比尺度では原点(0)が「ない」という状態を表すので,原点を移動することはできません.しかし,目盛り間隔を変えることはできます.実際,100mは91.44yd(ヤード),50mは45.72ydで,単位を変えれば値は変わってきます.しかし,どちらの単位においても値の比は2となり,状態の違いとしては同じ量を示しています.時間,長さなど物理的な量は比尺度です.

比尺度では,値どうしの足し算,引き算,掛け算,割り算の計算ができます.

尺度水準間の関連

上記の4つの尺度水準の性質をまとめると表3-1のようになります.名義尺度と順序尺度のデータは,数量的な意味を伴わない分類記号として用いられることが多いので,これらの尺度のデータを質的データ(qualitative data),もしくはカテゴリカルデータ(categorical data)といいます.これに対し,間隔尺度,比尺度のデータは,少なくとも足し算,引き算は可能で数量的な意味をもつことから,量的データ(quantitive data, quantitative data)とよばれます.質的データを分析する統計分析を質的データ解析(qualitative data analysis)といいますが,これと,グランデッド・セオリー・アプローチなどのいわゆる質的研究(qualitative research)とは異なりますので,注意が必要です.

各尺度水準におけるデータ変換の可能性を考えると,順序尺度を名義尺度としてとらえることは可能ですが,その逆はできません.自宅生,寮生,下宿生という水準の違いに順序性を見出すことはできないからです.同様に,比尺度を間隔尺度としてとらえることは可能ですが,その逆はできません.値0がどこにきてもよい間隔尺度の0という値に,「ない」という特別な意味をもたせることはできないからです.

このように,尺度水準には階層があり,上から比尺度,間隔尺度,順序尺度,名義尺度となります.上位尺度のデータを下位尺度のデータとして扱うことはできますが,その逆はできません.このことは,例えば間隔尺度のデータを,上位群,中位群,下位群のように分割して,順序尺度もしくは名義尺度のデータとして統計分析に用いることはできるが,その逆はできないということを意味しています.

表3-1 尺度水準

尺度水準	性質	データの変換	データどうしの計算	おもな統計分析	データ
名義尺度	数値の違いが状態の違いを表す	1対1対応していれば任意に変換可能	四則演算不可	度数,割合,クロス集計,連関,群分け	質的データ
順序尺度	数値の順序が状態の違いを表す	順序関係が保存されていれば任意に変換可能	四則演算不可	度数,割合,クロス集計,連関,群分け,分布の位置	
間隔尺度	数値の間隔が状態の違いの程度を表す	線形変換可能 $x \to ax+b$	加減算可	平均値の比較,相関	量的データ
比尺度	数値の比が状態の違いの程度を表す	単位変換可能 $x \to ax$	四則演算可	平均値の比較,相関	

段階評定項目の扱い

質問項目で聞かれていることについて，あてはまる程度を何段階かの数値で評定するリッカート尺度は，本来順序尺度です．「5. とてもよくあてはまる」「4. まああてはまる」「3. どちらともいえない」の3つの状態を考えたとき，5と4の状態の違いの程度と，4と3の状態の違いの程度が同じであるという保証がないからです．順序尺度ですから，値どうしの四則演算はできません．つまり，各項目の評定値を合計して合計点を求めることは本来できません．しかし実際には，質問紙尺度の多くが，データを合計し合計点を求めています．つまり，本来順序尺度であるリッカート尺度を間隔尺度として扱っています．

リッカート尺度を間隔尺度として扱って合計点を求めることについては，実用上あまり問題はないという研究知見が得られています．本書もこの実用上あまり問題がないという立場に立ち，分析例にもそのような尺度を用いることにします．

ただし，リッカート尺度で測定された項目1つだけを従属変数として分析する場合は，順序尺度として分析したほうがよい場合があります．従属変数が，当該の統計分析で必要とされる前提条件を満たさない可能性があるからです．

例えば，「本書を読んで統計分析が分かるようになったか」という質問内容に対し，「5. とても分かるようになった」「4. ある程度わかるようになった」「3. どちらともいえない」「2. あまり分かるようにはならなかった」「1. まったく分かるようにならなかった」のいずれかで回答する項目を従属変数，学生の所属学部を独立変数として分析する場合は，従属変数の分布の歪みが大きいと予想されるので，平均値の比較ではなく，分布の位置の比較（13章）をするほうが望ましいと考えられます．

2 データの構造

多変量データ

表3-2aのように，各個体から，入学年度，学科，卒業後の進路など，多数の変数についてデータを得たものを，多変量データ（multivariate data）といいます．変量とは変数のことですが，伝統的に多変数データとはいわず，多変量データといいます．

多変量データでは，複数の変数が混在するのが一般的です．変数が混在しますから，尺度水準も混在します．表3-2aでも，入学年度は間隔尺度ですが，学科や卒業後の進路は名義尺度です．最近よく聞くビッグデータも，複数の変数が混在するという点では多変量データです．ただし，個体数および変数の数や種類が，従来の多変量データよりも顕著に多く，また多様で，新しい分析可能性をもったデータと考えられています．

反復測定データ

ある1つの変数を，異なるいくつかの時点で測定しているデータを，反復測定データ（repeated measures data）といいます．表3-2bは，学生の学習意欲を，入学時，1年前期末，1年後期末の3時点で測定した反復測定データです．測定時点は異なるが測定変数は同じであるというのが，反復測定データの特徴です．いわゆる事前–事後データも反復測定データです．

表 3-2　データ構造

a　多変量データ

番号	入学年度	学科	卒業後の進路
1	20Y1	看護	医療
2	20Y1	教育	教員
3	20Y2	化学	進学
4	20Y2	文	公務員
5	20Y3	医	医療
⋮	⋮	⋮	⋮

b　反復測定データ

学習意欲 入学時	学習意欲 1年前期末	学習意欲 1年後期末
13	15	18
17	18	17
19	15	14
14	17	17
13	8	2
⋮	⋮	⋮

c　対応のあるデータ

学習意欲 2年教養	学習意欲 2年専門	学習意欲 2年その他
13	18	12
11	16	17
18	15	18
10	19	8
11	11	11
⋮	⋮	⋮

d　対応のないデータ

学科	学習意欲 専門科目
看護	16
看護	18
心理	16
心理	15
⋮	⋮

対応のあるデータ

ある1つの変数を，異なるいくつかの条件下で測定しているデータを，対応のあるデータ（paired data）または独立でないデータ（dependent data）といいます．表 3-2c に対応のあるデータの例を示します．2年生の教養科目，専門科目，その他の科目に対する学生の学習意欲が測定されています．科目の違いが条件の違いとなります．

対応のあるデータは，ある1つの変数を異なるいくつかの条件下で測定しているデータなので，反復測定データも対応のあるデータに入ります．また例えば，夫婦の組ごとに，夫が思う自分の家事分担量と，妻が思う夫の家事分担量のデータは，夫の家事分担量という1つの変数を，夫と妻という異なる条件下で測定していますから，対応のあるデータです．このように，答える人が異なっても対応のあるデータになることがあります．

対応のあるデータでは，同一個体から複数の水準のデータが得られますから，どの水準のデータにも，その個体特有の影響が入ります．例えば，教養科目と専門科目の学習意欲を測るとき，第1希望で入学した人はどちらの科目も学習意欲が高く，不本意に入学した人はどちらの科目も学習意欲が低いという傾向があると考えられます．このような影響により，対応のあるデータでは，水準間のデータに関連があることが予想されます．これが，独立でないデータといわれるゆえんです．

対応のないデータ

ある1つの変数を，学科別など異なるいくつかの集団において測定したデータを，対応のないデータ（unpaired data）または独立なデータ（independent data）といいます．表 3-2d は，専門科目の学習意欲を，看護学科の学生と心理学科の学生で測定したデータです．看護学科の学生と心理学科の学生は異なる集団と考えられますから，水準間に関連はなく，対応のないデータになります．

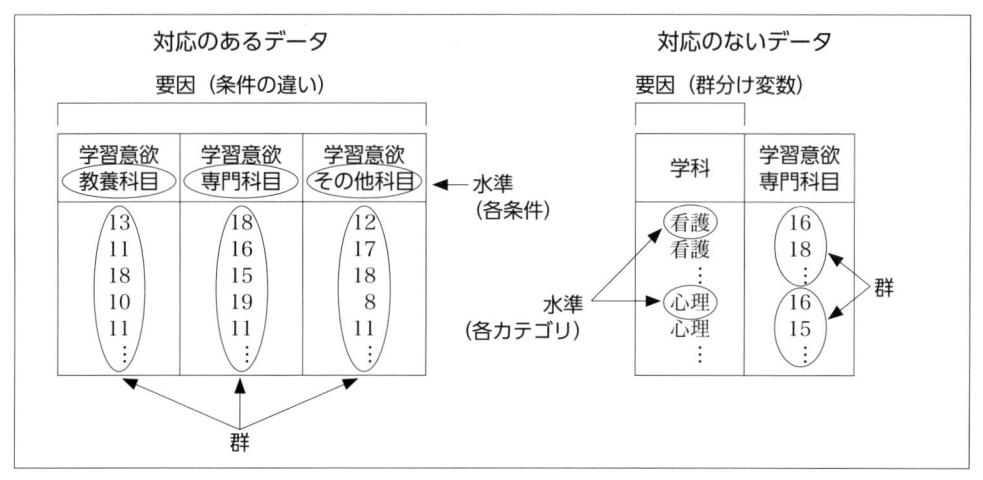

図 3-1 要因，水準，群の関係

要因，水準，群

統計分析において群（group）という用語は，注目する何らかの特性が同じデータの集合を指すものとして使われます．先ほどの対応のないデータでは，学科に注目して，学科が看護であるデータと，学科が心理であるデータの 2 つの群が形成されています．同様にして，対応のあるデータでは，条件の違いに注目して，条件が教養科目であるデータ，条件が専門科目であるデータのように群を作っています．

対応のないデータでは，学科など群分けを行う変数を要因（factor）または因子，「看護」や「心理」など群分け変数の各カテゴリを水準（level）といいます．対応のあるデータでは，科目の違いなど条件の違いを要因，「教養科目，専門科目，その他科目」などの各条件を水準といいます．

これらの用語を用いると，統計分析においては，対応のないデータにしろ対応のあるデータにしろ，各水準におけるデータの集合を群とよんでいることが分かります．図 3-1 に，要因，水準，群の関係を示します．これらの用語は統計分析を行う際に頻繁に出てきますので，意味をしっかり覚えておくことが必要です．

尺度得点に使うのは尺度合計点？尺度平均点？

　共感性を測る質問紙尺度が，「5. とてもあてはまる」から「1. まったくあてはまらない」の5段階で評定する，12個の項目で構成されているとします．この場合，共感性得点として用いるのは，各項目の評定値を合計した尺度合計点でしょうか？それとも，尺度合計点を項目数で割った尺度平均点でしょうか？

　尺度合計点は12～60点の間に分布します．すべての項目に1と回答した場合に最低点12となり，すべての項目に5と回答した場合に最高点60になります．もし項目数が13項目であれば，尺度合計点の範囲は13～65点になり，12項目の場合と違ってきます．一方，尺度合計点を項目数で割った尺度平均点は，項目数が12でも13でも得点範囲は1～5点で，項目数に関係なく，得点と段階評定の範囲が一致し，得点の解釈がしやすくなります．このことからすると，尺度合計点よりも尺度平均点のほうがよさそうに感じられます．

　しかし，尺度合計点は間隔尺度上のデータですから，原点の位置や目盛りの間隔はいくらでも変えることができます．目盛りの間隔を変えられるということは，値を何倍してもデータのもつ情報は変わらないということです．尺度平均点は尺度合計点を項目数で割っただけですから，両者は本質的に同じです．したがって，尺度得点として，尺度合計点と尺度平均点のどちらを用いても本質的な違いはないということになります．実際，尺度合計点を用いた分析と，尺度平均点を用いた分析からは，まったく同じ結論が導かれます．

　ただし，尺度合計点に基づいて，臨床群と健常群のカットオフ値が決められている場合などは，尺度合計点を用いたほうが分かりやすいといえます．また，尺度平均点では，異なる変数の平均値の比較をするなど，誤った分析をしてしまう可能性が出てきます．尺度平均点は見た目が分かりやすいので，思わぬ落とし穴があります．それに惑わされない理解力が求められます．

chapter 4 統計図表

　集めたデータはそのままでは有益な情報をもたらさず，データを集約することが必要であると 1.1 節で述べました．そこで本章では，データのもつ情報を図や表にまとめ，分かりやすく表示する方法について説明します．

　3.1 節で述べたように，データは，尺度の水準により，質的データと量的データに分けられます．それに対応して，適用できる統計図表も異なってきます．そこで以下では，質的データを集約する図表と，量的データを集約する図表に分けて説明します．上位の水準のデータを下位の水準のデータとみなすことはできますから，質的データに適用できる統計図表を，量的データに適用することは可能です．しかし，その逆はできません．

　表 4-1 は，学生の入学年度，学科，性別，自己効力感，学習意欲，進路などを調査したデータの一部です．本章ではこのデータを使って，統計図表の説明をします．

1 質的データの集約

度数分布表

　変数の各カテゴリに属する個体の度数や割合（%）をまとめた表を度数分布表（frequency distribution table）といいます．度数とは，各カテゴリに属する個体数のことです．分布とは，どのカテゴリに何個の個体が属するかという対応関係のことです．

　表 4-2 は学科変数の度数分布表です．学科変数は「医学，看護学，心理学」の 3 カテゴリで構成され，各学科に，それぞれ 76 名（28%），100 名（37%），94 名（35%）の学生が所属していることが分かります．

表 4-1　学生進路データ

番号	入学年度	学科	性別	自己効力感	学習意欲	進路
1	20Y1	看護学	女	49	23	就職
2	20Y2	心理学	男	57	29	就職
3	20Y1	医学	女	42	23	進学
⋮	⋮	⋮	⋮	⋮	⋮	⋮
270	20Y1	看護学	女	42	16	不明

表 4-2　過去 3 年間の各学科の卒業者数

	医学	看護学	心理学	計
人数	76	100	94	270
割合（%）	28%	37%	35%	100%

表 4-3　入学年度と卒業時進路のクロス集計

入学年度	就職	進学	不明	行計
20Y1	77 0.885 0.352 0.285	4 0.046 0.105 0.015	6 0.069 0.462 0.022	87 0.322
20Y2	80 0.816 0.365 0.296	11 0.112 0.289 0.041	7 0.071 0.538 0.026	98 0.363
20Y3	62 0.729 0.283 0.230	23 0.271 0.605 0.085	0 0.000 0.000 0.000	85 0.315
列計	219 0.811	38 0.141	13 0.048	270

n
n / 行計
n / 列計
n / 全体

クロス集計表

2つ以上の質的変数があるとき，それぞれの水準の組み合わせに属する個体の度数や割合（％）をまとめた表をクロス集計表（cross table）とか分割表（contingency table）などといいます．とくに，質的変数が2つで，それぞれ2個のカテゴリからなるクロス集計表は 2×2 表（two-by-two table）といわれます．

表 4-3 は，学生の入学年度と，卒業時の進路のクロス集計表です．入学年度を行（row），進路を列（column）に配置しています．1行目が 20Y1 年度入学生，1列目が就職という具合です．

「20Y1 年度入学生で就職する者」のように，変数の水準が組み合わさるところをセル（cell）といい，「進路を問わず 20Y1 年度入学生」や「入学年度を問わず就職する者」のように，一方の変数の各水準において，他方の変数の全水準をあわせたところを周辺（margin）といいます．また，セルや周辺における度数を，セル度数（cell frequency），周辺度数（marginal frequency）といいます．「20Y1 年度入学生で就職する者」のセル度数は 77 名，「進路を問わず 20Y1 年度入学生」の周辺度数は 87 名です．

各セルの度数の割合（％）は，そのセルを含む行全体の個体数に対する割合，そのセルを含む列全体の個体数に対する割合，データ全体の個体数に対する割合の 3 タイプがあり，それぞれ行パーセント，列パーセント，セルパーセントとよばれます．「20Y1 年度入学生で就職する者」77 名は，20Y1 年度入学生 87 名の 89%（行％），この 3 カ年で就職する学生 219 名の 35%（列％），全体 270 名の 29%（セル％）となります．

円グラフ

変数の各カテゴリに属する個体の割合を扇形の中心角の大きさで示した図を，円グラフ（pie chart）といいます．**図 4-1** は，卒業時の進路の 3 カテゴリ「就職，進学，不明」の割合を示した円グラフです．それぞれの割合は，**表 4-3** より 81%，14%，5% と分かりますが，図にして視覚に訴えることにより，より直観的な理解がなされます．

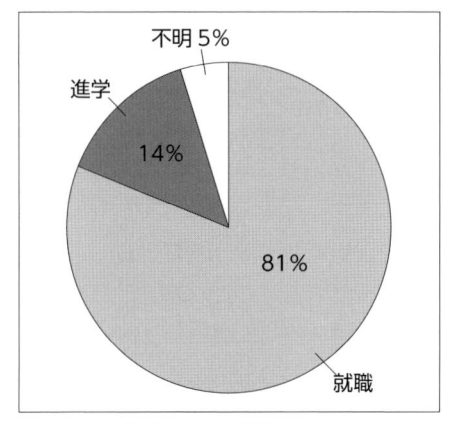

図 4-1　卒業時の進路の割合

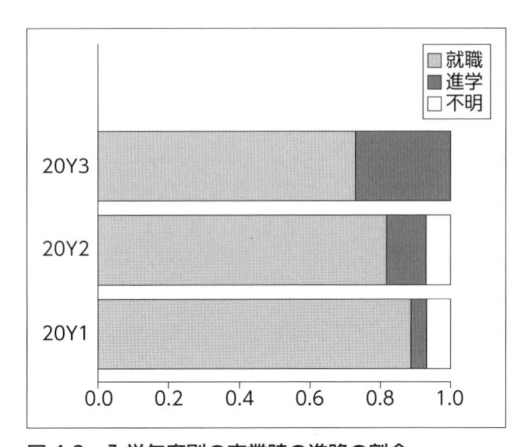

図 4-2　入学年度別の卒業時の進路の割合

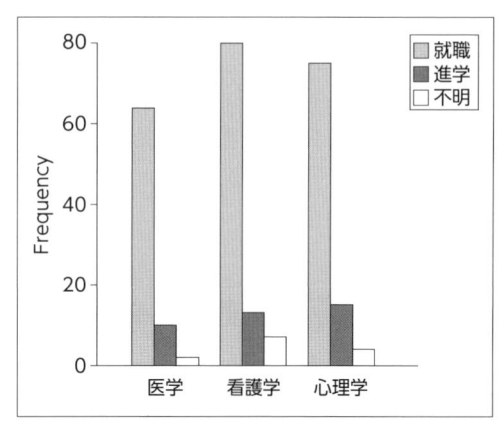

図 4-3　学科別の卒業時の進路（人数）

円グラフは，卒業時の進路の割合を性別で比較するなど，ある1つの質的変数の分布を，異なるいくつかの群で比較する場合にも有効です．

帯グラフ

変数の各カテゴリに属する個体の割合を帯の長さで示した図を，帯グラフ（band graph）といいます．円グラフと同様に，帯グラフも，ある1つの質的変数の分布を，異なるいくつかの群で比較することができますが，とくに質的変数の分布の時系列的な変化を概観するときに威力を発揮します．割合の合計は1ですから，時点が異なっても帯の長さは同じです．そのなかで，あるカテゴリの割合がどう変化しているかを視覚的に理解することができます．

図 4-2 は，卒業時の進路分布が，学生の入学年度に応じてどう推移しているかを示した図です．入学年度が後になるほど就職が減り，進学が増えていることが一目で分かります．

棒グラフ

各群における何らかの特性の程度を棒の長さや高さで表した図を，棒グラフ（bar chart, bar graph）といいます．通常，棒の幅は各カテゴリで同じにします．

表 4-4 自己効力感尺度得点の度数分布表

階級（階級幅＝5）		階級値	度数	相対度数 (%)	累積度数	累積相対度数 (%)
下の境界値	上の境界値					
25	30	27.5	4	1.5	4	1.5
30	35	32.5	8	3.0	12	4.4
35	40	37.5	29	10.7	41	15.2
40	45	42.5	42	15.6	83	30.7
45	50	47.5	54	20.0	137	50.7
50	55	52.5	50	18.5	187	69.3
55	60	57.5	40	14.8	227	84.1
60	65	62.5	28	10.4	255	94.4
65	70	67.5	9	3.3	264	97.8
70	75	72.5	5	1.9	269	99.6
75	80	77.5	1	0.4	270	100.0

図 4-3 は，学科別に，卒業時の進路の人数を比較したグラフです．進路の3つのカテゴリを，棒の種類を変えることにより区別しています．

名義尺度はカテゴリの順番を任意に入れ替えることができましたから，図 4-3 において，横軸の順番を看護学，心理学，医学のように変更してもかまいません．

2 量的データの集約

度数分布表

表 4-4 は自己効力感尺度得点の度数分布表です．自己効力感尺度は間隔尺度なので，量的データです．量的データの度数分布においては，まず得点範囲をいくつかの階級 (class) に分けます．これは，質的データにおけるカテゴリに対応します．階級の下限，上限の値を階級の境界値 (class boundaries)，階級の中央の値を階級値 (class value)，階級の区間幅を階級幅 (class interval) といいます．

表 4-4 の度数分布表の区間幅は，どの階級も5点になっています．なお，得点が1点刻みのときに階級幅をすべて1にすれば，各得点にどれだけの個体が属しているかを示す度数分布表が得られます．個体数が大きい場合にはそのような表も有効ですが，個体数が小さい場合には，階級幅を広めにした度数分布表のほうが，全体の分布の様子をより適切に概観することができます．

各階級に属する人数を度数，全個体数に対する度数の割合を相対度数 (relative frequency) といいます．量的データでは階級に順序性がありますから，値の小さい階級から度数を積み上げていくことが可能です．そのようにした度数を累積度数 (cumulative frequency)，全個体数に対する累積度数の割合を累積相対度数 (cumulative relative frequency) といいます．最終カテゴリにおける累積度数は全個体数，累積相対度数は1 (100%) になります．

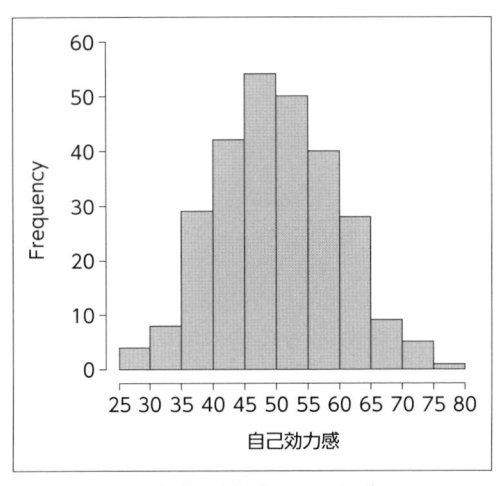

図 4-4　自己効力感尺度得点のヒストグラム

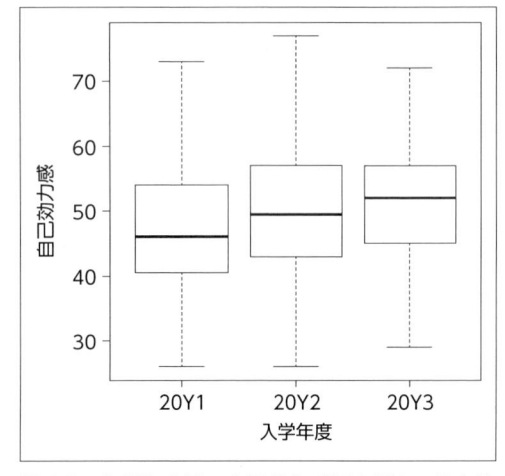

図 4-5　入学年度別の自己効力感尺度得点の分布比較

ヒストグラム

　量的データにおいて，各階級に属する個体の度数や割合を，棒の面積で表した図をヒストグラム（histogram）といいます．ヒストグラムは量的データの度数分布を図にしたものです．ヒストグラムが棒グラフと異なる点は，階級（カテゴリ）の入れ替えができないこと，棒の幅が階級幅を表すこと，棒の高さでなく面積が度数や割合を示すことです．ただし，階級幅がすべての階級で同じであれば，棒の高さも度数や割合を表します．

　図 4-4 は自己効力感尺度得点分布のヒストグラムです．横軸が得点，縦軸が度数です．図 4-4 をみると，45 〜 50 点の階級に度数のピークがあることが分かります．

　階級数または階級幅をどのように設定するかによって，ヒストグラムの形は変わってきます．階級数を決める基準にスタージェスの基準（Sturges' rule）というものがあり，標本サイズを n として，階級数を次式で推定します．

　　階級数＝ $\log_2 n + 1$

　$\log_2 n$ は，2 を何乗すると n になるかという値で，このような関数 log を対数関数（logarithm function）といいます．

箱ひげ図

　ヒストグラムは 1 つの変数の分布を視覚的にみるのに有効ですが，変数の数が多くなるとグラフが多くなり，描くのもみるのも大変になります．そこで，量的データの分布をより簡潔に表すものとして，箱ひげ図（box-and-whisker plot）が提案されています．

　図 4-5 は，入学年度別の自己効力感尺度得点分布を比較した箱ひげ図です．箱のなかにある線は中央値（median）です．中央値は，データを大きさ順に並べたときちょうど真ん中にくるデータの値です．データ数が偶数のときは，真ん中 2 つの値の平均を取ります．箱の下辺を下ヒンジ（lower hinge），上辺を上ヒンジ（upper hinge）といいます．下ヒンジはデータ全体の最小値（minimum value）から中央値までの中央値，上ヒンジはデー

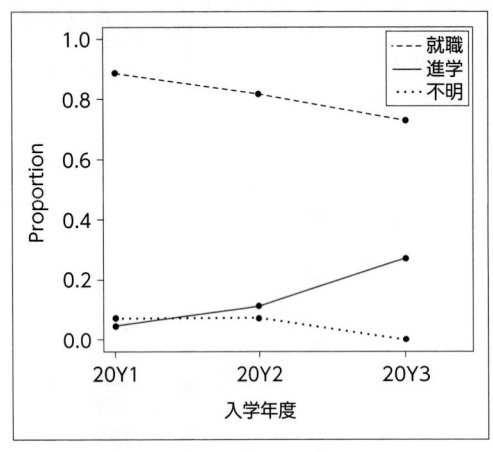

図 4-6　入学年度別の卒業時の進路の推移（割合） 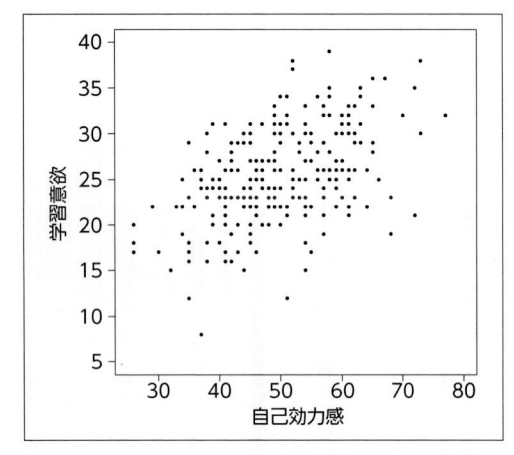　　図 4-7　自己効力感尺度得点と学習意欲尺度得点の散布図

タ全体の中央値から最大値（maximum value）までの中央値です．箱のなかに全体の 5 割のデータがあることになります．

　箱から上下に伸びる「ひげ」は，箱の長さ（上ヒンジ－下ヒンジ＝ヒンジ散布度）の 1.5 倍の区間を箱の上および下にとり，それぞれのなかで最も遠くにあるデータの位置を表します．さらに遠くにデータがある場合は，遠さに応じて，白丸や黒丸などでその位置を示します．

折れ線グラフ

　各階級（群）における何らかの特性の程度を点の位置で示し，階級間の点を直線で結んだ図を，折れ線グラフ（line graph）といいます．折れ線グラフは，階級の推移により特性がどのように変化していくかを把握するのに便利な図です．

　図 4-6 は，学生の入学年度の推移により，卒業時の進路の割合がどのように変化しているかを示した折れ線グラフです．年度の推移により，就職が減っていること，進学が増えていることがよく分かります．

　折れ線グラフは特性の変化をみることに使われる図ですから，グラフの点の順番を変えることはできません．それゆえ，折れ線グラフの横軸には，順番を入れ替えることができない量的変数の階級を配置します．一方，縦軸には，度数，割合，平均など，質的変数，量的変数のいろいろな特性をとることが可能です．横軸に階級，縦軸に度数を取れば，ヒストグラムの山の形を表す折れ線グラフになります．

散布図

　2 つの量的変数の関係を，座標平面上の点で表した図を，散布図（scatter plot）といいます．一方の変数を横軸，他方の変数を縦軸にとり，ある個体におけるそれぞれの変数のデータを座標値にして，その個体を点で表します．これをすべての個体について行ったものが散布図です．

　図 4-7 は，学生の自己効力感尺度得点と学習意欲尺度得点の散布図です．それぞれの点

が1人1人の学生の位置を表します．**図4-7**をみると，自己効力感が高い学生は学習意欲も高く，反対に自己効力感が低い学生は学習意欲も低い傾向にあることが分かります．

散布図は，2つの量的変数間の関連をみるのに便利なだけでなく，外れ値の発見にも役立ちます．外れ値（outlier）とは，他の大多数のデータとは著しく傾向が異なるデータのことです．散布図をみて，もし，全体的には一方の変数の値が大きいと他方の変数の値も大きいという傾向があるのに，そこからまったく外れた個体が確認されたら，データの入力ミスや，その研究参加者の回答不備などの発見につながります．

ナイチンゲールと統計学

看護の祖ともいわれるフローレンス・ナイチンゲールは，先駆的な統計学者としても知られています．ナイチンゲールは，1853年に勃発したクリミア戦争で，イギリス軍死者の多くが，戦場ではなく，適切な処置を受けなかったことにより病気に感染して死亡していることを，大量のデータを分析して示しました．その際に発明したのが円グラフです．また，フローレンス・ナイチンゲール・デイヴィッドという高名な統計学者がいるのですが，彼女の両親はナイチンゲールの友人だったそうです．

（参考　Salsburg, D. : The lady tasting tea : How statistics revolutionized science in the twentieth century. Henry Holt and Company, 2001. [竹内恵行，熊谷悦生訳：統計学を拓いた異才たち．日本経済新聞社，2006]）

chapter 5 量的データの分布の記述

　4.2節でみたように，量的データの分布は，度数分布表やヒストグラム，箱ひげ図などを使って理解することができますが，分布の特徴を表す値を利用することも有効です．本章では，量的データの分布の特徴を表す特性値について説明します．

　統計分析では，母集団と標本という考え方がありましたので，まず母集団分布と標本における分布について理解しておきます．

　次に，分布の中心的な位置を表す平均値などの指標，分布の散らばり具合を表す標準偏差などの指標についてみていきます．標準偏差を理解できるかどうかが，統計分析を理解できるかどうかの最初の関門になります．

　続いて，分布のその他の特徴を表す特性値を概観した後，データの標準化について説明します．構成概念は物理的に存在するものではないので，測定単位を決めることができません．そこで必要になるのがデータの標準化です．研究で構成概念を扱うにあたっては，データを標準化する意味を理解しておくことが必要です．

1 母集団分布とデータ分布

　2.1節で述べたように，標本には，その標本が抽出されるもとになる母集団が背後にあります．したがって，データの分布も，標本における分布と，母集団における分布の2つを考えることができます．母集団におけるデータの分布を母集団分布（population distribution），標本におけるデータの分布をデータ分布（data distribution）または度数分布（frequency distribution）といいます．標本におけるデータの分布を標本分布といいたくなりますが，標本分布という用語は別の目的で使われていますので，データ分布に対しては用いません．標本分布については8.2節で説明します．

　母集団分布とデータ分布があるということは，分布の特徴を表す特性値も，母集団分布のものとデータ分布のものがあるということです．通常，母集団の特性値はギリシャ文字（**付表1**），標本の特性値はアルファベットで表します．

　アルファベットについては，一般的な話をするときは大文字，具体的なデータを表すときは小文字にしたりしますが，他の区別をしていたり，見やすさを理由に変えたりするなど，用法は混在しています．統計の本に出てくる表記法の細かい違いは，あまり気にしないほうがよさそうです．

2 代表値

分布の中心がどの辺りに位置しているかを表す特性値を代表値（average）といいます．主な代表値は次の3つです．

①データを合計して個体数で割った値を算術平均（arithmetic mean）または平均（mean）といいます．

②データを大きさ順に並べたとき，ちょうど真ん中にくるデータの値を中央値（median）といいます．データ数が偶数のときは，真ん中2つの値の平均を中央値とします．

③個体数が最も多いデータの値を最頻値（mode）またはモードといいます．個体数が最も多いデータの値が複数あるときは，いずれも最頻値とします．

通常，母集団平均は μ（ミュー），標本平均は $\bar{X}$（エックスバー）で表します．中央値や最頻値を表す記号はとくに決まっていません．

表5-1に学習意欲データの一部を示します．後の説明のために必要な情報もいくつか載せてあります．平均値はデータの合計を個体数で割った値ですから，学習意欲データの平

表5-1 学習意欲データ

番号	データ	データ－平均	（データ－平均）^{2}
1	23	23−25.21	(23−25.21)^2
2	29	29−25.21	(29−25.21)^2
3	23	23−25.21	(23−25.21)^2
⋮	⋮	⋮	⋮
270	29	29−25.21	(29−25.21)^2

表5-2 学習意欲データの度数分布表

階級値	度数	相対度数(%)	累積度数	累積相対度数(%)
8	1	0.4	1	0.4
9	0	0.0	1	0.4
10	0	0.0	1	0.4
11	0	0.0	1	0.4
12	2	0.7	3	1.1
13	0	0.0	3	1.1
14	0	0.0	3	1.1
15	4	1.5	7	2.6
16	4	1.5	11	4.1
17	7	2.6	18	6.7
18	8	3.0	26	9.6
19	6	2.2	32	11.9
20	12	4.4	44	16.3
21	10	3.7	54	20.0
22	25	9.3	79	29.3
23	27	10.0	106	39.3
24	18	6.7	124	45.9
25	22	8.1	146	54.1
26	27	10.0	173	64.1
27	12	4.4	185	68.5
28	9	3.3	194	71.9
29	18	6.7	212	78.5
30	16	5.9	228	84.4
31	11	4.1	239	88.5
32	11	4.1	250	92.6
33	6	2.2	256	94.8
34	5	1.9	261	96.7
35	3	1.1	264	97.8
36	2	0.7	266	98.5
37	1	0.4	267	98.9
38	2	0.7	269	99.6
39	1	0.4	270	100.0
40	0	0.0	270	100.0

図5-1 学習意欲データのヒストグラム

均値は，

$$\bar{X} = \frac{23+29+23+\cdots+29}{270} = 25.21$$

と計算されます．数値は，小数第 2 位くらいまでで表示します．

表 5-2 および図 5-1 に，学習意欲データの度数分布表とヒストグラムを示します．中央値はデータのちょうど真ん中にくる値なので，中央値の累積相対度数は 50％です．したがって，学習意欲データの中央値は 25 になります．表 5-2 をみると，データ値 24 の累積相対度数は 45.9％，データ値 25 の累積相対度数は 54.1％となっており，25 というデータが 22 度数あるなかに，累積相対度数が 50％となるところがあるからです．

最頻値は度数が最も大きいデータの値なので 23 と 26 となります．図 5-1 においては，この 2 つの階級のところで，山が最も高くなっています．

平均値はデータの重心です．つまり，平均値を支点にすると，度数分布の左右が釣り合います．平均値は統計分析においてきわめて重要な特性値ですが，外れ値に大きく影響されるという弱点をもっています．例えば，表 5-1 の学習意欲データにおいて，270 番目のデータ 29 を誤って 299 と入力しただけで，平均値は 26.31 という値になってしまいます．

これに対し，中央値や最頻値は，外れ値にあまり影響されない頑健（robust）な特性値です．270 番目のデータを 299 にしても，中央値は 25，最頻値は 23 と 26 のままです．平均値と中央値が大きくずれる場合は，外れ値の混入を疑う必要があります．

3 散布度

分布の中心的な位置が同じでも，データがその近くに集まっている場合と，そうでない場合があります．図 5-2 にある 2 つの分布は，平均値は同じですが，分布の散らばりが異

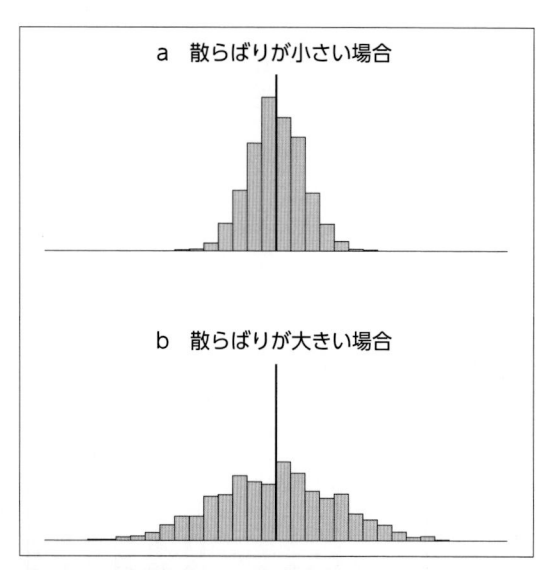

図 5-2 散らばりの大きさが異なる分布
太線は平均の位置．

なります．図 5-2a では多くのデータが平均値の近くにありますが，図 5-2b では，平均値から遠く離れたところにも，そこそこデータがあります．これらの図をみると，データの散らばりを考えるには，各データの平均値からの離れ具合を考えるとよいことが示唆されます．

分散

表 5-1 の第 3 列は，各データから平均値を引いたものです．このようなデータを中心化データ（centered data）とよびます．元のデータが平均値より大きければ中心化データはプラスの値になり，平均値より小さければマイナスの値になります．中心化データは各データが平均値からどれだけ離れているかを表しますから，その平均をとれば全体的な散らばり具合が分かりそうです．しかし，中心化データをすべての個体について合計すると，プラスマイナスが相殺されて，値は常に 0 になってしまいます．これではデータの散らばり具合を表すことができません．そこで，中心化データを 2 乗したものの平均をとることを考えます．2 乗しますからマイナスもプラスになり，プラスマイナスが相殺されることはなくなります．

このように，各データから平均値を引いて 2 乗したものの平均をとったものを分散（variance）といいます．2 乗したものの平均ですから，分散は必ず 0 以上の値になります．母集団における分散を母分散（population variance）といい，σ^2（シグマ 2 乗）で表します．標本における分散は，多くの場合，不偏分散（unbiased variance）というものを用い，s^2 で表します．不偏分散は，中心化データの 2 乗の合計を個体数で割るのではなく，個体数 − 1 で割ります．なぜそうするかについては 8.4 節で説明します．学習意欲データの分散（不偏分散）は，

$$s^2 = \frac{(23-25.21)^2 + (29-25.21)^2 + \cdots + (29-25.21)^2}{270-1} = 26.00$$

となります．

標準偏差

分散はデータを 2 乗しているので，平均値と次元が異なっています．例えば，身長の平均値が 165cm で分散が 121cm^2 といわれても，あまりピンときません．それは，平均値が cm という長さの単位であるのに対して，分散は cm^2 という面積の単位になっているからです．そこで，分散の正の平方根をとることを考えます．そうしたものを標準偏差（standard deviation：SD）といいます．母標準偏差を σ，標本標準偏差を s で表します．分散と同じく標準偏差も必ず 0 以上の値になります．もし，分散や標準偏差の値が 0 だったら，すべてのデータは平均値に等しい，つまり，すべて同じ値であることになります．

標準偏差は，その言葉どおり，標準的なデータの散らばりの大きさです．偏差そのものの平均ではなく，偏差の 2 乗の平均の平方根であることを，標準的と言い表しているのです．

学習意欲データの標準偏差は，

$$s = \sqrt{26.00} = 5.10$$

となります．25.21 という平均値から大きく離れているデータもあれば，それほど離れていないデータなどいろいろあるけれども，標準的にみれば 5.10 程度離れているということです．

範囲

分散や標準偏差は，平均の周りにどれだけデータが散らばっているかに注目した指標です．これに対し，ある区間のなかに何割のデータが含まれるかということに着目した散布度の指標があります．

すべてのデータが含まれる区間幅を範囲（range）といいます．範囲は「最大値 − 最小値」で得られます．学習意欲データの範囲は，39 − 8＝31 となります．

四分位範囲

範囲は外れ値に大きく影響されます．仮に 270 番目のデータを 29 でなく 299 と入力してしまうと，範囲は 299 − 8＝291 とかなり変わってしまいます．そこで，分布の中央 50％のデータがある範囲を考えます．これを四分位範囲（しぶんいはんい，interquartile range）といいます．

四分位範囲を求めるためには，まず四分位点（quartiles）を探します．四分位点は 3 つあります．データを大きさ順に並べ，下から 25％のところにあるデータを第 1 四分位数（first quartile），下から 50％のところにあるデータを第 2 四分位数（second quartile），下から 75％のところにあるデータを第 3 四分位数（third quartile）とします．

四分位数を用いて，中央 50％のデータがある範囲を考えます．中央 50％のデータは，両端から 25％ずつ離れたところの中にありますから，四分位範囲は「第 3 四分位数 − 第 1 四分位数」で求められます．表 5-2 をみると，学習意欲データの第 1 四分位数は 22，第 3 四分位数は 29 ですから，四分位範囲は 29 − 22＝7 となります．

なお，第 1 四分位数と下ヒンジ（4.2 節），第 3 四分位数と上ヒンジは，同じかほぼ同じ値になります．「上ヒンジ − 下ヒンジ」をヒンジ散布度（hinge spread）といいます．また，第 2 四分位数は中央値です．

4 分布の歪み，裾の重さ

歪度

中心的な位置や散らばり具合以外にも，分布の形の特徴はあります．その 1 つが非対称性，すなわち分布の歪みです．図 5-3 に示す分布は，分布の裾が右に長くなっています．分布の裾が左右のどちらに長いかを表す指標を歪度（わいど，skewness）といいます．歪度がプラスなら，図 5-3 のように裾は右に長く，マイナスなら左に長い状態を表します．分布の裾の長さが左右で同じとき，歪度は 0 になります．

歪度がプラスのとき，平均値は山のピークより右にずれます．反対に，歪度がマイナス

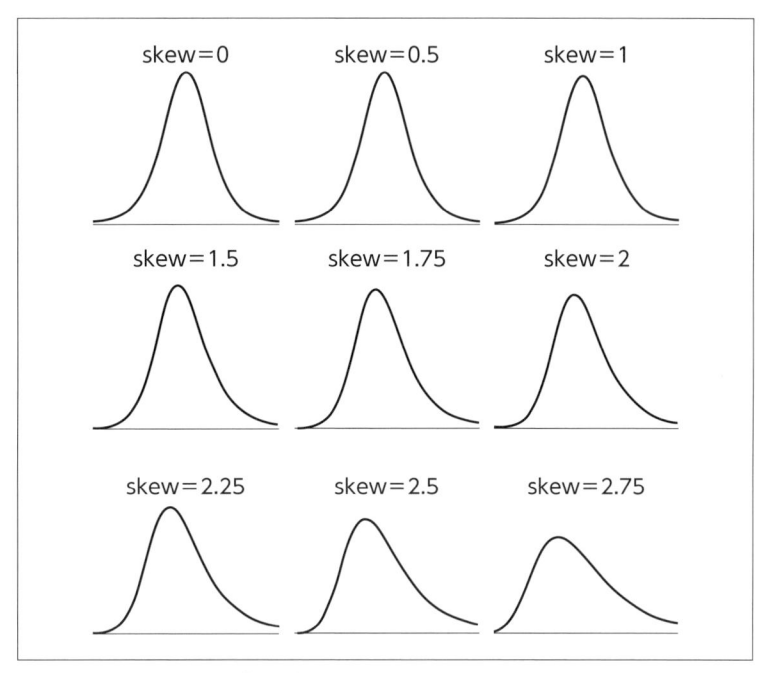

図 5-3 歪度の異なる分布の例

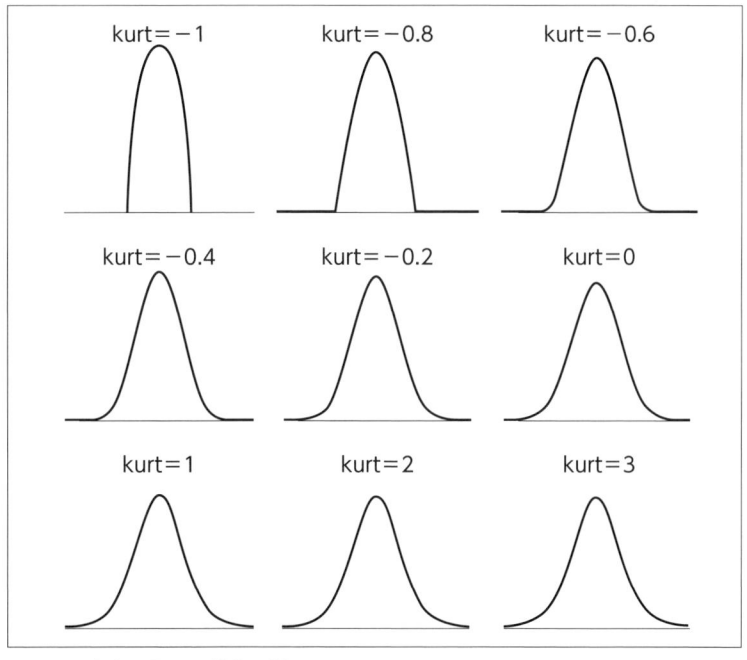

図 5-4 尖度の異なる分布の例

のとき，平均値は山のピークより左にずれます．

　学習意欲データの歪度は -0.01 で，分布の歪みはほとんどないと考えられます．

尖度

分布の裾の重さ（厚さ）を表す指標を尖度（せんど，kurtosis）といいます．図 5-4 に尖度の異なる分布を示します．図 5-4 の中央右図は正規分布です．正規分布の尖度を 0 とすると，分布の裾が軽い（薄い）とき，尖度はマイナスの値になります．反対に，分布の裾が重い（厚い）とき，尖度はプラスの値になります．なお，学習意欲データの尖度は 0.08 となっており，正規分布の尖度とほぼ同じになっています．

5 データの標準化

構成概念の測定におけるデータの標準化の必要性

3.1 節で述べたように，性格や学力など構成概念を測定する道具として，私たちは質問紙やテストなどを用い，それらを使って得られたデータを間隔尺度として扱っています．間隔尺度ですから，原点や単位を自由に変えることができます．つまり，質問項目を何項目にするとか，評定段階数を何段階にするとかいうことに，決まりはないということです．したがって，学習意欲を測る 2 つの尺度があったとき，項目数や評定段階数が異なれば，尺度得点は異なった値になります．平均や標準偏差の値も尺度ごとに違ってきます．

しかし，同じ構成概念を測定しているなら，たとえ使用している尺度が異なっても，本質的に同じ結果になることが望まれます．そのためには，項目数や評定段階数など，使用した質問紙の仕様に依存しないようにデータを変換する必要があります．それを行うのがデータの標準化（standardization）です．

標準化

いま，平均 $\bar{X}$，標準偏差 s_X の分布をもつデータ X があるとします．このデータを，平均 $\bar{Z}$，標準偏差 s_Z のデータ Z になるように変換することを考えます．

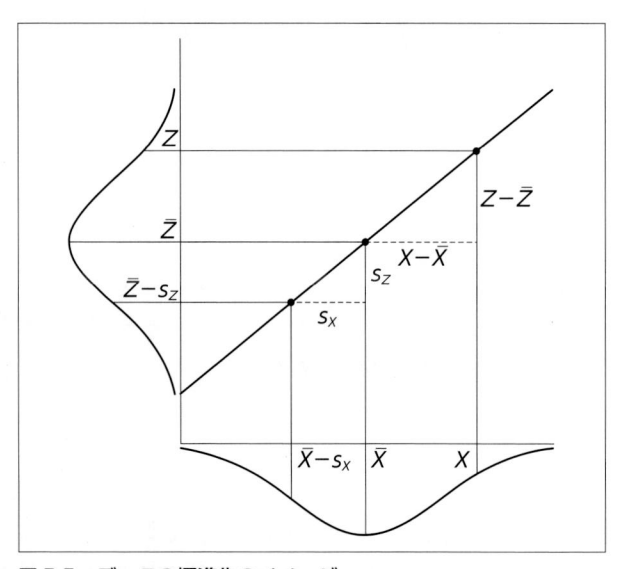

図 5-5 データの標準化のイメージ

図 5-5 は，データ X の分布をデータ Z の分布に変換するイメージを示したものです．X と Z を対応させますから，$\bar{X}$ は $\bar{Z}$ に対応し，$X - \bar{X}$ は $Z - \bar{Z}$ に対応します．

図 5-5 の直線の傾きをこれらの記号を用いて表すと，

$$\text{直線の傾き} = \frac{Z - \bar{Z}}{X - \bar{X}} = \frac{s_Z}{s_X}$$

となります．この式を Z について解くと，

$$Z = \frac{X - \bar{X}}{s_X} \cdot s_Z + \bar{Z} \tag{5.1}$$

と整理されます．この 5.1 式が，データ X をデータ Z に変換する式になります．

代表的な標準化として，平均 0，標準偏差 1 に標準化する z 得点，平均 50，標準偏差 10 に標準化する Z 得点，平均 100，標準偏差 15（または 16）に標準化する偏差 IQ（deviation intelligence quotient，知能指数）などがあります．Z 得点はいわゆる偏差値で，平均点の偏差値が 50，平均から 1 標準偏差上の得点の偏差値が 60 になります．IQ は，平均が 100 で，平均から 1 標準偏差下の IQ が 85，2 標準偏差下の IQ が 70 になります．

平均や標準偏差の値を示さず，単に標準化するといった場合には，平均 0，標準偏差 1 の z 得点に標準化することを指します．この場合の変換式は，5.1 式に $\bar{Z} = 0$, $s_Z = 1$ を代入して，以下のような簡単な式になります．

$$z = \frac{X - \bar{X}}{s_X}$$

この z は，標準的な偏差の大きさに対して，当該データが平均からどれくらい離れているかを相対的に表すものです．例えば，$z = 1$ であれば，データは平均から 1 標準偏差だけ離れていることになります．

標準偏差の理解

偏差値や偏差 IQ において，平均より 1 標準偏差高いとか低いとかいわれても，それがどの程度上や下のことなのかピンとくる人はあまりいないと思います．そこで，正規分布（normal distribution）という統計学上きわめて重要な分布に基づいて，これらの標準偏差の大きさを理解します．

正規分布は左右対称で，歪度も尖度も 0 です．つまり，平均の周りにデータが集中していますが，平均から離れたデータも一定程度あり，しかも平均を中心として，プラスマイナス同じように散らばっています．また，平均から離れるほどデータが少なくなります．平均から離れるほどデータが少なくなるというのは実際のデータにも合いますし，数学的な取り扱いもよいことから，正規分布はさまざまな統計分析において基本の分布とされています．なお，平均 0，標準偏差 1 の正規分布を，標準正規分布（standard normal distribution）といいます．

図 5-6 は，正規分布において，z 得点，Z 得点（正規分布の場合は T 得点といいます），偏差 IQ などの値がどのように配置されるかを示した図です．平均 μ から 1 標準偏差離れたところを $\mu + 1\sigma$，2 標準偏差離れたところを $\mu + 2\sigma$ などと表しています．

パーセントをみると，μ と $\mu + 1\sigma$ の間に 34.13% のデータがあることが分かります．

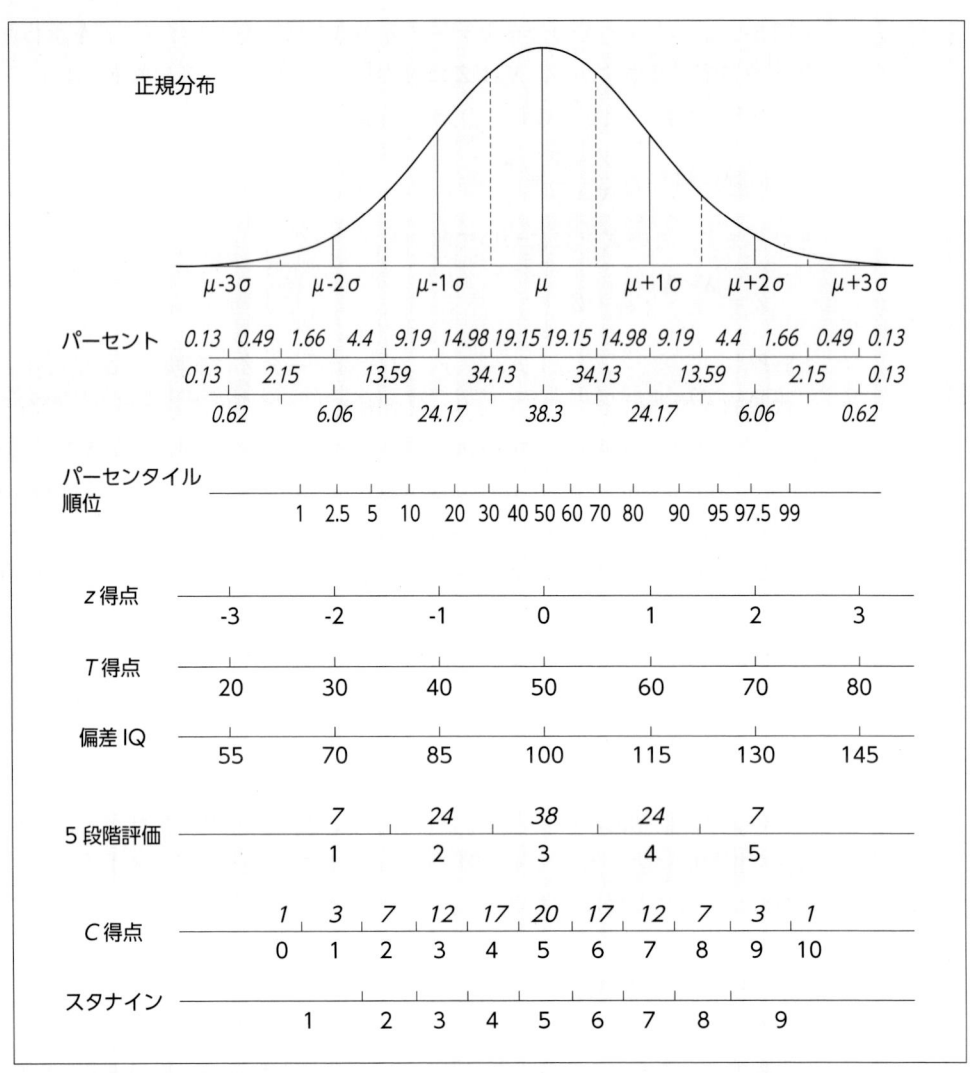

図 5-6 正規分布と標準化得点
斜体の数値はパーセントを示す．

つまり，偏差値 60 の人は半分より約 34％上，逆にいえば上位 16％くらいのところに位置していることになります．μ と $\mu-1\sigma$ の間にも 34.13％のデータがあります．したがって，偏差 IQ が 85 の人は下位 16％くらいのところ，偏差 IQ が 70 の人は下位 2.3％（50 − 34.13 − 13.59＝2.28）くらいのところに位置していることが分かります．

かつて学校の通信簿に用いられていた 5 段階評価は，1，2，3，4，5 を 7％，24％，38％，24％，7％の割合でつけていました．40 人学級の場合は，1 と 5 が約 3 人ずつ，2 と 4 が約 10 人ずつ，3 が約 15 人という割合になります．

データの存在範囲を考えると，$\mu\pm0.5\sigma$ の範囲に約 4 割（38.3％）のデータがあり，$\mu\pm1\sigma$ に約 7 割（68.26％），$\mu\pm2\sigma$ に約 95％，$\mu\pm2.5\sigma$ になると約 99％のデータが含まれることが分かります．

Column

外れ値のチェック

　正規分布に近い分布では，$\mu \pm 2.5\sigma$の範囲に約99%のデータが含まれます．このことから，実際の統計分析において，平均（または中央値）から2.5標準偏差以上離れたデータは，入力ミスや測定エラーなどを疑うことがあります．もちろん，正しい値であることもありますが，人為的なミスによる外れ値である場合も多々あります．いろいろな分析をする前に，データが正しいかを確認するという基本的な作業は必ず行う必要があります．この作業を怠ると，あとの分析がすべて台無しになります．

　外れ値を簡単にチェックするには，各変数の最小値と最大値を確認するのが一番です．値が極端に大きかったり小さかったりすればこれで分かります．また，極端な値でなくても，得点可能範囲から外れていれば入力ミスと分かります．ヒストグラムや散布図を作成するのも有効な方法です．とくに散布図では，全体的傾向とは著しく異なる個体を検出することができます．

chapter 6 量的変数間の関連

　統計分析では，各変数の平均や標準偏差などを求め，分布の特徴を把握するだけでなく，変数間の関連を検討することも多くあります．本章では，2つの量的変数間の関連をとらえる指標，具体的には，共分散と相関係数について説明します．

　共分散や相関係数について説明するために，まず合成得点の平均や分散について考えます．合成得点とは，異なる変数の得点を合計したり，差をとったりして作られる得点のことです．合成得点の分散から，共分散に話をつなげます．そして，共分散の性質をみていき，相関係数を導きます．相関係数に関する注意点についても触れます．

1 合成得点と共分散

　構成概念を測定する質問紙尺度では，各項目の得点を足した合計得点，または合計得点を項目数で割った平均得点をもって，その尺度の得点とします．また，大学入試などでは，異なる科目の得点を合計したりします．しかし，どうして合計するのでしょうか？合計すると何かよいことがあるのでしょうか？

合計得点の平均

　X を国語の得点，Y を数学の得点として，合計得点 $X+Y$ の平均や分散を考えてみます．**表6-1**にデータの一部，**図6-1**に国語，数学，合計得点の分布を示します．

　どちらのテストも100点満点で，平均は，国語 $\bar{X}=65.0$，数学 $\bar{Y}=54.0$，合計 $\overline{X+Y}=119.0$ です．これらの値をみると，合計得点の平均は，国語と数学の平均を足した値になっているようです．これが正しいか，**表6-1**のデータを使って確かめてみると，次のようになります．

$$\overline{X+Y}=\frac{1}{500}[148+110+\cdots+160]$$

$$=\frac{1}{500}[(70+78)+(61+49)+\cdots+(72+88)]$$

$$=\underbrace{\frac{1}{500}(70+61+\cdots+72)}_{\text{国語の平均}}+\underbrace{\frac{1}{500}(78+49+\cdots+88)}_{\text{数学の平均}}$$

$$=65+54$$

$$=119$$

　確かに合計得点の平均は，国語の平均と数学の平均を足した値になっています．

表 6-1　国語，数学データ

番号	国語	数学	合計
1	70	78	148
2	61	49	110
3	84	50	134
⋮	⋮	⋮	⋮
500	72	88	160
M	65.0	54.0	119.0
SD	10.0	16.0	22.7
s^2	100.1	256.0	517.0

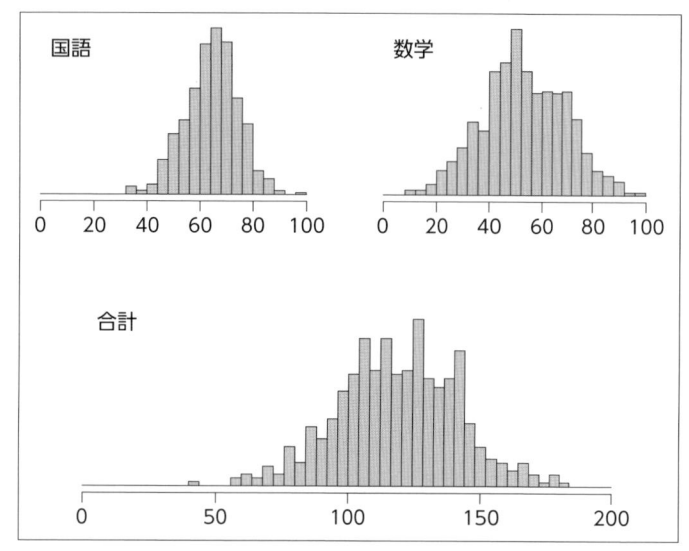

図 6-1　国語，数学，合計得点の分布

一般に，合計得点の平均は，各変数の平均の合計になり，次のように書くことができます．

$$\overline{X+Y} = \bar{X} + \bar{Y} \tag{6.1}$$

合計得点の分散

さて，分散はどうでしょうか．分散の値は，国語 $s_X^2 = 100.1$，数学 $s_Y^2 = 256.0$，合計 $s_{X+Y}^2 = 517.0$ で，国語の分散と数学の分散を足しても，合計得点の分散にはなりません．標準偏差でも同様です．国語の標準偏差 10.0 と数学の標準偏差 16.0 を足しても，合計得点の標準偏差 22.7 にはなりません．合計得点の分散はどのように計算されるのでしょうか．**表 6-1** のデータでみてみましょう．

$$\begin{aligned}
s_{X+Y}^2 &= \frac{1}{500-1}[(148-119)^2 + \cdots + (160-119)^2] \\
&= \frac{1}{500-1}[(70+78-(65+54))^2 + \cdots + (72+88-(65+54))^2] \\
&= \frac{1}{500-1}[\{(70-65)+(78-54)\}^2 + \cdots + \{(72-65)+(88-54)\}^2] \\
&= \underbrace{\frac{1}{500-1}[(70-65)^2 + \cdots + (72-65)^2]}_{\text{国語の分散}} \\
&\quad + \underbrace{\frac{1}{500-1}[(78-54)^2 + \cdots + (88-54)^2]}_{\text{数学の分散}} \\
&\quad + \frac{2}{500-1}[(70-65)(78-54) + \cdots + (72-65)(88-54)]
\end{aligned}$$

$$=100.1+256.0+2\cdot\frac{1}{500-1}[(70-65)(78-54)+\cdots+(72-65)(88-54)]$$

このように，合計得点の分散には，国語の分散と数学の分散の他に，もう1つ「国語の中心化データと数学の中心化データを掛けた値の平均を2倍したもの」という項が加わります．平均をとるときの分母が「個体数 − 1」になっていますが，その理由は5.3節の分散と同様に8.4節で説明します．

共分散

ここで，共分散を定義します．2つの量的変数があるとき，各データからそれぞれの変数の平均値を引いて掛け合わせた値の平均を共分散（covariance）とします．母集団における共分散を母共分散（population covariance）といい，σ_{XY} のように表します．標本における共分散は，多くの場合，不偏共分散（unbiased covariance）というものを用い，s_{XY} のように表します．いまの例では，

$$s_{XY}=\frac{1}{500-1}[(70-65)(78-54)+\cdots+(72-65)(88-54)]$$
$$=80.4$$

です．

一般に，合計得点の分散は次のように書くことができます．

$$s_{X+Y}^2 = s_X^2 + s_Y^2 + 2s_{XY} \tag{6.2}$$

すなわち，合計得点 $X+Y$ の分散は，X の分散と Y の分散の合計に，X と Y の共分散の2倍を加えた値になります．いまの例でも，丸め誤差の範囲で $517.0 = 100.1 + 256.0 + 2\cdot 80.4$ となっています．

差得点の平均，分散

同様にして，X から Y を引いた差得点 $X-Y$ の平均と分散も，次のように書くことができます．

$$\overline{X-Y} = \bar{X} - \bar{Y} \tag{6.3}$$
$$s_{X-Y}^2 = s_X^2 + s_Y^2 - 2s_{XY} \tag{6.4}$$

すなわち，差得点 $X-Y$ の平均は，X の平均から Y の平均を引いた値，分散は，X の分散と Y の分散の合計から，X と Y の共分散の2倍を引いた値になります．

2 共分散の性質

共分散と散布図

6.1節で出てきた共分散とはどういうものでしょうか．散布図をみてその性質を考えてみます．図6-2 は，国語得点と数学得点の散布図です．国語の平均点と数学の平均点のところで直線を引き，図面を4つに区切っています．表6-2 は，国語の中心化データ，数学

第 6 章 量的変数間の関連

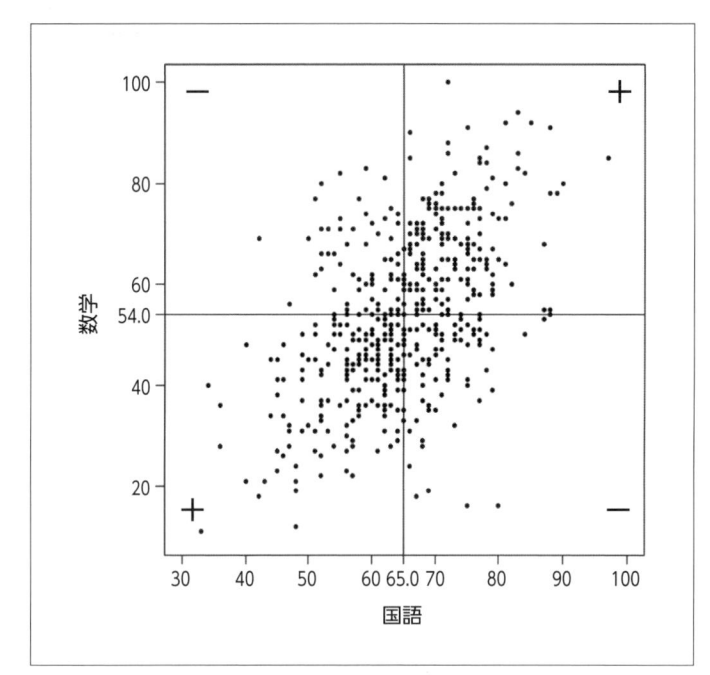

表 6-2 中心化データの積の値

番号	国語	数学	積
1	5	24	120
2	−4	−5	20
3	19	−4	−76
⋮	⋮	⋮	⋮
500	7	34	238
M	0	0	80.4
SD	10.0	16.0	189.7

積の平均の分母は 500−1.

図 6-2 国語得点と数学得点の散布図

の中心化データ，およびその積の値を示したものです．

　図 6-2 の 4 つに区切られた領域のうち，右上と左下の領域は，国語と数学がともに平均より高い，もしくは，ともに平均より低い領域です．これらの領域に入るデータは，中心化データの積がプラスの値になります．表 6-2 では，番号 1，2，500 がこれに相当します．これに対し，右下と左上の領域は，国語と数学の一方は平均より高く，他方は平均より低い領域です．これらの領域に入るデータは，中心化データの積がマイナスの値になります．番号 3 がこれにあたります．

　共分散は中心化データの積の平均ですから，右上や左下の領域のデータが多いほどプラスの値になり，反対に，右下や左上の領域のデータが多いほどマイナスの値になります．したがって共分散は，散布図がどれだけ右上がり傾向なのか，もしくは右下がり傾向なのかを表す指標となります．

　国語と数学のデータの共分散は 517.0 とプラスの値ですから，散布図は右上がりの傾向であるといえます．実際に図 6-2 をみると，そのように見受けられます．

標準化データの共分散

　5.5 節で述べたように，構成概念の測定に用いる質問紙やテストで得られたデータは間隔尺度と考えますから，項目数や評定段階数に決まりはありません．例えば，高校 3 年生の数学のテストといっても，100 点満点のものもあれば 200 点満点のものもあります．

　項目数や評定段階数の違いによって平均や分散の値が変わってくるのと同じように，共分散の値も項目数や評定段階数によって変わってきます．そうなると，共分散が，散布図が右上がりまたは右下がりである傾向を示す指標であるといっても，共分散の値から傾向

の強さを把握することはできなくなります．そこで，5.5節で行ったように，データを標準化することを考えます．

国語および数学のデータを，それぞれ平均0，分散1（標準偏差1）に標準化し，Z_X，Z_Yとします．すると，それらの合計得点および差得点の平均と分散は，次のように書くことができます．ただしr_{XY}は，Z_XとZ_Yの共分散です．

合計得点

$$\overline{Z_X + Z_Y} = \bar{Z}_X + \bar{Z}_Y = 0 + 0 = 0$$
$$s^2_{ZX+ZY} = s^2_{ZX} + s^2_{ZY} + 2r_{XY} = 1 + 1 + 2r_{XY} = 2(1 + r_{XY}) \tag{6.5}$$

差得点

$$\overline{Z_X - Z_Y} = \bar{Z}_X - \bar{Z}_Y = 0 - 0 = 0$$
$$s^2_{ZX-ZY} = s^2_{ZX} + s^2_{ZY} - 2r_{XY} = 1 + 1 - 2r_{XY} = 2(1 - r_{XY}) \tag{6.6}$$

合計得点にしろ差得点にしろ，分散の値は必ず0以上になりますから（5.3節），6.5式，6.6式において，

$$s^2_{ZX+ZY} = 2(1 + r_{XY}) \geqq 0$$
$$s^2_{ZX-ZY} = 2(1 - r_{XY}) \geqq 0$$

が成り立ちます．これらをr_{XY}について整理すると，

$$-1 \leqq r_{XY} \leqq 1 \tag{6.7}$$

となり，標準化データの共分散r_{XY}は，−1から+1の範囲の値になることが分かります．

r_{XY}が−1のとき，6.5式より合計得点の分散は0になりますから，合計得点はすべて平均値に等しく0です．したがって，国語の得点が+1なら数学の得点は−1，国語の得点が+2なら数学の得点は−2というように，散布図は完全に右下がりの直線になります．

r_{XY}が+1のとき，6.6式より差得点の分散は0になりますから，差得点はすべて平均値に等しく0です．したがって，国語の得点が+1なら数学の得点も+1，国語の得点が−2なら数学の得点も−2というように，散布図は完全に右上がりの直線になります．

このように，標準化データにおいては，共分散が+1に近いほど右上がりの傾向が強く，−1に近いほど右下がりの傾向が強いと解釈することができます．

3 相関係数

ピアソンの積率相関係数

国語および数学の標準化データの共分散r_{XY}を求める式を変形すると，次のようになります．

$$r_{XY} = \frac{1}{500 - 1}\left[\left(\frac{70 - 65}{10}\right)\left(\frac{78 - 54}{16}\right) + \cdots + \left(\frac{72 - 65}{10}\right)\left(\frac{88 - 54}{16}\right)\right]$$

$$= \underbrace{\frac{1}{10 \cdot 16}}_{\text{標準偏差の積}} \cdot \underbrace{\frac{1}{500-1}[(70-65)(78-54)+\cdots+(72-65)(88-54)]}_{\text{国語得点と数学得点の共分散}}$$

つまり，標準化データの共分散は，元のデータの共分散を標準偏差の積で割ったものに相当します．このことは，一般の2つの量的変数について，散布図の傾向を示す指標 r_{XY} を作ることができることを意味します．

2つの量的変数 X, Y の標準偏差を s_X, s_Y, X と Y の共分散を s_{XY} とするとき，次式で計算される r_{XY} をピアソンの積率相関係数（Pearson's correlation coefficient）または単に相関係数といいます．

$$r_{XY} = \frac{s_{XY}}{s_X s_Y} \tag{6.8}$$

相関係数は，標準化データの共分散とまったく同じ形ですから，6.7式より，-1 から $+1$ の値をとることが分かります．相関係数が0と $+1$ の間にあるとき正の相関があるといい，散布図は右上がりの傾向を示します．正の相関は，一方の変数の値が高いと他方の変数の値も高いという傾向です．相関係数が -1 と 0 の間にあるとき負の相関があるといい，散布図は右下がりの傾向を示します．負の相関は，一方の変数の値が高いと他方の変数の値は低いという傾向です．相関係数が 0 のとき無相関といい，散布図は右上がりでも右下がりでもない状態を示します．相関係数が $+1$（-1）のとき完全な正（負）の相関があるといい，散布図は右上がり（右下がり）の直線になります．

図 6-3 は，いくつかの相関係数の値の散布図の例です．相関係数が正に大きいほど，散

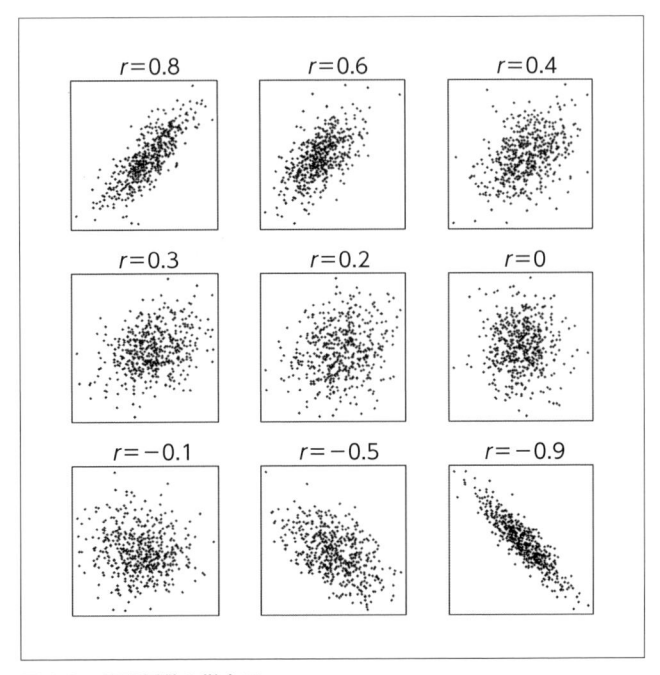

図 6-3　相関係数と散布図

表 6-3　人間科学領域における相関係数のおよその解釈

相関係数の大きさ	解釈	備考
0.0〜0.2	相関なし（無相関）	例え「有意な相関」でも，相関なしと解釈するのが妥当
0.2〜0.3	ほとんど相関なし	
0.3〜0.4	弱い相関	社会科学において相関関係を認めるのはこの辺から
0.4〜0.6	中程度の相関	散布図をみて相関ありと思えるのはこの辺から
0.6〜0.8	強い相関	
0.8〜1.0	非常に強い相関	

布図は右上がりの傾向が強く，相関係数が負に大きいほど右下がりの傾向が強いことが確認されます．

　心理学や社会学など人間科学系の研究では，相関係数の大きさがそれほど大きくないのが普通です．**表 6-3** に，人間科学領域における相関係数のおよその解釈を示します．この解釈に従うと，国語得点と数学得点の相関係数は $80.4/(10 \cdot 16) = 0.50$ で，中程度の相関があると考えられます．

得点を合計することの合理性

　相関係数を求める 6.8 式を共分散について解くと，

$$s_{XY} = r_{XY} s_X s_Y$$

となります．これを合計得点の分散を求める 6.2 式に入れると，合計得点の分散は，

$$s^2_{X+Y} = s^2_X + s^2_Y + 2r_{XY} s_X s_Y \tag{6.9}$$

と書けます．したがって，6.1 節でみた国語と数学の合計得点の分散は，国語と数学の相関 r_{XY} が正のとき，国語と数学の分散を合計したものよりもさらに大きくなることが分かります．

　分散はデータの散らばりを表す指標ですから，分散が大きくなるということは，データの散らばりが大きくなるということです．データの散らばりが大きくなれば，個々のデータを識別しやすくなります．識別しやすくなるということは，測定の精度が高くなるということです．構成概念の測定は間接測定で精度が低いので，正の相関をもつ得点を足しあわせ，合計得点を作ることによって，測定の精度を高めているのです．

　入試においては，多くの受検者が似たような成績であるよりは，高得点者から低得点者まで受検者が散らばってくれたほうが，合否を決めやすくなります．そこで，各教科の得点を合計することで，学力という構成概念の測定の精度を高め，より精確な選抜を行おうとしているといえます．

　もし，負の相関をもつ変数を加えたら，6.9 式の第 3 項の $2r_{XY}s_X s_Y$ が負の値になりますから，合計得点の分散は小さくなります．質問紙尺度における逆転項目は，そのままでは他の項目とは負の相関をもちます．2.6 節で述べたように，合計得点を求める際，逆転項目の得点は他の項目と方向性を揃えてから足さなければならないのは，このためです．

4 相関係数に関するいくつかの議論

外れ値の影響と順位相関係数

全体の傾向とは著しく異なる外れ値が混入すると，ピアソンの積率相関係数は，値が大きく変わります．相関が強くなったり，弱くなったりしてしまいます．図 6-4 は，国語と数学のデータに，（国語 0，数学 200）というデータを加えた場合の散布図です．図 6-4b の左上にある点が，加えたデータを示しています．図 6-4b のデータの相関係数は 0.34 で，元のデータ（図 6-4a）の 0.50 とはずいぶん違う値になっています．

このように，ピアソンの積率相関係数は外れ値の影響を大きく受けます．そこで，外れ値の影響を受けにくい，スピアマンの順位相関係数（Spearman's rank correlation coefficient）というものが提案されています．スピアマンの順位相関係数は，各変数のデータを小さい順に並べて順位をつけ，その順位間の積率相関係数を計算します．同点がある場合は平均順位を割り当てます．データを順位に変換しているので，極端な値の影響を小さくすることができます．

表 6-4 に，国語と数学の得点を順位に変換したデータを示します．追加した国語の 0 点は，国語の中で一番小さい得点になるので順位は 1 です．国語の中で 2 番目に小さいデータは，表には載っていませんが 33 点で，順位は 2 です．元の得点だと 33 点も差がありますが，順位にすると違いの大きさは 1 に縮小されます．同様に，追加した数学の 200 点は，数学の中で一番大きな得点になるので順位は 501 です．数学で 2 番目に大きいデータは 100 点で順位は 500 です．元の得点だと 100 点も差がありますが，順位にするとやはり違いの大きさは 1 に縮小されます．このようにデータを順位に変換すると，極端な値の影響が弱くなるのです．図 6-4 のデータのスピアマンの順位相関係数は，外れ値混入

表 6-4　国語，数学の順位データ

番号	国語 得点	国語 順位	数学 得点	数学 順位
1	70	340.5	78	470
2	61	162	49	192.5
3	84	489.5	50	208
⋮	⋮	⋮	⋮	⋮
500	72	383	88	493
501	0	1	200	501
M	64.9	251.0	54.3	251.0
SD	10.4	144.7	17.3	144.7

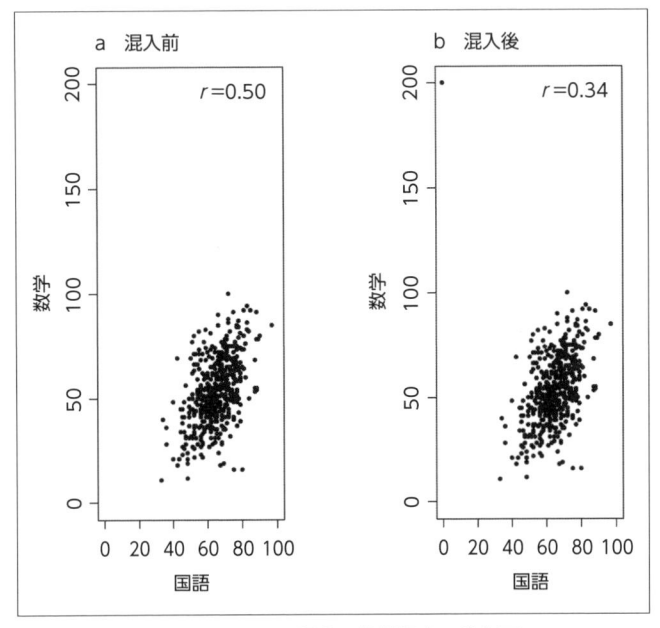

図 6-4　外れ値の混入した国語得点と数学得点の散布図

前が 0.48,混入後が 0.47 で,外れ値の影響をほとんど受けていないことが分かります.

なお,順位相関係数には,ケンドールの順位相関係数（Kendall's rank correlation coefficient）というものもありますが,順位の情報の取り出しが十分ではないので,スピアマンの順位相関係数のほうがよいとされています.

外れ値は,「5」を「55」と入力してしまうなどデータ入力の際のタイプミスや,測定用具の不調,研究参加者側の要因など,さまざまな理由で起こります.

例として,退院患者における治療の満足度と看護の満足度の関連を考えます.病棟や疾患名,入院時期など個人が特定されるような項目が質問紙の中にあれば,大多数の退院患者は治療にも看護にも「とても満足している」や「満足している」と回答するでしょう.退院後も外来や再入院でお世話になるからです.

しかし,ごくわずかでしょうが,正直に「満足していない」と回答する患者もいるかもしれません.そのデータで治療と看護の満足度の相関係数を計算すると,ごく少数の「満足していない」という回答により,相関係数の値が大きく変わってしまいます.ごく少数のデータにより,全体の傾向を見誤ることになるのです.

このように,外れ値は質問紙の項目内容によっても生じることがありますので,注意が必要です.構成概念間の相関係数が 0.7 以上などの大きな値になることは,そうめったにありません.大きな相関係数が観察されたら,まず何らかのミスを検討するのが賢明といえます.

見かけの相関と偏相関係数

相関をみたい 2 つの変数が,それぞれ第 3 の変数と関連している場合,見かけの相関（spurious correlation）が観察されることがあります.図 6-5 は,小学生における足のサイズと算数の能力の散布図です.図をみると,足のサイズが大きい児童ほど算数の能力が

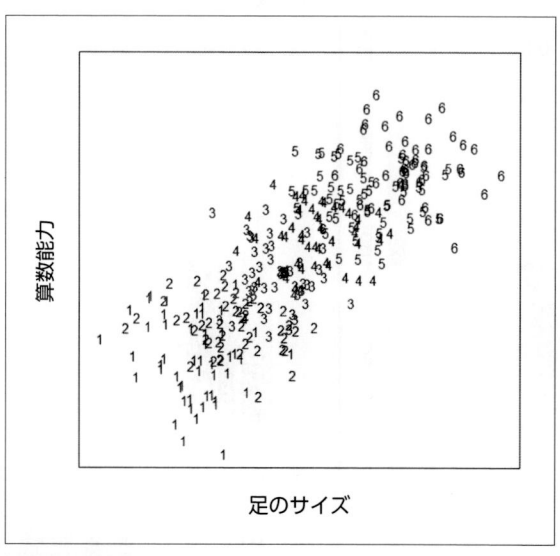

図 6-5 見かけの相関
数値は学年を表す.

高く，足の大きさと算数の能力に強い正の相関がみてとれます．相関係数は 0.79 です．
　しかし，小学校は 6 年間あり，その間，身体が発育しますし，上級学年ほど難しい算数を学習しますから，足のサイズと算数の能力には，ともに学年という第 3 の変数が関連しています．図 6-5 の散布図では，各個体に学年のラベルをつけて表示していますが，明らかに，上位学年ほど散布図の右上に位置するようになっています．
　このような場合，足のサイズと算数の能力との関連を知るには，学年の影響を除去して考えるのが適切です．そのような相関係数を偏相関係数（partial correlation coefficient）といいます．図 6-5 のデータで，学年の影響を除去した，足のサイズと算数の能力との偏相関係数を求めると −0.04 という値になります．したがって，足のサイズと算数の能力間の一見高くみえた 0.79 という相関は，実際には学年の違いによって生じているものであり，学年が同じなら，足のサイズと算数の能力には相関がないということになります．
　相関係数と偏相関係数の値が異なるということは，両者がみている変数の中身が異なるということです．相関係数は，学年にはおかまいなしに足のサイズと算数の能力の相関をみますが，偏相関係数は，足のサイズおよび算数の能力から，学年の影響を除いた変数間の相関をみています．このことについては，17.3 節で改めて説明します．

曲線的な関係

　相関係数は，右上がりもしくは右下がりという直線的な傾向の指標なので，図 6-6 のような曲線的な関連を表すことはできません．図 6-6 は，自己開示量と好感度との散布図です．自己開示量が少なくても多すぎても好感度は低く，適度な自己開示をすると好感度が高くなります．
　このデータの相関係数を計算すると −0.02 となり，右上がりや右下がりなど直線的な関連は示されません．しかし，散布図から明らかに，自己開示量が中程度以下では正の相

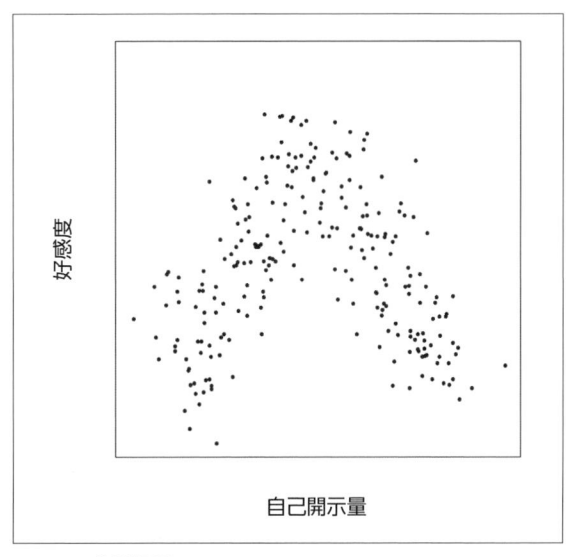

図 6-6　曲線相関

関,自己開示量が中程度以上では負の相関があります.

このような場合は,データをいくつかの層に分けて分析します.自己開示量の中央値でデータを分けると,自己開示量が中央値未満の群の相関係数は 0.71,自己開示量が中央値以上の群の相関係数は -0.76 となり,散布図の状況をよく表した 2 つの相関係数が得られます.

選抜効果

入学試験の成績と入学後の成績の相関をみて,入学試験の適切性を論じるような場面があります.しかし,このような調査の場合,入試で不合格となり入学していない受検者については入学後の成績がありませんから,入学者のデータでしか相関をみることができません.ですが,これは本来みたい相関ではありません.本来みたいのは受検者全体における相関関係です.このように,ある変数によってデータが選抜され,相関構造が変わることを選抜効果(selection effect)といいます.

図 6-7 は,入学試験と入学後 1 年目の前期試験の成績の散布図です.入学者のデータを黒丸,入学していない受検者のデータを白丸で表示しています.入学していない受検者の前期試験の成績は,もし入学していたらその点数を取っていたという値です.受検者全体,すなわち,入学した者と入学していない者をあわせた場合の,入学試験と前期試験との相関係数は 0.50 と中程度であり,入学試験の成績が高い学生ほど前期試験の成績も高い傾向があるといえます.

一方,入学者のデータだけで相関係数を計算すると 0.22 という値になり,入学試験と前期試験の成績の関連はいえなくなります.しかし,この 0.22 という値だけをみて,入学試験の適切性を疑問視するのは適切ではありません.もし受検者全員の入学後の成績があったら,0.5 という相関係数が得られるからです.

データの選抜は,入試以外にも,標本抽出の段階で生じていることがあります.2.2 節で,

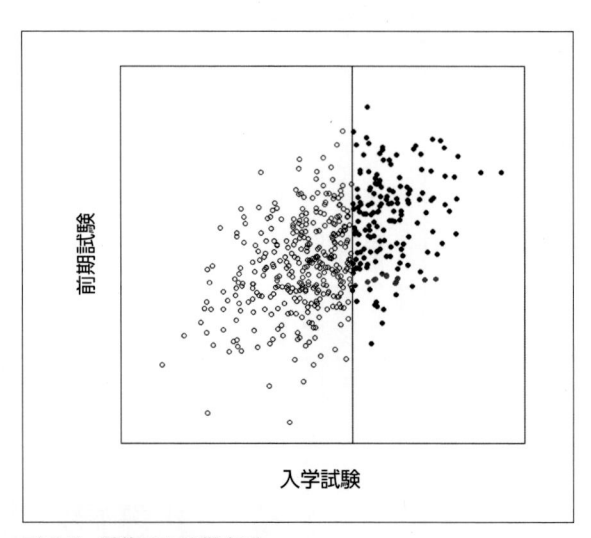

図 6-7 選抜のある散布図
黒丸:入学者,白丸:入学していない受検者.

中学や高校における生徒間のいじめについて，大学生に過去を振り返ってもらって調査を行うと，大学に進学するような生徒しか対象としていないということを指摘しましたが，これもデータの選抜の一種です．選抜が働いていますから，いじめとそれに関する要因との関連は，本来みたい構造とは異なっている可能性があります．

相関関係と因果関係

相関関係は，2つの変数の同時的，対称的な関係です．例えば，親の読書量と子どもの学力に正の相関があるとき，「親の読書量が多いほど子どもの学力が高い」といっても，「学力が高い子どもの親ほど読書量が多い」といっても，同じ相関関係を意味しています．

これに対し，因果関係は，一方の変数が変化するとそれに伴い他方の変数が変化するという，経時的，非対称的な関係です．もし，親の読書量と子どもの学力に因果関係があるとしたら，親がたくさん読書すると子どもの学力が高くなるということになりますが，普通そんなことは起こりません．親の読書量と子どもの学力は因果関係ではないのです．

相関関係があるからといって因果関係があるわけではありません．したがって，相関係数を解釈するときは，一方の変数が高いほど他方の変数も高い（もしくは低い）というようにとらえ，決して，一方の変数が高くなると他方の変数も高くなる（もしくは低くなる）とは考えないことが必要です．

相関係数を因果関係のようにとらえてよいのは，試験前の勉強量と試験の成績のように，一方の変数が他方の変数に先行し，明らかに2変数間に因果関係があると認められるときです．例えば，勉強量と試験の成績に正の相関があれば，より多く勉強すると試験の成績が高くなると因果的に解釈できます．勉強量は試験に先行し，勉強量が試験の成績に影響すると考えられるからです．

Column

合計得点に効くのはどの変数？

いくつかの変数から合計得点を求めたとき，その合計得点に対する各変数の影響度を知りたい場合があります．例えば，国語，数学，英語，理科，社会の合計得点を求めた場合，どの教科が合計得点によく影響しているかを知りたいときなどです．

合計得点に対して強い影響力をもっている変数とはどういう変数でしょうか？まず，その変数自体の分散が大きくなくてはなりません．各個体の得点が散らばっていなければ，合計得点において，その変数の影響がほとんど現れないからです．また，その変数と合計得点との相関が大きいことも必要です．その変数の値が高ければ合計得点も高いという関係が強くなければ，いくら分散が大きくても，合計得点に対する影響は小さいものに留まってしまいます．

さて，変数を2つに絞って，合計得点に対する各変数の影響を考えてみます．合計得点の分散を表す6.2式は，次のように変形することができます．

$$s^2_{X+Y} = s^2_X + s^2_Y + 2s_{XY}$$
$$= (s^2_X + s_{XY}) + (s^2_Y + s_{XY})$$
$$= s_{X(X+Y)} + s_{Y(X+Y)}$$

この式は，合計得点の分散は，それを構成する各変数と合計得点との共分散の和に分割されることを示しています．そして，この各変数と合計得点との共分散のなかには，各変数の分散と，各変数と合計得点との相関の情報が含まれています．したがって，この共分散が大きい変数が，合計得点に対する影響が強い変数だと考えることができます．

さらに，上式の両辺を合計得点の分散で割ると，次の式が得られます．

$$1 = \frac{s_{X(X+Y)}}{s^2_{X+Y}} + \frac{s_{Y(X+Y)}}{s^2_{X+Y}}$$

これは，各変数と合計得点との共分散を合計得点の分散で割った値を，各変数について合計すれば1になるということです．そこで，各変数と合計得点との共分散を合計得点の分散で割った値を共分散比とよぶことにし，合計得点に対する各変数の影響度の指標とすることが考えられています．共分散比は入試の研究などで用いられることがあります．

表6-1のデータで共分散比を求めると，合計得点に対する国語の共分散比は0.35，数学の共分散比は0.65となり，国語よりも数学のほうが，合計得点に対する影響度が大きいと考えることができます．

なお，各変数の共分散比は，各変数を従属変数，合計得点を独立変数とした回帰分析の回帰係数として算出することもできます（17.4節）．

chapter 7 テスト理論

　構成概念を測定する尺度やテストの開発や，その実施などに関する理論をまとめたものを，テスト理論（test theory）といいます．本章では，尺度やテストの開発に関する基本的な理論について解説します．
　構成概念の測定は誤差が大きいので，測りたいものを適切に測っているか，誤差の大きさはどれくらいかを確認する必要があります．それを検討するのが測定の妥当性，信頼性です．まず，これらについて説明します．
　信頼性は信頼性係数により評価されますが，構成概念は直接観測されないので，信頼性係数は何らかの手段で推定するしかありません．その方法についても説明します．
　さらに，尺度やテストに用いた個々の項目が適切に機能しているかを検討する，項目分析についてもみていきます．

1 妥当性

　1.3節で述べたように，性格や能力などの構成概念の測定は，物理的なものの直接測定とは異なり，質問紙尺度やテストを用いた間接測定です．間接的に測定しますから，データは多くの誤差を含んでいます．場合によっては，測りたい特性（構成概念）を測っているとはいえないくらい大きな誤差が混入します．そのような状況でいくら研究を行っても，的外れな議論にしかなりません．構成概念の測定においては，測りたい構成概念を適切に測っているといえるかどうかを確認することが必須なのです．それが妥当性の確認です．

測定の妥当性

　測定の妥当性とは，尺度やテストが測定している特性（構成概念）が，対象としたい特性とどの程度一致しているかということであり，その尺度を使って収集されたデータの適切さの程度で評価されます．平たくいえば，妥当性とは測りたいものをきちんと測れているかということで，これは状況証拠を集めて確認されます．
　例えば，図7-1にあるように，統計分析力をとらえることを目的とした10項目からなる質問紙尺度を作成したとします．各項目は，統計分析力なるものの高さに応じて，「5.よくあてはまる」から「1.まったくあてはまらない」の5段階で評定されます．
　この統計分析力尺度の妥当性を確認するにはどのような証拠を集めたらよいでしょうか？以下に，妥当性の確認法としてこれまでに提案されてきた主なものを，いくつかのグループに分けて説明します．なお，統計分析力尺度の各項目といくつかの尺度に対する回答データの一部を表7-1に示します．

医歯薬大学式 統計分析力尺度

開発責任者　医歯薬大学教授　成上 崇命

以下の各項目を読んで，あてはまる程度を1～5の数値から選んで○をつけて下さい．

		まったくあてはまらない	あまりあてはまらない	どちらともいえない	まああてはまる	よくあてはまる

1) 分析結果全体を説明できるような解釈を導くことができる　　1 – 2 – 3 – 4 – 5
2) 分析結果をみていて思わぬ発見をすることがある　　1 – 2 – 3 – 4 – 5
3) 分析結果でよく分からない出力があったら，何を意味するものか調べる　　1 – 2 – 3 – 4 – 5
4) 結果から自分の仮説が支持されなかったとき，仮説は誤りだったと素直に認めることができる　　1 – 2 – 3 – 4 – 5
5) 研究目的を見失わずに分析を進めることができる　　1 – 2 – 3 – 4 – 5
6) 1つの分析法がうまく適用できないとき，他の方法を考えることができる　　1 – 2 – 3 – 4 – 5
7) いろいろな分析法を用いたことがある　　1 – 2 – 3 – 4 – 5
8) いろいろな分析法を知っている　　1 – 2 – 3 – 4 – 5
9) パソコンの扱いは得意なほうだ　　1 – 2 – 3 – 4 – 5
10) 数値で考えるのは得意なほうだ　　1 – 2 – 3 – 4 – 5

図7-1　統計分析力尺度

表7-1　統計分析力尺度およびいくつかの尺度のデータ

番号	x1	x2	x3	x4	x5	x6	x7	x8	x9	x10	統計分析力	統計能力テスト	数学	批判的思考力	国語(現代文)	自己効力感
1	3	2	1	2	2	4	4	3	4	4	29	51	48	28	72	61
2	3	3	1	4	3	2	2	2	4	1	26	74	53	26	66	53
3	4	3	3	4	1	3	4	2	5	1	30	48	60	35	71	48
⋮	⋮	⋮	⋮	⋮	⋮	⋮	⋮	⋮	⋮	⋮	⋮	⋮	⋮	⋮	⋮	⋮
365	4	3	1	3	3	4	5	4	4	2	36	92	66	31	68	58

内容的妥当性

まず考えられるのは，統計学の専門家や，統計分析を行って研究をしている研究者に尺度をみてもらい，内容や形式などが適切か確認してもらうことです．このような方法で評価される妥当性を論理的妥当性（logical validity）といいます．また，専門家ではなく一

般の人たちに，統計分析力を測るものとして違和感がないか確認してもらう妥当性を，表面的妥当性（face validity）といいます．論理的妥当性と表面的妥当性をあわせて内容的妥当性（content validity）ということがあります．

図 7-1 の統計分析力尺度を，統計学や統計分析の専門家，大学院生，いろいろな学部の学生にみてもらって，とくに問題が指摘されなければ，内容的妥当性は支持されたといえます．

基準関連妥当性

論理的妥当性や表面的妥当性はデータを用いた分析ではないので，実証性に課題が残ります．そこで，データを用いた検証を行うことを考えます．1つの方法として，とらえたい特性が影響するような外的基準を設定し，尺度データと外的基準データとの相関をみることが考えられます．このような妥当性を基準関連妥当性（criterion-referenced validity）といいます．

基準関連妥当性には，外的基準が同時的に得られる併存的妥当性（concurrent validity）と，外的基準が後に得られる予測的妥当性（predict validity）などがあります．例えば，健康診断時に用いる生活習慣尺度の外的基準を，同じ健康診断時に計測するBMIやコレステロール値にするとしたら，併存的妥当性の確認になります．また，調査会社や製薬会社などの分析担当部署に配属された新入社員に，研修期間中に統計分析力尺度を実施し，1年後のそれらの社員の統計能力テストの成績を外的基準としたら，予測的妥当性の確認になります．

表 7-2 に，統計分析力尺度と統計能力テストの相関係数（妥当性T係数といわれることがあります）を示します．相関係数の値は 0.51 で，中程度の相関があります．このことから，統計分析力尺度には，統計能力を予測する一定程度の妥当性があると考えることができます．

構成概念妥当性

統計分析力尺度の基準関連妥当性を検討するために，外的基準として統計能力テストを用いましたが，統計能力テストが外的基準として適切であることはどのように保証されるでしょうか？このようなことを考えはじめると，外的基準の妥当性という話になり，妥当性の堂々巡りになってしまいます．そこで，測りたい構成概念を測定していると解釈できる証拠の強さを評価する妥当性として，構成概念妥当性（construct validity）が考えられています．

構成概念妥当性にもいくつか種類があります．類似する概念を測る尺度と相関が高いかどうかを評価する収束的妥当性（convergent validity），関連がない概念を測定している尺度とは相関がみられないことを確認する弁別的妥当性（discriminant validity）などがあります．同じような構成概念を測定している尺度（または項目）どうしが同一の因子にまとまることを因子分析によって確認した場合は，因子的妥当性（factorial validity）という言い方をすることもあります．

例えば，統計分析力尺度の構成概念妥当性を評価するものとして，数学，批判的思考力，

表 7-2　統計分析力尺度と諸尺度との相関係数

	n	M	SD	Min	Max	r
統計能力テスト	365	64.83	12.47	25	99	.51
数学	365	54.17	16.07	0	98	.33
批判的思考力	365	30.11	6.14	13	47	.39
国語（現代文）	365	65.09	9.28	42	89	.08
自己効力感	365	51.99	9.76	26	78	.13

```
構成概念妥当性（広義）
  ┌─────────────┐
  │ 内容的妥当性     │
  │  論理的妥当性    │
  │  表面的妥当性    │
  └─────────────┘
  ┌─────────────┐
  │ 基準関連妥当性    │
  │  併存的妥当性    │
  │  予測的妥当性    │
  └─────────────┘
  ┌─────────────┐
  │ 構成概念妥当性    │
  │   （狭義）      │
  │  収束的妥当性    │
  │  弁別的妥当性    │
  │  因子的妥当性    │
  │    など        │
  └─────────────┘
  ┌─────────────┐
  │ その他さまざまな   │
  │ 妥当性を示す証拠   │
  └─────────────┘
```

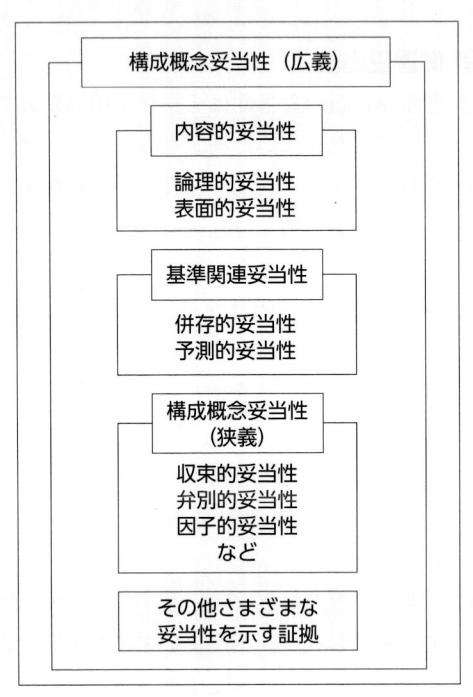

図 7-2　妥当性のとらえ方

国語（現代文），自己効力感との関連をみることを考えます．数学や批判的思考力は統計分析に必要ですから，正の相関がみられることが期待されます．一方，国語（現代文）や自己効力感の高低が統計分析力と関連するとはあまり考えられないことから，無相関に近いことが期待されます．表7-2をみると，統計分析力と数学および批判的思考力との相関係数はそれぞれ0.33と0.39で弱い正の相関がみられ，国語（現代文）および自己効力感との相関係数はそれぞれ0.08と0.13でほぼ無相関であり，期待通りの結果になっています．これらのことから，統計分析力尺度の構成概念妥当性は，少なくとも検討した範囲内では支持されたと考えられます．

現在における妥当性のとらえ方

前述したように，妥当性にはいろいろな評価の仕方がありますが，なかでも構成概念妥当性の定義は包括的なものであり，妥当性の確認全般を含むようになっています．それゆえ現在では，図7-2に示すように，内容的妥当性や基準関連妥当性も構成概念妥当性のなかに含めて考えるようになっています．伝統的にいろいろな名前の妥当性が提案されてい

ますが，それらはすべて広義の構成概念妥当性を評価する種々の側面と解釈されます．

2 信頼性

妥当性が，測定している概念の適切性を評価するものであるのに対し，信頼性は，測定誤差の大きさを評価する概念です．誤差が混入すると測定の精度が落ちます．精度が落ちると焦点がぼやけて，とらえたいものをとらえにくくなります．それゆえ，構成概念の測定がどれくらい高い精度で行われているか，どれくらい小さい誤差で行われているかを確認する必要があります．それが測定の信頼性です．

測定の信頼性

測定の信頼性とは，尺度やテストが測定している特性が，どの程度高い精度で測定されているかということであり，尺度によって収集されるデータが各個体において一貫する程度の高さで評価されます．具体的にどのように評価するかは次節以降で説明しますが，ここで重要なのは，信頼性の中には，尺度が何を測定しているかという議論は一切含まれないということです．つまり，信頼性はデータが各個体においてどれくらい一貫するかだけを評価するものであり，そのデータが何を反映しているかは関係ありません．データが何を反映しているかは妥当性の話になります．

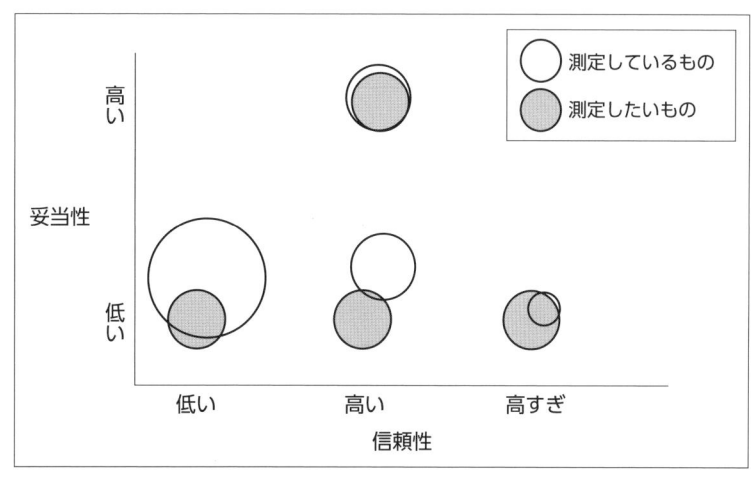

信頼性と妥当性の関係

信頼性と妥当性は独立なものでしょうか，それとも何か関連があるでしょうか？図7-3は信頼性と妥当性の関係を模式的に表したものです．この図を使って信頼性と妥当性の関係を考えてみましょう．

信頼性が低いときは誤差が大きいですから，図の左下のように，とらえたい構成概念以外のものも多く含んだ測定になってしまいます．例えば，統計分析力をとらえようとして

図7-3 信頼性と妥当性の関係
信頼性：○の大きさ，妥当性：○と●の重なり．

いるのに，固有の学問領域の知識が必要だったりする場合などです．統計分析が使われるいろいろな分野の専門用語が統計分析力尺度の問題文に含まれていたら，それらの用語を知らない学生の統計分析力は，適切には測れません．このような状況では，例えとらえたいものはカバーできていたとしても，それ以外の要素が大きくなりすぎて，適切な測定はできなくなります．つまり，妥当性は低いものとなります．

　信頼性が高いときは誤差が小さいですから，中央上図のように，とらえたい構成概念をおおむね的確にとらえることが可能になります．

　しかし，信頼性は高くても，中央下図のように，とらえたいものとは的がずれている場合もあります．例えば，日本の中学生の数学の学力を測りたいのに，問題が英語で書かれている場合などです．この場合は，英語のテストとしては信頼性が高いかもしれませんが，数学のテストとしての妥当性は低くなってしまいます．

　信頼性が高いことは誤差が小さいことを意味しますから，信頼性は高いほうがよいといえます．しかし，構成概念の測定においては，信頼性が高すぎるのも問題になってきます．**図7-3** の右下図は，とらえたい構成概念に対して，測定している特性が狭すぎる状態を示しています．測定している特性が狭すぎれば，やはり，とらえたいものを適切にとらえているとはいえませんから，妥当性は低くなります．例えば，統計分析力尺度が，どれだけ分析法を知っているか，どれだけそれを使ったことがあるかという項目だけで構成されていたら，信頼性は高くなるかもしれません．しかしそれでは，適切な分析法を適用する力や，分析結果を解釈する力の部分が抜け落ちているので，統計分析力尺度としての妥当性は低いものとなってしまいます．いろいろな分析法を知っていたり，それらを使えたりすることは，統計分析力に必要かもしれませんが，それだけでは統計分析力が高いことにはならず，分析法を適切に使用し，的確に解釈する能力が要求されるのです．

　このようにみてみると，信頼性が適度に高いことは，妥当性が高いことを満たす要件の1つ（必要条件）になっていることが分かります．妥当性を高めるためには信頼性の高い測定を行うことが必要ですが，信頼性が高いからといって妥当な測定がなされているわけではない（十分条件ではない）ということは，よく認識しておく必要があるでしょう．

3　信頼性係数

古典的テスト理論

　構成概念の測定の誤差がどれだけ小さいか，どれだけ高い精度で測定できているかを考える理論的枠組みを提供しているものに，古典的テスト理論（classical test theory）があります．古典的というのは，決して古い（old）ということではなく，現在でも使われている有用な理論であることを意味しています．実際，パーソナリティ尺度の多くが，この理論に基づいて開発されています．**図7-4** に，古典的テスト理論モデルのイメージを示します．

　古典的テスト理論では，観測される得点 X は，真の得点 T（true score）と誤差 E（error）の和であると考えます．

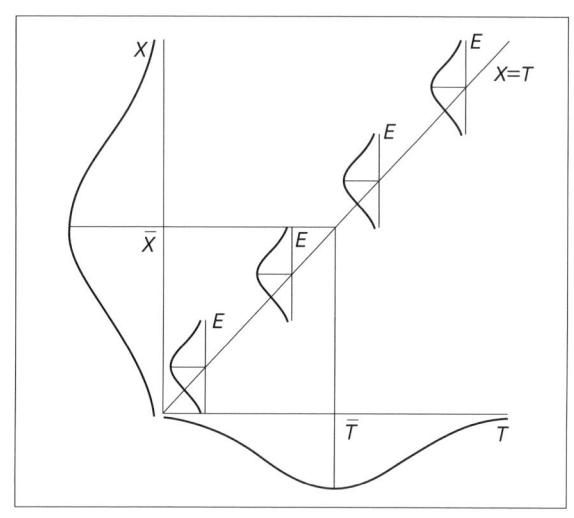

図7-4 古典的テスト理論モデル

$$X = T + E \tag{7.1}$$

観測得点 X は，実際に得られるデータです．真の得点 T は，その尺度で測定されている特性の各個体における本当の値です．誤差 E は，読み間違い，回答ミス，ど忘れ，ヤマカン，その場の気分など，本当の特性値 T とは無関係にもかかわらず，観測得点に影響する部分です．

観測得点 X は顕在変数ですが，真の得点 T や誤差 E は潜在変数で，具体的な値を知ることができません．しかし，構成概念の測定が間接測定であることを考えれば，観測得点の背後に，それを構成する潜在変数があると仮定することは，自然なモデルだと考えられます．

次に，誤差 E を全受検者にわたって平均すると 0 になるという仮定をおきます．

$$\bar{E} = 0$$

まぐれ当たりして真の得点よりも高い得点を得る受検者もいれば，読み間違いをして真の得点よりも低い値を得る受検者もいるでしょう．この仮定は，それらの誤差を全受検者にわたって平均すると，全体としてはプラスマイナスが相殺されて 0 になるということを意味しています．

この仮定より，観測得点 X の平均は真の得点 T の平均に等しい，ということが導かれます．

$$\bar{X} = \bar{T} \tag{7.2}$$

つまり，各個体の真の得点は分からないけれども，真の得点の受検者全体の平均値は観測得点の平均値に等しいということです．

古典的テスト理論ではさらに，真の得点 T と誤差 E は無相関であるという仮定をおきます．真の得点と誤差の母相関係数を ρ_{TE} とすると，この仮定は次式で表されます．なお，

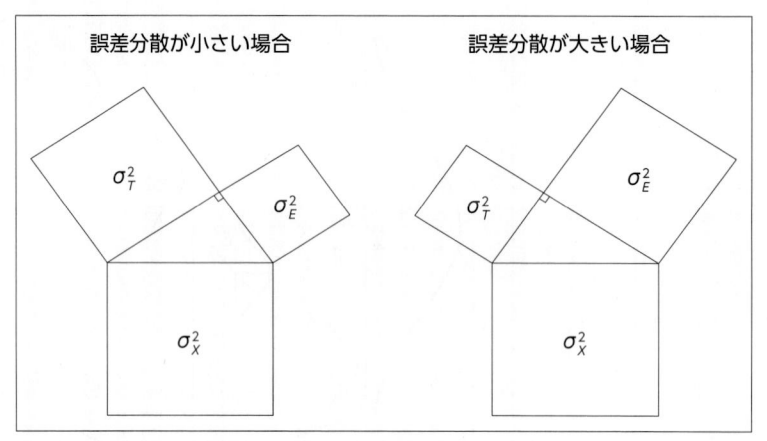

図 7-5 観測得点，真の得点，誤差の分散の関係

ρ （ロー）はアルファベットの r に対応するギリシャ文字です．

$$\rho_{TE} = 0$$

この仮定は，誤差は真の得点とは無関係に生じるということを表しています．真の得点が高いほどまぐれ当たりをし，真の得点が低いほどより悪い環境の席順になるという傾向があったら，真の得点と誤差は無関係でなくなり，正の相関がみられることになります．真の得点と誤差は無相関であるという仮定は，真の得点がどの水準にあっても，まぐれ当たりや席順の良し悪しなどは同じように発生するということを意味しています．

これらの仮定をおくと，次の式が導かれます．

$$\sigma_X^2 = \sigma_T^2 + \sigma_E^2 \tag{7.3}$$

7.3 式は，観測得点の分散は，真の得点の分散と誤差の分散を足し合わせたものになるということを意味しています．

分散は得点の散らばりを表す指標の1つであり，必ず0以上の値です．したがって，観測得点の分散が真の得点の分散と誤差の分散に分けられるならば，観測得点の分散の何割が真の得点によってもたらされ，何割が誤差によってもたらされているかを考えることができます．

図 7-5 は，3つの分散の関係を模式的に表したものです．誤差が小さければ，観測得点の分散に占める真の得点の分散の割合が大きくなり，誤差が大きければ，観測得点の分散に占める真の得点の分散の割合は小さくなります．そこで，測定の精度を表す信頼性係数 (reliability coefficient) を，観測得点の分散に対する真の得点の分散の割合，もしくは，観測得点の分散に対する誤差分散の割合を1から引いたものとして，次のように定義します．

$$\rho^2(X) = \frac{\sigma_T^2}{\sigma_X^2} = 1 - \frac{\sigma_E^2}{\sigma_X^2} \tag{7.4}$$

本書では，7.4 式の左辺のように，観測得点 X の信頼性を $\rho^2(X)$ と書くことにします．これは，信頼性係数が，観測得点と真の得点の相関係数の2乗の値になることを意識し

ていることによります．しかし，他の書籍では，信頼性係数を ρ_{XT}^2 や ρ_X^2 と表したり，また，2乗をつけずに $\rho(X)$，ρ_X，ρ などを表記している場合もあります．

全受検者の誤差が0のとき信頼性係数の値は1になります．反対に，全受検者の真の得点が同じで，観測得点の分散はすべて誤差分散だったとしたら，信頼性係数は0になります．このように，信頼性係数は0から1までの値をとり，値が1に近いほど，誤差が小さく精度の高い測定であると考えることができます．

4 信頼性係数の推定

7.2節で，測定の信頼性は，尺度によって収集されるデータが各個体において一貫する程度の高さと定義し，7.3節で，測定の信頼性を信頼性係数によって表すと述べました．しかし，具体的に信頼性係数の値を算出しようとすると問題が生じます．7.4式のうち，観測得点の分散はデータから推定できますが，真の得点の分散や誤差分散は，それらの変数が潜在変数ですから，データから直接計算することができないのです．

そこで，信頼性係数を推定するための方法がいくつか考えられています．方法がいくつかあるのは，データの一貫性をどうとらえるかというとらえ方の違いによります．しかし，とらえ方が異なっても，目的とするのはいずれも7.4式の値です．尺度やテストを開発するときは，複数の信頼性係数の推定を行うのが普通ですが，尺度の真の信頼性係数は1つであり，それを何通りかの方法で推定しているということになります．

再検査信頼性係数

同じ測定を2回繰り返したら，各個体のデータはだいたい同じ値になると予想されます．このように，データの一貫性を，測定の繰り返しにおける再現性でとらえた信頼性係数を再検査信頼性係数（test-retest reliability coefficient）といいます．

再検査信頼性係数は，同じ測定を2回行ったデータの相関係数です．再検査信頼性係数の推定値は，

$$\hat{\rho}^2(X) = r_{12} = \frac{s_{12}}{s_1 s_2} \tag{7.5}$$

となります．ρ の上についている $\wedge$ は推定値であることを表す記号で，ハットと読みます．r_{12} は2回の測定データの相関係数，s_{12} は共分散，s_1, s_2 は1回目および2回目の測定データの標準偏差です．

理論的には，同じ測定が2回繰り返されたとき，観測得点の標準偏差は同じ値になるはずですから，相関係数の分母は観測得点の分散に一致します．また，相関係数の分子にあたる観測得点間の共分散は，真の得点の分散に一致することが理論的に示されます．したがって，同じ測定を2回実施したデータの相関係数は，信頼性係数の推定値になると考えることができるのです．

表7-3は，統計分析力尺度を2回実施したデータの記述統計量です．2回目の調査に参加した156名の受検者は全員1回目の調査にも参加しています．再検査信頼性係数の推定値は0.82となっています．

表 7-3　統計分析力尺度の記述統計量と信頼性係数

	n	M	SD	Min	Max	r (n = 156)		α
1回目	365	30.68	6.08	13	46	1	.82	.84
2回目	156	29.79	5.90	15	42	.82	1	.83

　なお，2回の測定は真の得点が変化せず，かつ，前の回答を忘れている頃に実施するのが適切です．扱う構成概念にもよりますが，2週間〜2カ月くらいの間隔をあけて調査を実施している研究が多いようです．

内的整合性信頼性係数

　構成概念の測定で質問紙尺度を用いる場合は，1つの構成概念につき複数の項目を提示します．それらの項目が共通の構成概念を反映しているならば，各個体において回答データの傾向は一貫するはずです．例えば，統計分析力が高い受検者は，図 7-1 のいずれの項目にも「5. あてはまる」という方向で回答し，統計分析力が低い受検者は，いずれの項目にも「1. あてはまらない」という方向で回答すると予想されます．このように，共通の構成概念を測定する項目群に対し，各個体において回答が一貫する内的整合性（もしくは内部一貫性）に着目した信頼性係数を，内的整合性に基づく信頼性係数といいます．

　内的整合性に基づく信頼性係数として代表的なものに，クロンバックのα係数（Cronbach's coefficient alpha）があります．αはギリシャ文字で，アルファと読みます．α係数は次式で算出されます．

$$\alpha = \frac{p}{p-1}\left[1 - \frac{s_1^2 + s_2^2 + \cdots + s_p^2}{s_X^2}\right] \tag{7.6}$$

　p は項目数，$s_1^2, \cdots, s_p^2$ は各項目の分散，s_X^2 は合計得点の分散です．表 7-3 には，統計分析力尺度のα係数も示してあります．

　再検査信頼性係数とは異なり，α係数は 1 回の測定で信頼性係数を推定することができます．1 回目の測定におけるα係数は，次式より 0.84 と計算されます．なお，各項目の標準偏差の値は表 7-5（後述）から得ています．

$$\alpha = \frac{10}{10-1}\left[1 - \frac{1.01^2 + 0.99^2 + \cdots + 0.93^2}{6.08^2}\right] = 0.84$$

　α係数は，項目間の共分散がすべて等しくなるとき信頼性係数に等しくなり，それ以外のときは信頼性係数より小さな値になります．したがって，α係数は信頼性係数の下限を推定する値としてとらえることができます．

5　信頼性係数に関するいくつかの議論

信頼性係数の経験的な目安

　測定誤差は小さいにこしたことはないですから，一般に信頼性係数は大きいほうがよい

と考えられます．しかし，構成概念はもともと意味に幅があります．例えば，統計分析力といっても，結果を解釈する力や，種々の分析手法を運用する力など，いろいろな側面があります．各項目は，それらの側面のどれか1つを測るように作られていますから，異なる側面を測定している項目間の得点は完全には一致せず，誤差が生じます．そうすると，信頼性係数の値は1よりも小さい値になります．構成概念の測定では，信頼性係数が1より小さくなるのが普通です．では，どの程度の値なら，測定の信頼性は高いと認められるのでしょうか？

経験的な目安ですが，パーソナリティや感情などの尺度で0.7以上，国語や社会などのテストで0.8以上，数学や理科，英語などのテストで0.9以上になると，多くの研究者が信頼性は高い，もしくは一定程度以上確保されたと考えるようです．また，信頼性係数は観測得点の分散に対する真の得点の分散の割合なので，真の得点の分散の割合が半分にも満たない，すなわち，信頼性係数が0.5を下回る尺度は，尺度として成立しないと考えられます．

なお，少ない項目で信頼性係数が高くなっている場合は，図7-3の右下図のように，とらえたい構成概念の一部しか測定できていない状態ですので，測定の妥当性は失われています．

測定の標準誤差

観測得点 X の標準偏差 σ_X と信頼性係数 $\rho^2(x)$ を用いて，誤差 E の標準偏差 σ_E を表すと次のようになります．

$$\sigma_E = \sigma_X \sqrt{1 - \rho^2(x)} \tag{7.7}$$

これを測定の標準誤差（standard error of measurement）といいます．測定の標準誤差は，標準的な誤差の大きさです．受検者によって誤差の大きさはまちまちですが，その標準的な大きさはこれくらいであるという値です．例えば，偏差値（Z 得点）の標準偏差は10ですから，信頼性係数が0.7のテストであれば，測定の標準誤差は，

$$10\sqrt{1-0.7} = 10\sqrt{0.3} = 5.48$$

と計算されます．もし誤差 E の分布が5.5節でみた正規分布であれば，真の偏差値が T である受検者の観測偏差値 X は，68.26％ の確率で $T \pm 5.48$ の範囲に入ると考えられます．$T = 50$ なら 44.52 〜 55.48 という範囲です．同様に，もし信頼性係数が0.8や0.9なら，σ_E は 4.47 や 3.16 になるので，真の偏差値が50である受検者の観測偏差値 X が 68.26％ の確率で入る範囲は，それぞれ 45.53 〜 54.47，46.84 〜 53.16 となります．

構成概念の測定においては，これくらいの誤差はつきものです．逆にいえば，構成概念はその程度の精度でしか測定できないということです．尺度やテストの得点は，物理的なものの測定の誤差とは比べものにならないくらい大きな誤差を含んでいます．テストの点を絶対視しすぎないことが肝要です．

相関の希薄化

自作した尺度の信頼性係数が低いということがよくあります．思い入れや事情があって，なんとかその尺度を使いたいと願う研究者の気持ちも分かりますが，信頼性が低いことは測定の妥当性を損なうだけでなく，分析結果にも影響を与えます．

いま2つの尺度 X, Y があって，それぞれの信頼性係数が $\rho^2(X)$, $\rho^2(Y)$ だとします．このとき，真の得点間の相関係数 ρ_{XY} と，観測得点間の相関係数 r_{XY} には次のような関係があります．

$$r_{XY} = \rho_{XY} \sqrt{\rho^2(X) \rho^2(Y)}$$

信頼性係数は1以下の値ですから，右辺の値は ρ_{XY} 以下の値になります．したがって，

$$r_{XY} \leq \rho_{XY} \tag{7.8}$$

という関係が導かれます．つまり，尺度の信頼性が低いほど，観測得点間の相関係数は真の得点間の相関係数よりも小さくなってしまいます．これを相関の希薄化（attenuation）といいます．

研究に用いる尺度の信頼性係数がある程度揃っていれば，相関の希薄化は全体の相関が弱くみえるという影響ですみますが，信頼性が高い尺度と低い尺度が混在している場合は，相関構造が歪んで観測されるため注意が必要です．

表7-4は，国語，社会，物理のテストの真の相関係数と観測される相関係数の違いを示したものです．一番左側の表が，各尺度の信頼性係数が1のとき，すなわち真の相関係数です．国語と社会，国語と物理，社会と物理の順に，相関係数が小さくなっています．

真ん中の表は，各尺度の信頼性係数が0.7で等しい場合に観測される相関係数です．真の相関構造と比べると値は小さくなっているものの，真の相関構造と同様に，国語と社会，国語と物理，社会と物理の順に小さくなっています．

これに対し一番右側の表は，物理のテストの信頼性が高く，社会のテストの信頼性が低い場合です．観測される相関係数は，国語と物理，国語と社会がほぼ等しく，社会と物理が低い値となっており，真の状態とは異なる相関構造が観測されています．したがって，このデータから導かれる結論は，真の状態とは異なるものになってしまいます．

相関構造が歪んでしまうことは，他のいろいろな分析にも影響を及ぼします．例えば，回帰分析や共分散構造分析でも，本来とは異なる変数間の関連が見出されてしまいます．このように，相関の希薄化が一部の尺度で生じると，観測される相関構造が歪み，誤った

表7-4 相関の希薄化による観測される相関構造の歪み

	真の相関係数			観測される相関係数					
	信頼性係数＝1			信頼性係数が揃っている場合			信頼性係数が不揃いの場合		
	国語	社会	物理	国語	社会	物理	国語	社会	物理
国語	1	0.8	0.6	0.7	0.56	0.42	0.7	0.47	0.48
社会		1	0.4		0.7	0.28		0.5	0.27
物理			1			0.7			0.9

対角要素：そのテストの信頼性係数，非対角要素：相関係数．

結論を導いてしまう危険性があります．したがって，信頼性の低い，それゆえ妥当性も低い自作尺度は，分析に含めないことが賢明といえます．どうしてもその構成概念を扱いたければ，尺度を作り直すことが求められます．

α係数と級内相関係数

面接試験における複数の面接官の評定値の一致度のように，複数の量的変数の一致度を評価する指標に級内相関係数（intra-class correlation coefficient）があります（14章コラム）．各受検者に対する評定値が一致するということは，評定値が内的整合性をもつということですから，級内相関係数は内的整合性に基づく指標です．一方，α係数は，各個体における複数の項目への回答の内的整合性に基づいた信頼性の指標です．したがって，両者には何らかの関係があることが予想されます．実際，α係数と級内相関係数の間には，p を面接官数（項目数），$\hat{\rho}$ を級内相関係数の推定値とすると，次のような関係があります．

$$\alpha = \frac{p\hat{\rho}}{1+(p-1)\hat{\rho}} \tag{7.9}$$

この式より，α係数が尺度全体もしくは評定者全体の信頼性であるのに対して，$\hat{\rho}$ は項目単位，もしくは1評定者あたりの信頼性とみることができます．

7.9式を $\hat{\rho}$ について解くと，

$$\hat{\rho} = \frac{\alpha}{\alpha+(1-\alpha)p} \tag{7.10}$$

となります．例えば，10項目からなる尺度のα係数が0.8だとしたら，1項目あたりの信頼性は，

$$\frac{0.8}{0.8+(1-0.8)\cdot 10} = \frac{0.8}{2.8} = 0.29$$

と推定されます．信頼性の高い尺度でも，1項目あたりの信頼性はわりと小さいことが分かります．

α係数と項目数

7.9式において，$\hat{\rho}$ の値は変えずに p を大きくすると，α の値は1に近づきます．これは，例え項目の信頼性 $\hat{\rho}$ が低くても，項目数を大きくすればα係数は大きくなることを意味します．つまり，ある1つの構成概念を測定するのに，多量の項目を作成すれば，例えそれがいい加減に作られたものだとしても，α係数は1に近い値になるということです．図7-6に項目数と信頼性係数の関係を示します．

項目数が多いと，同じ構成概念を測定する同じような質問が繰り返されますから，回答者はやる気をなくします．したがって，このような場合は，α係数の値は大きくても，測定の妥当性は低いと考えるのが適切です．

逆に項目数が2と極端に少ない場合でも，$\hat{\rho}$ が0.8であれば，7.9式より α は0.89と

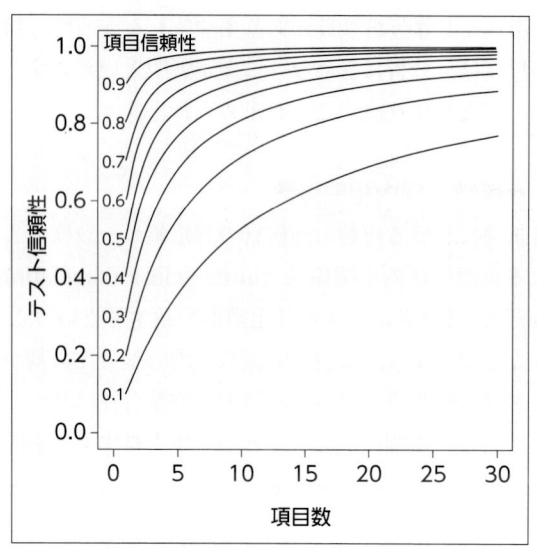

図 7-6　項目数と信頼性係数

高い値になります．この場合，項目数が少ないので，回答者がやる気をなくすということはなさそうです．しかし，級内相関係数の値が 0.8 ということは，その 2 項目で測定しているものはほとんど同じであることを意味し，**図 7-3** の右下図の検討で行ったように，構成概念のごく一部だけを測定している状態であると考えられます．したがって，この場合は信頼性係数が高すぎ，妥当性が低い測定になっていると考えられます．

　以上からいえることは，構成概念を測定する尺度の項目数は，多すぎても少なすぎてもいけないということです．実際に構成概念を測定する多くの尺度は，1 構成概念あたり 5 〜 10 項目，多くても 20 項目くらいで構成されています．短縮版尺度というものを時々みかけますが，とらえたい構成概念をとらえているといえるか，よく確認する必要があります．

6　項目分析

　尺度やテストの開発にあたっては，尺度やテスト全体の信頼性と妥当性を確認することも大切ですが，各項目が適切に機能しているかを検討し，必要に応じて項目を改良することも重要です．それを行うのが項目分析（item analysis）です．本節では，主に質問紙尺度を念頭において，項目分析について説明します．

分布の確認

　質問紙尺度を開発する動機は，多くの場合，それを用いてできるだけ各個体を弁別することだと考えられます．そうすると，尺度得点は高い値から低い値まで広く分布することが望まれます．各項目においても，データはなるべく広く分布することが要求されます．したがって，各項目の分布の確認においては，データが広く分布しているかどうかを確認します．

表7-5 統計分析力尺度の項目分析

項目	n	M	SD	Min	Max	削除α	I-T相関	D指標
x1	365	3.99	0.92	1	5	.82	.57	1.51
x2	365	3.09	0.96	1	5	.82	.57	1.58
x3	365	4.06	0.85	1	5	.83	.54	1.29
x4	365	3.00	1.07	1	5	.82	.57	1.92
x5	365	2.19	0.93	1	5	.82	.57	1.49
x6	365	3.04	1.01	1	5	.82	.54	1.65
x7	365	3.12	0.99	1	5	.83	.51	1.54
x8	365	2.15	0.89	1	5	.83	.53	1.42
x9	365	3.91	0.90	1	5	.83	.48	1.27
x10	365	2.13	0.95	1	5	.83	.46	1.38

表7-5 は，統計分析力尺度の各項目の記述統計量を示したものです．項目ごとに，回答人数，平均，標準偏差（SD），最小値，最大値を示してあります．テスト項目の分析の場合は無回答数も示します．無回答の割合が大きい項目は，内容の理解に難がある項目と考えられますので，改良または削除の対象になります．表7-5 においてはどの項目も回答人数は365（無回答数0）で，回答に難があった項目はないと考えられます．

最小値と最大値からは，各選択枝がきちんと機能しているかどうかを知ることができます．例えば，1から5までの5段階評定なのに，最小値が2だったり，最大値が4だったりする項目があれば，その項目の得点分布の広がりは十分ではないと考えられます．

同様のことは標準偏差の値からも把握できます．5段階評定項目の標準偏差は1前後の値になるのが普通です．これが0に近い値であるほど，得点分布は狭い範囲に密集しており，個体の弁別ができないことになります．

得点範囲が狭く，標準偏差が小さい項目も，改良または削除の対象になります．表7-5 においては，どの項目も最小値は1，最大値は5，標準偏差は1前後ですので，各項目の得点分布の広がりに問題はないと考えられます．

項目の平均値が偏っていたとしても，分布の広がりが大きければ削除すべきではありません．例えば，項目x3の平均値は4.06と高い値になっていますが，最小値は1，標準偏差は0.85とまずまずの値です．この項目は，わりと多くの個体が「5．よくあてはまる」「4．まあまあてはまる」と回答する一方で，「1．まったくあてはまらない」「2．あまりあてはまらない」と回答する個体もある程度いて，その受験者をよく弁別する項目です．したがって，このような項目は，この段階では残しておくほうがよいといえます．項目平均値の偏りが問題になるのは，やはり得点分布が狭く，ほとんどの個体が同じように回答し，弁別できないときです．

識別力の確認

個々の項目の得点分布に問題がなくても，尺度を構成する項目としては適切でない場合があります．他の項目との整合性が低いときです．質問紙尺度の各項目は，それぞれ共通の構成概念を測定するものですから，得点間に内的整合性があることが期待されます．項目数が多くなると内的整合性に基づく信頼性の指標であるα係数は大きくなるのが普通ですから，項目を削除したらα係数は小さくなると予想されます．そこで，項目ごとにその

項目を削除したときのα係数を計算し，それぞれの項目が内的整合性に貢献しているかどうかを検討します．もし，ある項目を削除したときにα係数が大きくなるとしたら，その項目は他の項目との整合性が低い項目で，改良または削除の対象になります．

表 7-5 の「削除α」の列に，その項目を削除したときのα係数の値が示されています．表 7-3 をみると，365 名が回答した 1 回目の測定の 10 項目全体のα係数は 0.84 です．これに対し，削除αの値は 0.82 か 0.83 で，いずれにしろ 0.84 より小さくなっています．したがって，どの項目も内的整合性を損なうものではないと考えられます．

1 つ 1 つの項目も全体の尺度も，共通の構成概念を測ろうとしていますから，項目得点と尺度得点の間には正の相関があることが期待されます（逆転項目の得点は処理してあるものとします）．これを確認するのが項目 – テスト間相関係数（item – test correlation coefficient）です．表 7-5 では「I – T 相関」として示してあります．

I – T 相関が高ければ，その項目の得点が高ければ尺度得点も高く，反対にその項目の得点が低ければ尺度得点も低いという傾向があり，その項目に識別力があるといえます．一方，I – T 相関が 0 に近ければ，その項目得点の高低と尺度得点の高低に関連性はみられませんから，識別力が小さくよく機能していない項目で，改良または削除対象になります．なお，テスト得点の算出にあたって，当該項目を含めるとそれだけで相関が高くなってしまいますから，I – T 相関を求める際は，尺度得点から当該項目の得点を引いた値と，項目得点との相関係数を求めます．

表 7-5 の I – T 相関の値は 0.5 程度と高めなので，統計分析力尺度の各項目の識別力に問題はないと考えられます．

合計得点に基づいて回答者を高群，中群，低群に分けたとき，高群の平均値と低群の平均値の差が小さい項目は，やはり識別力が低いと考えられます．このように，回答者を何らかの特性で群分けし，高群と低群の差を検討する分析を G – P 分析（good – poor analysis）といいます．

表 7-5 の D 指標は，各項目における高群の平均と低群の平均の差の値です．どの項目も高群の平均値のほうが高く，各項目の識別力に問題はないと考えられます．

高群と低群の平均値の差が顕著になるのは，両群をなるだけ両端にとったときです．しかし，そうすると高群と低群の人数が少なくなってしまい，平均値が不安定になります．かといって，平均値や中央値で高群と低群に分けるとすると，高群と低群の差がそれほど顕著でなくなってしまいます．そこで，両群の人数をできるだけ確保し，かつ，高群と低群の平均値の差がなるだけ大きくなる割合として，高群は上位 27%，低群は下位 27% という値が提案されています．

また，高群，中群，低群の群分けに際して，高群を平均 +0.5SD 以上，中群を平均 ±0.5SD の間，低群を平均 −0.5SD 以下とすることもあります．これは，5 段階評定における 5 と 4 を高群，3 を中群，2 と 1 を低群とすることに相当し，具体的なイメージを描きやすいことによります．

これらの群分けの基準は，項目分析に限らず，群間で尺度得点の平均値を比較するときなどにも用いられます．

Column 重要度が異なる下位尺度の扱い

例えば，ある困難な課題を遂行する力を測る尺度が，課題遂行スキル，モニタリング能力，モチベーション維持力という3つの下位尺度で構成されるとします．ここで，3つの下位尺度の重要度に違いがあると考えられる場合は，それを項目数に反映させるべきでしょうか？

仮に，課題遂行スキルを5項目，モニタリング能力を5項目，モチベーション維持力を10項目として尺度を構成すれば，合計得点に占めるモチベーション維持力の割合が大きくなり，他の下位尺度に比べモチベーション維持力の重要性が大きく評価されます．

しかし，測定の妥当性，信頼性の観点から考えれば，確保すべきは各下位尺度の妥当性，信頼性です．どの下位尺度も適切に構成概念をとらえ，同程度の信頼性をもっていることが望まれます．そうすると項目数は，各下位尺度の信頼性，妥当性を確保するように決めるのが適切で，下位尺度の重要度を項目数に反映させるのは得策ではなさそうです．

合計点を求める際に各下位尺度の重要度を反映させたければ，大学入試で理科の得点だけ2倍したりするのと同様に，重要視したい下位尺度に重みをつけて合計する方法があります．

どの下位尺度も同じ項目数で構成されていて，モチベーション維持力を重視したい場合は，「合計点＝課題遂行スキル得点＋モニタリング能力得点＋2×モチベーション維持力得点」のように計算すれば，合計点に占めるモチベーション維持力の割合を大きくすることができます．もし，各下位尺度の項目数が異なっていたら，合計点を項目数で割った平均得点を各下位尺度の得点にして，同様に重みをつけて合計点を求めます．

異なった重みづけの合計点を作ることも可能です．例えば，課題遂行スキルが重要な場面では，課題遂行スキルの重みを大きくすることで対応できます．

以上より，下位尺度の項目数は，測定の信頼性や妥当性に基づいて考えるべきであって，重要度を反映させる必要はありません．逆にいえば，各下位尺度の重要度が同じでも，測定の信頼性，妥当性が同等に確保されているならば，項目数は不揃いで構わないということです．合計点を求める際は，各下位尺度の平均得点を合計すればよいのです．ただし，各下位尺度の項目数が揃っていると，何かと扱いやすいことは確かです．

chapter 8 統計的推測の準備

統計分析には，母集団の特性を，その母集団から抽出した標本を用いて推測するという働きがあります（1.1 節，2.1 節）．母集団の一部にすぎない標本から母集団全体のことを推測するわけですから，そこには何らかの仕掛けが必要です．その論理的仕掛けの1つが統計的推測です．

本章ではまず，なぜ統計的推測を行う必要があるのかということから考えます．そして，統計的推測の仕掛けを理解するためにどうしても必要となる標準誤差について説明します．標準誤差の概念が理解できるかどうかが，統計的推測の論理を理解できるかどうかにつながります．

標準誤差について説明した後で，統計分析と関連の深い確率分布や，確率・統計に関するいくつかの議論について簡潔に説明します．少し数学的な内容になりますので，もし難しいと感じたら，この部分は読み飛ばしてもかまいません．

本章で統計的推測を理解するための準備をしたあと，9，10 章で統計的推測の論理的仕掛けを具体的にみていきます．具体的な統計的推測の方法は 11 ～ 16 章で説明します．先にそれらの章を読んでもよいと思います．

1 なぜ統計的推測を行うのか

記憶力や暗算力が非常に優れているなど，何らかの特殊能力をもった子どもたちのIQ（intelligence quotient，知能指数）は高いかという疑問をもったとしましょう．この疑問に答えるためには，そのような特殊能力のある子どもたち全員のIQを実際に測定すればよいことは分かります．しかし，実際にこれを行うことは困難です．全国津々浦々を調査して回るのは現実的ではありませんし，調査している間に新しい子どもが生まれたり，逆に成人したりしてしまいます．時間的にも予算的にも，全員のIQを測るというのは無理です．そこで，特殊能力がある子どもを数十名程度だけ集め，その子たちのIQの様子から，特殊能力のある子どもたち一般のIQについて推測するということが考えられます．

統計的手法を用いて標本から母集団に関する推測を行うことを，統計的推測（statistical inference）といいます．上の状況はまさに，母集団の特性を標本から推測するという統計的推測の構図になっています．

標本は母集団の一部にすぎませんから，標本の結果をそのまま母集団に当てはめることはできません．例えば，特殊能力のある 50 名の子どもたちのIQの平均値が 108.72 だとしても，母集団の平均値が 108.72 である保証はありません．別の標本を抽出していたら 120.51 になるかもしれませんし，98.64 になるかもしれないのです．

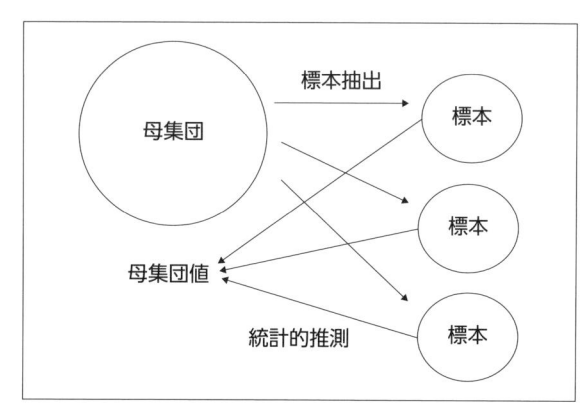

図 8-1　統計的推測の構造

とはいえ，**図 8-1** に示すように，同じ母集団値に関する推測において，同一母集団から抽出された標本からは，たとえ標本は異なったとしても，同等の結論が導かれること，少なくともそうなることが論理的には可能であることが望まれます．統計的推測はそのような論理的仕掛けの 1 つです．統計的推測という仕掛けを用いて，固有の標本の結果を母集団における議論へと一般化させるのです．

統計的推測を行う必要があるかどうかは，データを集めた集団だけの話をしたいのか，それとも，その背後にある母集団の話をしたいのかによります．母集団の話をしたいときに，統計的推測が必要になります．

統計的推測は，統計的検定（statistical test）と統計的推定（statistical estimation）に大別されます．統計的検定は，母集団に関して何らかの仮説を設定し，標本から得られた結果が仮説と矛盾しないかどうかを評価することによって，その仮説の真偽を判断する方法です．一方，統計的推定は，母集団における平均値や相関係数などの値を，標本に基づいて推定する方法です．単一の値で推定する場合を点推定（point estimation），区間を用いて推定する場合を区間推定（interval estimation）といいます．

2 標準誤差

統計量

標本から構成される，何らかの特性を表す量を統計量（statistic）または標本統計量（sample statistic）といいます．とくに，母平均 μ や母相関係数 ρ など，母集団値（population value）を推定する統計量を推定量（estimator）とよびます．標本平均 $\bar{X}$ や標本相関係数 r は，母平均，母相関係数を推定する推定量です．なお，データから具体的に計算された推定量の値は推定値（estimate）といわれます．

統計量には，統計的検定で用いられる検定統計量（test statistic）というものもあります．t 値や F 値は，t 検定や F 検定で用いられる検定統計量です．

一般に，母集団値はギリシャ文字で表記されます．これに対し，統計量はアルファベットを用いて表記されます．

標本分布

標本は母集団の一部にすぎませんから，母集団値とその推定値は一般には一致しません．例えば，母平均 $\mu = 100$ の母集団から，標本サイズ $n = 50$ の標本を抽出して，標本平均 $\bar{X}$ が 98.7 になったとしたら，母平均と標本平均の値は異なります．この違い，すなわち，母集団値と標本によるその推定値との隔たりを標本誤差（sampling error）といいます．

標本誤差はどのような標本が抽出されるかによって変わります．標本サイズが同じでも，抽出する時点や方法が異なれば，なかに含まれる個体が変わり，データが違ってくるからです．このように，標本抽出によって観測されるデータが変わることを，標本変動（sampling variation）といいます．

標本変動があると，その標本から計算される推定値も異なってきます．例えば，母平均 $\mu = 100$ の母集団から，標本サイズ $n = 50$ の標本抽出を繰り返して，そのつど標本平均を計算すると，標本変動により標本平均の値は 98.7, 100.9, 101.6…などと分布します．このように，標本変動によりもたらされる何らかの統計量の分布のことを，標本分布（sampling distribution）といいます．

以上を模式的に表したのが図 8-2 です．母集団から，異なる標本抽出を経て得られた各標本の統計量は，標本変動により分布します．この分布のことを，その統計量の標本分布というわけです．

5.1 節で，母集団分布とデータ分布（度数分布）について説明しましたが，標本分布はこれらの分布とはまったく性質の異なるものです．母集団分布やデータ分布は，母集団または標本に含まれるデータの分布です．したがって，標本抽出が適切になされていれば，母集団分布とデータ分布は似たような形になります．これに対し標本分布は，データの分布ではなく，データから計算される何らかの統計量の分布です．1 つの標本についてではなく，何回も標本抽出を行ったとしたときに，標本変動によって統計量がどのように分布するかを考えた分布です．

しかも，標本分布の形は，統計量の種類や標本サイズによって変わってきます．図 8-3 は，母平均 $\mu = 100$，母標準偏差 $\sigma = 15$ の母集団分布から，標本サイズを $n = 10$, $n = 50$, $n = 100$ として，それぞれ標本抽出を 1000 回繰り返したときの標本平均 $\bar{X}$ の分布です．図 8-3a が標本サイズ $n = 10$ の場合，図 8-3b が $n = 50$ の場合，図 8-3c が $n = 100$ の

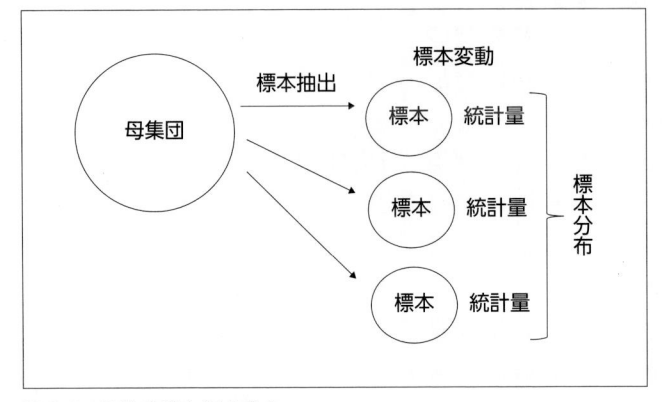

図 8-2　標本変動と標本分布

| a | n=10 | b | n=50 | c | n=100 |

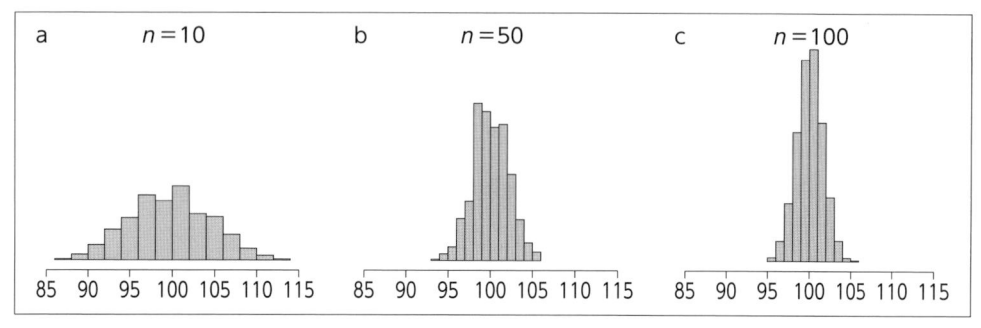

図 8-3　標本平均の標本分布
母集団分布の平均100, SD15.

場合です．母平均は100ですから，いずれの標本分布も母平均100を中心に標本平均の値が分布していますが，標本サイズによって形が違っています．具体的には，標本サイズが大きいほど分布の散らばりが小さくなっています．

標準誤差

表8-1 に，図8-3 の分布のデータ，すなわち，母平均 $\mu = 100$，母標準偏差 $\sigma = 15$ の母集団分布から，標本サイズ $n = 10, 50, 100$ の標本抽出をそれぞれ1000回繰り返したときの，標本平均データの一部と，その平均と標準偏差の値を示します．表8-1 をみると，どの標本サイズの標本分布の平均も100になっています．つまり，個々の標本の標本平均は母平均に一致しないものの，標本抽出を繰り返せば標本誤差は相殺され，標本誤差の平均は0になるということが分かります．

一方，標本分布の標準偏差は，$n = 10$ のとき4.8，$n = 50$ のとき2.1，$n = 100$ のとき1.6となっており，図8-3 でみたように，標本サイズが大きいほど標本平均の散らばりが小さくなっていることが確認されます．直感的に考えて，データを多く収集したほうが母集団により近づくので，標本平均はより安定したものになります．標本サイズが大きいと標本分布の標準偏差が小さくなるのは，この直感を端的に表しています．

このように標本分布の標準偏差は，その統計量がどのくらい安定的なものであるかを表すもので，統計学において大変重要なものです．そこで，標本分布の標準偏差のことを特別に標準誤差（standard error：SE）とよび，母集団分布やデータ分布の標準偏差との違いを際立たせています．

5.3節で述べたように，標準偏差はデータの標準的な散らばりの大きさです．これと同

表 8-1　標本平均データ

抽出回	$n = 10$	$n = 50$	$n = 100$
1	99.8	98.7	95.4
2	103.5	100.9	99.6
3	105.8	101.6	100.5
⋮	⋮	⋮	⋮
1000	98.3	100.2	99.2
M	100	100	100
SD	4.8	2.1	1.6

様に解釈すると，標準誤差は統計量の標準的な散らばりの大きさということになります．例えば，標本平均の標準誤差が4.8ということは，標本変動により標本平均の値は99.8，103.5，105.8…と平均100の周りに散らばりますが，その散らばりの標準的な大きさは4.8だということです．

なお，標本平均の標準誤差の理論的な値は次式で求められます．

$$SE = \frac{\sigma}{\sqrt{n}} \tag{8.1}$$

この式を用いて，**表8-1**の標本分布の理論的な標準誤差の値を計算すると4.7，2.1，1.5となり，**表8-1**の値とほぼ一致していることが確認されます．

3 確率分布

本節では，確率や確率分布の概念について説明します．統計分析で出てくるt，F，χ^2などの分布を理解する基礎となります．難しければ飛ばしても結構です．いつか帰ってきて下さい．

確率

コインを投げて表，裏のいずれが出るかをみるなど，ある試行において異なる複数の事象（結果）が起こりうるとき，各事象が生起する可能性を0から1までの数値で表したものを確率（probability）といいます．すべての事象について確率を合計すれば1になります．

確率事象に実数値をあてる変数のことを確率変数（random variable）といいます．コイン投げのように，確率事象が表，裏と離散的である場合は，表なら$X=1$，裏なら$X=2$のように数値を割りあてることができます．このような確率変数を離散型（discrete）確率変数といいます．質問紙尺度の個々の段階評定項目も離散型確率変数と考えられます．

Column: いろいろな標準誤差

標準誤差は何らかの統計量に対して考えられるものです．統計量が，標本平均や標本相関係数など母集団値を推定する推定量である場合の標準誤差を，推定の標準誤差（standard error of estimation）ということがあります．

統計量が測定誤差Eである場合は（7.5節），Eの分布の標準偏差σ_Eを測定の標準誤差（standard error of measurement）といいます．また，回帰分析（17，18章）において，観測値とその予測値との差を統計量とする場合は，差の分布の標準偏差を予測の標準誤差（standard error of prediction）といいます（17.5節）．このほか，等化の標準誤差（standard error of equating）などというものもあります．

このように標準誤差にもいろいろなものがあります．しかし，単に標準誤差といったときは，推定の標準誤差を意味することが多いようです．

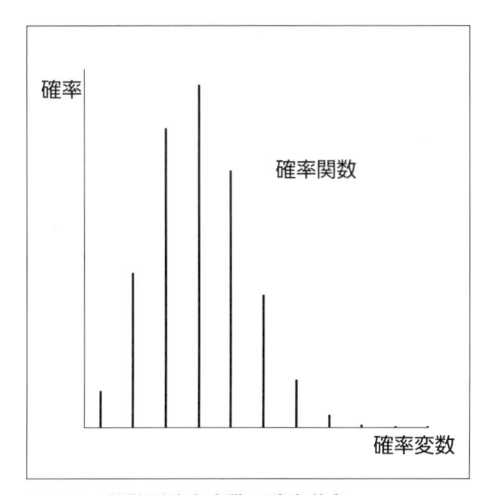

図 8-4　離散型確率変数の確率分布 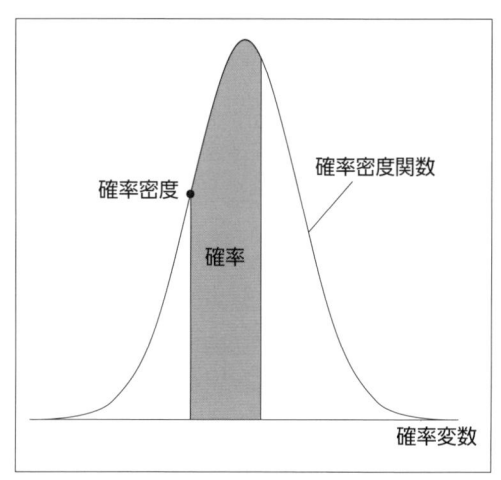　　　　図 8-5　連続型確率変数の確率分布

　これに対し，ボールを投げたときの到達距離のように，確率事象が連続的である確率変数は連続型（continuous）確率変数といわれます．

　コイン投げで表が出る，すなわち $X=1$ となる確率が 0.5，裏が出る，すなわち $X=2$ となる確率が 0.5 のように，離散型確率変数の値に，その値が生起する確率を対応させる関数を確率関数（probability function）といいます．また，ボール投げの到達距離のように，連続型確率変数の値に，その値の確率密度を対応させる関数を確率密度関数（probability density function）といいます．

　確率関数および確率密度関数をまとめて確率分布（probability distribution）ということがあります．また，確率変数の値に，その値以下の値が生起する確率を対応させる関数を，分布関数（distribution function）または累積分布関数（cumulative distribution function）といいます．

　図 8-4 に離散型確率変数の確率分布，図 8-5 に連続型確率変数の確率分布の例を示します．図 8-5 で網掛けしてあるように，連続型の確率分布においては，確率変数の値ではなく，確率変数が存在する区間に対して確率が定義されます．

t 分布，χ^2 分布，F 分布

　連続型確率分布の代表的なものは，5.5 節でみた正規分布です．図 8-5 の分布も正規分布です．正規分布は平均 μ と分散 σ^2（または標準偏差 σ）の 2 つの値で形が決まります．このように確率分布の形を特定する値を母数（parameter）またはパラメタといいます．

　なお，母数という用語は，まったく違った意味で用いられることがあります．例えば，何らかの疾患について，要治療者の母数は○万人というときの母数は，治療を必要とする人全体の人数，すなわち母集団サイズの意味で用いられています．また，パラメタという用語も，統計モデルにおける推定の対象となる値を指すものとしてよく使われます．

　図 8-6 は t 分布といわれる確率分布です．t 分布は自由度（degrees of freedom：df）といわれるものによって形が特定されます．自由度は確率分布の形を決めるパラメタです．

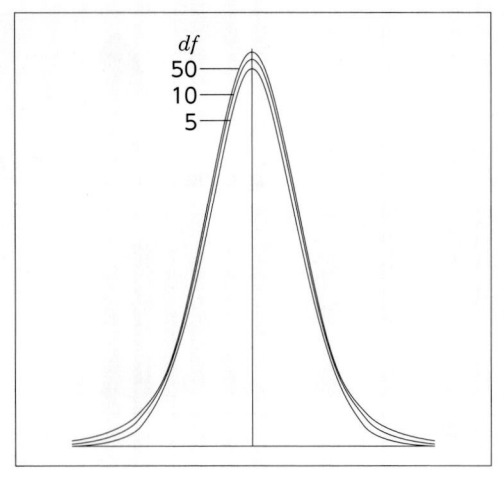

図 8-6　t 分布

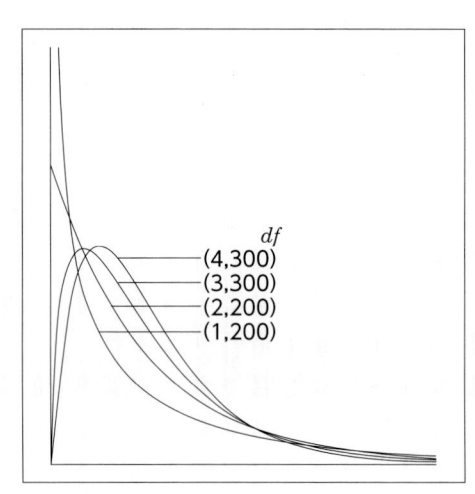

図 8-7　χ^2 分布

図 8-8　F 分布

統計分析においては,分析デザインや研究デザインによってその値が決まってきます（9.3節,20.1節）.**図 8-6** では,自由度が 5, 10, 50 の場合の t 分布を示しています.自由度が 50 以上では,分布の形はほとんど変わりません.

図 8-7 は χ^2（カイ 2 乗）分布といわれる分布です.χ^2 分布は 1 つの自由度によって形が決まります.自由度の値が大きいほど分布全体が右に移動することが分かります.

図 8-8 は F 分布といわれる分布です.F 分布は 2 つの自由度の値によって形が決まります.**図 8-8** をみると,F 分布は自由度の値によって形が変わってきますが,分布の右裾のほうはそれほど変化しないことが分かります.

付表 9, 10, 11 に,下側確率と自由度に対応した t 値,χ^2 値,F 値を書いておきます.例えば,自由度 15 の t 分布で,下側確率 0.975（両側 5%）となる t 値は,**付表 9** より 2.13 と分かります.

t 値の表（**付表 9**）より,自由度がある程度大きければ,両側 5% となる t 値はおよそ 2 です.また,F 値の表（**付表 11**）より,自由度 2 が 50 以上であれば,片側 5% となる F

値は自由度1が1のときおよそ4，自由度1が2や3のときおよそ3であることが分かります．このような値を知っておくことは，統計的検定を行う際に役立ちます．

4 確率・統計に関するいくつかの議論

本節では，確率・統計におけるいくつかの重要な概念について説明します．不偏分散を求めるとき，中心化データの2乗和を標本サイズで割るのではなく，「標本サイズ－1」で割る理由についても説明します．また，推定値のよさの考え方についても少し触れます．

期待値

確率変数 X の確率分布を $p(X)$ とします．コイン投げの例でいうと，$p(1) = 0.5$, $p(2) = 0.5$ です．確率変数 X と確率分布 $p(X)$ の積和のことを X の期待値（expectation）といい，$E[X]$ などと書きます．離散型確率変数の期待値は，すべての X の値についての $X \cdot p(X)$ の合計です．コイン投げの例だと $1 \cdot 0.5 + 2 \cdot 0.5 = 0.5 + 1 = 1.5$ となります．連続型確率変数の場合は，すべての X の値についての $X \cdot p(X)$ の積分が X の期待値になります．X の期待値は，起こりうるすべての事象を考えたときの X の平均的な値です．したがって，確率変数 X の期待値は母平均になります．また，$(X-\mu)^2$ の期待値は母平均からのずれの2乗の平均的な値であり，母分散になります．

$$E[X] = \mu$$
$$E[(X-\mu)^2] = \sigma^2$$

不偏性

標本平均 $\bar{X}$ や，標本の分散に用いた不偏分散 s^2（5.3節）も，標本変動により確率的に変動するものですから，立派な確率変数です．そこで，母平均が μ，母分散が σ^2 の母集団分布から標本を抽出したときの，標本平均や不偏分散の期待値を考えてみます．まず標本平均については，

$$E[\bar{X}] = E\left[\frac{X_1 + X_2 + \cdots + X_n}{n}\right] = \mu$$

となります．つまり，標本平均の期待値（平均的な値）は母平均に一致します．このことは，**表8-1** や **図8-3** において，標本平均の標本分布の平均が100となり，母平均に等しかったことと整合します．

次に分散について考えます．不偏分散 s^2 の期待値は，

$$E[s^2] = E\left[\frac{(X_1-\bar{X})^2 + (X_2-\bar{X})^2 + \cdots + (X_n-\bar{X})^2}{n-1}\right] = \sigma^2$$

となり，母分散に一致します．一方，分母を $n-1$ ではなく n にした場合の分散 S^2 の期待値は，

$$E[S^2] = E\left[\frac{(X_1-\bar{X})^2+(X_2-\bar{X})^2+\cdots+(X_n-\bar{X})^2}{n}\right] = \frac{n-1}{n}\sigma^2$$

となり，母分散に一致しません．

推定量の期待値が母集団値に一致するとき，その推定量には不偏性（unbiasedness）があるといいます．推定量の期待値が母集団値に一致するというのは，それがよい推定量だと考える根拠の一つになります．そこで，分散についても不偏性をもつ不偏分散のほうがよいと考え，多くの統計ソフトが標本の分散として不偏分散の値を出力しています．統計分析で分散の値を求めるとき，分母が「標本サイズ－1」になっているのはこのためなのです．

大数の法則

標本サイズを大きくすればするほど，推定量が母集団値に収束する確率が1に近づくことを，大数の弱法則（weak law of large number）もしくは大数の法則といいます．「弱」といわれるゆえんは，標本サイズを大きくしたとき，必ず推定量が母集団値に近くなるといっているのではなく，推定量が母集団値に近くなる可能性が高くなると，少々控え目なことをいっているにすぎないことによります．このような収束の仕方を確率収束（convergence in probability）といいます．また，このような性質を一致性（consistency）といいます．不偏性に並んで，一致性もよい推定量だと考える根拠の一つになります．

中心極限定理

確率論や統計学において重要な定理の1つに中心極限定理があります．いろいろな形式で述べられますが，ここではなるべく簡潔な言い方で説明します．

n個の確率変数が独立に母平均μ，母分散σ^2の同一の分布に従う場合，標本平均$\bar{X}$の分布は，平均μ，分散σ^2/nの正規分布で近似されるという定理を，中心極限定理（central limit theorem）といいます．

これは，母平均μ，母分散σ^2の母集団分布から，標本サイズnの標本を無作為に抽出したとき，標本平均$\bar{X}$の分布は，平均μ，分散σ^2/nの正規分布で近似できることを意味します．例えば，質問紙調査において各回答者がお互いに相談したりせず，それぞれ独自に回答しているならば，平均値の標本分布は，正規分布で近似されるということです．

中心極限定理が重要なのは，母集団分布の形については何も規定されておらず，母平均がμ，母分散がσ^2であればどんな分布でもよいというところです．元の分布がどんな形でも，標本平均の分布は正規分布に近づくということを，この定理は述べています．統計学において，正規分布は非常に重要な分布とされますが，少なくともその理由の一つは，この中心極限定理が成立することによります．

chapter 9 統計的検定の論理

　統計的検定は，母集団に関して何らかの仮説を設定し，標本から得られたデータが仮説と矛盾しないかを評価することによって，その仮説の真偽を判断する方法です．本章ではまず，その論理について説明します．母集団の一部にすぎない標本から，母集団全体に関する仮説の真偽をどのように判断するのか，その論理的仕掛けに注目します．8.2節で出てきた標準誤差が重要な意味をもってきます．

　いわゆる「有意」な結果が得られたら，研究者は大手を振って自分の主張を展開することができるでしょうか？その前に考えなければならないことがあります．それは標本サイズの影響です．本章では，統計的検定と標本サイズの関係などについてもみていきます．

1 統計的検定の前準備

　何らかの特殊能力をもった子どもたちのIQに関する推測を行うため，特殊能力をもつ50名の子どもたちを抽出して，ウェクスラー式知能検査を実施したとします．データの一部を表9-1に示します．標本平均$\bar{X}$は108.72，標準偏差は15.07です．ウェクスラー式知能検査は，平均が100，標準偏差が15になるように標準化されていますので，この50名の標本平均108.72は子どもたち全体の平均100より大きいことが分かります．

　しかし，このことをもって，特殊能力をもった子どもたちのIQは子どもたち全体の平均よりも高いと結論づけるのは早計です．標本が偏って抽出されていれば，標本平均も偏った値になりますし，たとえ標本が適切に抽出されていたとしても，標本平均は誤差を含んでおり，標本平均の値がそのまま母平均の値だといえるわけではないからです．8.1式を使って標本平均の標準誤差を求めると，$15.07/\sqrt{50}=2.13$となります．標本平均は標準的に2.13の大きさで，母平均μの周りに散らばっているのです．

　この母平均μ，すなわち，特殊能力をもつ子どもたちの母集団の平均は，子どもたち全体の平均100とは異なり未知の値です．したがって，標本平均$\bar{X}=108.72$という値をみているだけでは，それが母平均μに近いのか遠いのか，判断することはできません．そこで，μの値を仮に決めて，その状況で108.72という標本平均の値がどこに位置するかを考えることにします．

　図9-1aは，$\mu=100$と仮定した場合，すなわち，特殊能力をもつ子どもたちの母平均は子どもたち全体の母平均と同じ値であると仮定した場合の，標本平均の標本分布です．また，図9-1bは，$\mu=105$と仮定した場合の標本平均の標本分布です．いずれの図も，母平均は100または105，母標準偏差は15の母集団から，標本サイズ$n=50$の標本を無作為抽出したときの，理論的な標本平均の標本分布を示しています．

表 9-1 IQ データ

番号	IQ
1	116
2	105
3	102
⋮	⋮
50	83
M	108.72
SD	15.07

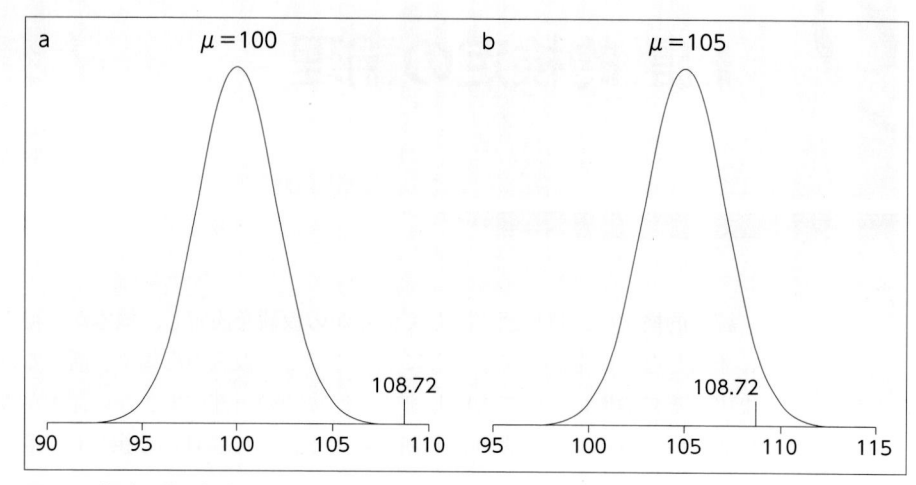

図 9-1 標本平均の標本分布

図 9-1 をみると，$\mu = 100$ と仮定した場合，$\bar{X} = 108.72$ はかなり外れに位置します．それに対し，$\mu = 105$ と仮定した場合は，$\bar{X} = 108.72$ は標本平均の散らばりのなかに一応収まっています．このことから，もし，特殊能力をもつ子どもたちの IQ の母平均が，子どもたち全体の母平均 100 と同じ値だとしたら，標本平均が 108.72 となるのはきわめてまれだと考えられる一方，特殊能力をもつ子どもたちの IQ の母平均が 105 だとしたら，標本平均が 108.72 となる可能性はある程度あると考えられます．したがって，$\mu = 100$ と $\mu = 105$ のいずれかだったら，$\mu = 105$ のほうが母集団値の推定値としてよさそうだと判断することができると考えられます．

このことをより説得的にいうために，次のような統計量を考えます．

$$t = \frac{\bar{X} - \mu}{SE} \tag{9.1}$$

9.1 式の t は標本平均 $\bar{X}$ と母平均 μ の差，すなわち標本誤差が，標準誤差の何倍に相当するかを表す統計量です．ただし，分母にある標準誤差の正確な値は，母集団の標準偏差が分からないと得ることができませんから，代わりに標本標準偏差を用いることによって，標準誤差の推定値を得て t 値を計算します．

図 9-2 に，標本サイズを 50（自由度は 50−1 = 49），標準誤差を 2.13 としたときの t の分布と，母平均 μ に 100 または 105 を仮定したときの t 値を示します．$\mu = 100$ としても $\mu = 105$ としても，自由度や標準誤差の値が同じであれば，t の分布は同一になります．一方 t 値は，$\mu = 100$ とした場合 (108.72−100)／2.13 = 4.09，$\mu = 105$ とした場合 (108.72−105)／2.13 = 1.75 となります．これらの値より，標本平均 $\bar{X}$ = 108.72 の標本誤差は，$\mu = 100$ と仮定したときは標準誤差の約 4 倍にもなる一方，$\mu = 105$ と仮定したときは標準誤差の 1.75 倍程度であることが分かります．

図 9-2 をみると，大部分の t 値は −2〜+2 の範囲に収まっていることがみてとれます．つまり，標本変動により標本平均は変動しますが，母平均からのずれは，たいていの場合，標準誤差の 2 倍以内の大きさに収まっています．仮に $\mu = 105$ とすると t 値は 1.75 であり，

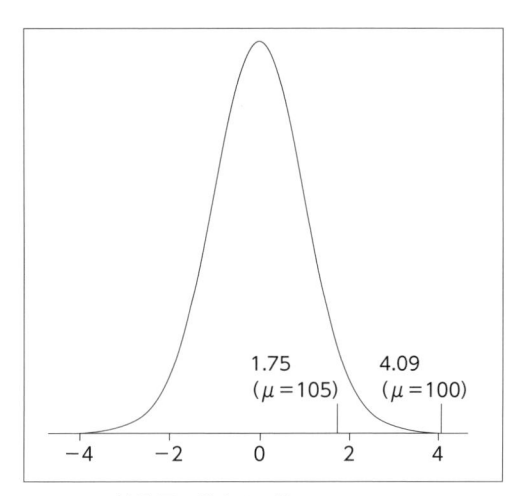

図 9-2　t 統計量の分布と t 値

標本誤差は標準誤差の 2 倍以内で，「たいていの場合」に含まれます．一方，$\mu = 100$ と仮定したときの t 値は 4.09 ですから，「たいていの場合」に含まれません．このことからも，$\mu = 100$ と $\mu = 105$ だったら，$\mu = 105$ のほうが母集団値の推定値としてよさそうだと判断するのは妥当だと考えることができます．

いまみたように，標本平均と母平均のずれが大きいほど t 統計量の大きさは大きくなり，反対に，標本平均と母平均のずれが小さいほど t 統計量は 0 に近くなります．したがって，t 統計量のこのような性質を利用して，母平均に関する推測を行うことが考えられます．

t 統計量は，標準的な標本変動の大きさに対する当該標本の標本変動の大きさを表していますから，標本変動を考慮しています．

また，t 統計量は，標本が正規分布からの無作為標本であるとき，8.3 節で説明した t 分布に従います．母集団分布が厳密な正規分布でない場合でも，8.4 節で触れた中心極限定理を用いて，9.1 式で計算される t 統計量の分布は，t 分布で近似することができます．t 分布が使えるということは，t 値について確率的な評価ができるということです．したがって，判断の客観性が保証されます．

標本変動を考慮した客観的な判断ができるということは，母集団の一部にすぎない標本から母集団全体のことを推測する統計的推測の，きわめて重要な仕組みといえます．

2 統計的検定

本節では，母集団に関して何らかの仮説を設定し，標本から得られたデータが仮説と矛盾しないかを評価することによって，その仮説の真偽を判断するという統計的検定の手続きについて説明します．

帰無仮説，対立仮説

何らかの特殊能力をもった子どもたちの IQ の平均について統計的検定を行うことを考えます．まず，主張したいこととは反対の仮説を設定します．このような仮説を帰無仮説

(null hypothesis）または検定仮説（test hypothesis）といい「H_0」と表します．主張したいこととは反対の仮説だからこの仮説は無に帰してほしいという意味を込めて，帰無仮説と名付けています．

いまの例では，帰無仮説として「$H_0 : \mu = 100$」，つまり，「特殊能力をもつ子どもたちの母平均は，子どもたち全体の母平均と同じ値である」という仮説が考えられます．

次に，帰無仮説が棄却された場合に採用される仮説を考えます．このような仮説を対立仮説（alternative hypothesis）といい，「H_1」などと表します．対立仮説が，実際に主張したい仮説になります．

いまの例では，対立仮説として「$H_1 : \mu \neq 100$」，つまり，「特殊能力をもつ子どもたちの母平均は，子どもたち全体の母平均と同じ値ではない」という仮説が考えられます．

統計的検定は，帰無仮説を棄却し，対立仮説を採択することによって，いいたい主張を通すという論理構造になっています．つまり，「$H_0 : \mu = 100$」という仮説が棄却されることをもって，μは100ではないという主張をするのです．

ここで注意しておきたいのは，帰無仮説が棄却されない場合は，いいたいことが主張できないだけであって，帰無仮説を主張できるという論理構造にはなっていないということです．「$H_0 : \mu = 100$」という仮説が棄却されないことは，μは100ではないとは主張できないだけであって，積極的にμは100であると主張できるわけではありません．帰無仮説が保持されても，支持はされないのです．

両側検定，片側検定

帰無仮説および対立仮説の立て方として，2つの方法が考えられます．1つめは「$H_0 : \mu = \mu_0$」「$H_1 : \mu \neq \mu_0$」とする方法，2つめは「$H_0 : \mu \leq \mu_0$」「$H_1 : \mu > \mu_0$」とする方法です．μ_0は研究者が設定する母集団値です．

1つめの方法で帰無仮説が棄却されれば，μはμ_0ではないと主張できます．このような検定を両側検定（two-tailed test）といいます．一方，2つめの方法で帰無仮説が棄却されれば，μはμ_0より大きいと主張できます．このような検定を片側検定（one-tailed test）といいます．両側検定と片側検定の概念図を図9-3に示します．この図は，以降の説明でも適宜参照します．

実際の研究では，とくに理由がなければ両側検定を行うことが勧められています．両側検定のほうが，母平均がある値より高くなることにも低くなることにも，いずれにも対応しているからです．また，両側検定のほうが帰無仮説を棄却しにくく，研究をより厳しい条件におくということも，両側検定が勧められる理由になります．

いまの例でも両側検定を行うことにします．つまり，帰無仮説として「$H_0 : \mu = 100$」，対立仮説として「$H_1 : \mu \neq 100$」を設定することにします．

検定統計量，限界値

実際の母平均の値μと帰無仮説で設定した母平均の値μ_0のずれが大きければ，標本平均$\bar{X}$と帰無仮説で設定した母平均μ_0とのずれも大きくなることが予想されます．一方，9.1節でみたように，$\bar{X}$とμ_0のずれが大きいほどt統計量の大きさは大きくなります．

第 9 章 統計的検定の論理

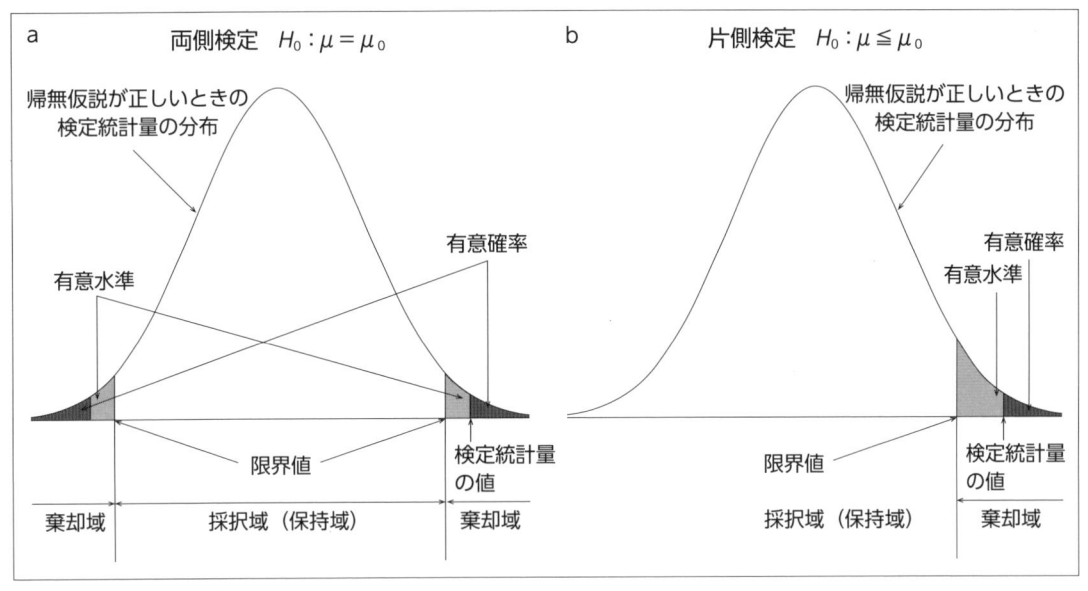

図 9-3 統計的検定の概念図

そこで，t 統計量の大きさがこれ以上になったら，母平均の値を μ_0 と仮定した帰無仮説の設定そのものに無理があったとして，帰無仮説を棄却（reject）する基準値を考えます．この基準値を限界値（critical value）といいます．また，検定に用いる統計量のことを検定統計量（test statistic）といいます．

棄却域，採択域

帰無仮説を棄却する検定統計量の領域を棄却域（critical region），帰無仮説を棄却しないで保持する領域を採択域（acceptance region）もしくは保持域，受容域といいます．両側検定の場合は，分布の両側に棄却域を設定します．片側検定の場合は，分布の片側に棄却域を設定します．

いまの例では，両側検定を行うことにしましたので，図 9-3a のように分布の両側に棄却域を設定します．

有意水準

実際の研究において，限界値はどのように設定するのがよいでしょうか？標本変動があっても t 統計量の値はたいてい ±2 以内になりますから，±2 を限界値とするのがよいでしょうか？このように限界値を決めるのも一つの方法ですが，どうも恣意的な感じがします．また，t 統計量は t 分布に従って分布します．その t 分布は，8.3 節でみたように，自由度の値によって形が変わってきます．平均値に関する検定の場合，自由度の値は基本的に標本サイズによって決まります．したがって，限界値は標本サイズによっても変える必要があると考えられます．

そこで，限界値を決める統一的な基準として，有意水準（significance level）というものが考えられています．有意水準は，帰無仮説が正しいとしたもとで，限界値よりも大き

い検定統計量の値が得られる確率です．図9-3では，限界値よりも外側に位置する，網掛けした領域全体の面積が有意水準です．

有意水準は α という記号で書かれることがありますが，この α と 7.4 節の α 係数とは，たまたま同じ記号を使っているだけで，まったく関係ありません．

有意水準の大きさをどう設定するかは研究者の判断になりますが，ほとんどの場合，5%（$\alpha = .05$）や 1%（$\alpha = .01$）という値が用いられます．萌芽的な研究でいろいろな可能性を拾いたい場合は，10%（$\alpha = .10$）という値が用いられることもあります．

両側検定の場合は分布の両側に棄却域を設定しますので，通常，有意水準を両側に半分ずつ割り付けます．有意水準を 5% にするとしたら，両側に 2.5% ずつの棄却域を設定します．片側検定の場合は分布の片側に棄却域を設定しますので，片側 5% の棄却域を設定します．いまの例では有意水準を 5% にすることにします．両側検定を考えていますから，両側に 2.5% ずつの棄却域を設定します．

この棄却域に対応する限界値を求めてみます．1 群の平均値の検定の場合，t 分布の自由度は $n-1$（n は標本サイズ）です．標本サイズは 50 ですから，自由度は $50-1=49$ です．自由度 49 の t 分布において，上側確率が 2.5% となる t 値を求めると 2.01 になります．同様に下側確率が 2.5% となる t 値を求めると，t 分布は 0 を挟んで左右対称なので，-2.01 という値になります．以上より，この例の限界値は ± 2.01 になります．

統計的有意性

統計的検定の論理は次のようにいうことができます．検定統計量の値が限界値を超えなければ，そのくらいの標本変動は「ありうることだ」として許容します．一方，検定統計量の値が限界値を超えれば，そういうことは有意水準で設定した確率くらいにしか起きないまれなことだから，その検定統計量の値は統計的に有意（statistically significant）とします．そして，そうなることは帰無仮説が正しいとしたもとでは「まずありえないことだ」と考えて，帰無仮説を棄却し対立仮説を採択します．

有意確率

帰無仮説が正しいとしたもとで，標本から計算される検定統計量の大きさよりも大きい検定統計量の値が得られる確率を，有意確率（significance probability）または p 値（p-value）といいます．有意水準と同様に，両側検定の場合は両側の有意確率を考え合計し，片側検定の場合は片側の有意確率だけを考えます．図9-3では，黒塗りの部分の面積が有意確率を示しています．

いまの例で，検定統計量の値と p 値を求めてみます．標本平均 $\bar{X} = 108.72$，標準偏差 15.07，標本サイズ 50，また，帰無仮説は「$H_0 : \mu = 100$」ですから，t 統計量の値は 9.1 式より次のようになります．

$$t = \frac{\bar{X} - \mu_0}{SE} = \frac{108.72 - 100}{15.07 / \sqrt{50}} = \frac{8.72}{2.13} = 4.09$$

自由度 49 の t 分布において，4.09 に対応する上側確率の値は 0.00008 です．両側検

定なので両側の有意確率を考えて合計すると，p 値は $0.00008 \cdot 2 = 0.00016$ となります．

有意確率（p 値）は，帰無仮説が正しい確率と誤解されることがありますが，そうではありません．有意確率は，帰無仮説が正しいとしたもとで得られる検定統計量に関する確率です．帰無仮説は正しいとしていますから，帰無仮説が正しい確率は 1 です．そうしたときに，標本から計算される検定統計量の大きさよりも大きい検定統計量の値が得られる確率が，有意確率（p 値）です．

検定結果の解釈

p 値が有意水準を上回るとき，検定統計量の大きさは限界値より小さくなります．反対に，p 値が有意水準を下回るとき，検定統計量の大きさは限界値より大きくなります．したがって，p 値と有意水準の大小関係から，統計的検定の判断を行うことができます．

「p 値≧有意水準」のときは，検定統計量が限界値を超えませんから，帰無仮説を保持します．「p 値＜有意水準」となるときは，検定統計量が限界値を超えますから，帰無仮説を棄却し対立仮説を採択します．

いまの例では，p 値は .00016，有意水準は .05 ですから，「p 値＜有意水準」です．したがって，t 統計量の値 4.09 は統計的に有意であり，帰無仮説「$H_0 : \mu = 100$」を棄却し，対立仮説「$H_1 : \mu \neq 100$」を採択します．すなわち，何らかの特殊能力をもった子どもたちの IQ の母平均は，子どもたち全体の平均 100 とは同じ値ではないと判断します．さらに，大小関係について考えると，標本平均は 108.72 で 100 を超えていますから，母平均は 100 より大きいと考えることができます．したがって，何らかの特殊能力をもった子どもたちの IQ の母平均は，子どもたち全体の平均 100 よりも大きいという結論が導かれます．

なお，帰無仮説として「$H_0 : \mu = 105$」を設定したとしたら，t 統計量の値は，

$$t = \frac{\bar{X} - \mu_0}{SE} = \frac{108.72 - 105}{15.07 / \sqrt{50}} = \frac{3.72}{2.13} = 1.75$$

となり，p 値は .087 となります．この場合は「p 値≧有意水準」となっていますから，t 統計量の値 1.75 は統計的に有意ではなく，帰無仮説「$H_0 : \mu = 105$」を保持します．すなわち，何らかの特殊能力をもった子どもたちの IQ の母平均が 105 ではないと判断することはできないと考えます．ただしこれは，105 ではないとは判断できないだけであって，積極的に 105 だといっているわけではないことには注意が必要です．本節の「帰無仮説，対立仮説」のところで述べたように，帰無仮説が保持されても，その仮説が積極的に支持されたわけではないからです．

3 統計的検定に関するいくつかの議論

標本サイズの影響

t 統計量は，標本平均 $\bar{X}$ と帰無仮説で設定した母平均 μ_0 のずれと，標本平均の標準誤差との比です．一方，標準誤差は標準偏差 s を標本サイズ n の平方根で割ったものです．これらより，t 統計量の式は次のように変形することができます．

$$t = \frac{\bar{X} - \mu_0}{SE} = \frac{\bar{X} - \mu_0}{s/\sqrt{n}} = \frac{\bar{X} - \mu_0}{s} \cdot \sqrt{n} \tag{9.2}$$

標本平均 $\bar{X}$ や標本標準偏差 s は，8.4節でみた大数の法則に従う統計量なので，標本サイズを大きくすれば，μ や σ に確率収束します．したがって，標本サイズを大きくしたとき，t 統計量の値は次のような値になります．

$$t = \frac{\mu - \mu_0}{\sigma} \cdot \sqrt{n} \tag{9.3}$$

9.3式の右辺の掛け算の左側の項は，母標準偏差に対する，実際の母平均と帰無仮説で設定した母平均のずれの割合であり，定数です．これに対し右側の項は，標本サイズの平方根で，標本サイズに伴って値が大きくなります．図9-4に標本サイズ n と t 値との関係を示します．標本サイズが大きくなるにつれ，t 値が大きくなることがみてとれます．

このことから，検定統計量は，標本サイズが大きくなると値が大きくなることが分かります．検定統計量の値が大きくなれば p 値は小さくなりますから，帰無仮説は棄却されるようになります．つまり，標本サイズさえ大きくすれば統計的に有意な結果を得ることができます．

これは統計的検定の重大な欠陥です．どれだけのデータを集めたかということだけで，検定結果をコントロールできてしまうからです．例えば，IQの標本平均が100.1と実質的に100と変わりない値だったとしても，標本サイズが十分大きければ帰無仮説を棄却し，IQの母平均は100ではないという結論を導くことが可能です．このような結論に実質的な意味はないはずですが，それでも統計的には有意となってしまうのです．

統計的検定の結果の表し方として，*の数の多さで有意確率の小ささを示すことがよくなされますが，*の数だけで結果を解釈するのは危険です．*の数が，どれだけ頑張ってデータを集めたかを表しているにすぎない可能性もあるからです．分析結果をみるときは，標本平均や標準偏差，相関係数など，実質的な値もよくみて解釈する必要があります．

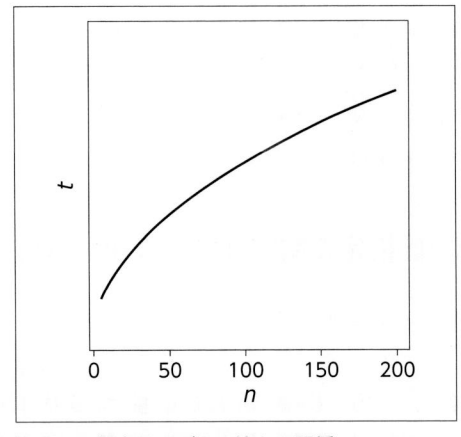

図9-4 標本サイズと t 値との関係

「有意」の意味

統計的検定において有意といわれるものは検定統計量の値です．帰無仮説が正しいとしたもとでは限界値を超える値であることを指して「統計的に有意」といっているのです．

これに対し，論文などによくみられる「有意差がみられた」とか「有意な相関がみられた」などの表現における有意は，平均値の差や相関係数の値に実質的な意味があるという「実質的に有意」という意味が込められた表現です．

しかし，先にみたように，標本サイズさえ大きくすれば統計的に有意な結果が得られますから，統計的に有意だからといって実質的に有意であるとはかぎりません．反対に，標本サイズが小さければ，統計的に有意ではなくても実質的に有意である可能性があります．

統計的に有意であることが，必ずしも実質的に有意であることを示すわけではないということは，よく認識しておく必要があります．

2種の誤り

統計的検定は，設定した仮説を棄却するか採択するかをデータに基いて判断する論理的枠組みであり，仮説が正しいとか間違っているとかを「証明する」方法ではありません．帰無仮説を棄却することは，あくまでも，帰無仮説のようではないだろうと判断し，だから対立仮説を採用すると結論づけているだけの話であって，帰無仮説が誤りで対立仮説が正しいという証明がなされたわけではないのです．研究論文などにおいて，「統計的検定の結果，仮説が正しいことが証明された」などと記述しているのを時々みかけますが，不適切な表現です．「仮説は支持された」とか「仮説に反するような結果ではなかった」のように表現するのが適切だと考えられます．

統計的検定で行っているのは証明ではなく判断です．それゆえ，当然誤った判断をしてしまうことがあります．本当は帰無仮説が正しいのに誤ってそれを棄却してしまう誤りを第1種の誤り（type 1 error），反対に，本当は対立仮説のほうが正しいのに誤って帰無仮説を保持してしまう誤りを第2種の誤り（type 2 error）といいます．表9-2に，検定結果と2種の誤りの関係を示します．

第1種の誤りを犯してしまう確率を考えると，帰無仮説が正しいのにそれを棄却してしまうのですから，第1種の誤りを犯す確率は有意水準にほかなりません．それゆえ，有意水準αのことを危険率ということもあります．第1種の誤りを犯さない確率，すなわち，帰無仮説が正しいときにそれを保持する確率は$1-\alpha$です．

第2種の誤りを犯してしまう確率は，対立仮説が正しいのにそれを採択せず帰無仮説を保持してしまう確率ですから，対立仮説が正しいとしたときの検定統計量の分布のうち，帰無仮説の採択域に入る部分になります．図9-5にその様子を示します．図9-5は，帰無仮説を「$H_0: \mu = 100$」，対立仮説を「$H_1: \mu = 105$」とし，片側検定を考えた場合の図です．第2種の誤りを犯してしまう確率は，対立仮説が正しいとしたときの検定統計量の分布のうち，帰無仮説の採択域に入る部分の面積です．その値をβとすると，対立仮説が正しいときに，それを正しく採択する確率は$1-\beta$になります．この確率を検定力（power）または検出力といいます．

9.2節の有意確率のところで，有意確率は帰無仮説が正しい確率ではないと説明しまし

表9-2 検定結果と2種の誤り

		検定結果	
		H_0を保持（H_1を棄却）	H_0を棄却（H_1を採択）
真の状態	H_0が正しい	正しい判断 $1-\alpha$	誤った判断（type 1 error） α（有意水準，危険率）
	H_1が正しい	誤った判断（type 2 error） β	正しい判断 $1-\beta$（検定力，検出力）

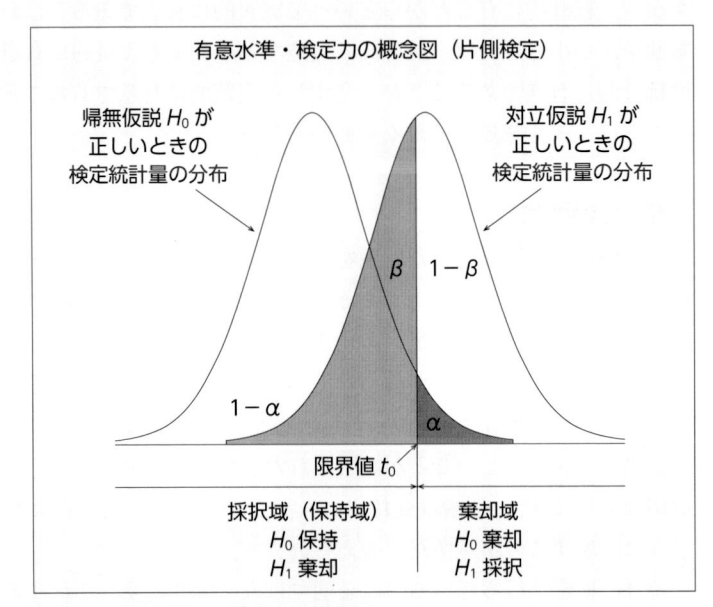

図9-5 2種の誤り，検定力の概念図

たが，同様のことは検定力や有意水準についてもいえます．これらの確率はすべて，それぞれの仮説が正しいとしたときに，検定統計量が帰無仮説の棄却域に入る確率であり，対立仮説が正しい確率などではありません．

実際の研究において，第1種の誤りの確率，すなわち有意水準は5％や1％に設定しますが，第2種の誤りの確率を考えている研究はほとんどみかけません．第1種の誤りも第2種の誤りも，どちらも間違った判断ですから，その確率は小さいにこしたことはありません．しかし，図9-5をみると分かるように，αを小さくすればβが大きくなり，反対にβを小さくすればαが大きくなります．つまり，両方の誤りの確率を一緒に小さくすることはできないのです．また，実際の研究においては，「$H_1 : \mu = 105$」のような明確な対立仮説を設定するのが難しく，「$H_1 : \mu \neq 100$」のような仮説にならざるをえません．そうすると第2種の誤りの確率を明確に計算することができないため，第2種の誤りはあまり顧みられないのだと考えられます．

検定力は，標本サイズをどのくらいにするかを考えるときに用いられることがあります．適当な対立仮説と検定力を設定し，その検定で統計的に有意となる標本サイズを求め，過不足のないデータ数を推定します．

自由度

いまみてきた例では，1群の平均値の検定を，t統計量およびt分布を用いて行いました．統計的検定では，分析デザインに応じて，用いる検定統計量やその分布が決まってきます．**表 9-3** にその主なものを示します．

検定統計量とその分布の主なものとしては，8.3節でみたt分布，χ^2分布，F分布があります．それらの分布の自由度は，標本サイズや分析デザインによって決まります．ここで重要なのは，自由度はデータの値によって決まるのではなく，研究デザインによって決まるということです．平均値や標準偏差，検定統計量，p値などは，データの中身によって値が決まります．つまり，これらは標本の何らかの特性を表す値です．これに対し自由度は，どんな研究デザインであるかを表す値であり，標本の中身とは関係ありません．

例えば，標本平均が108.72，標準偏差が15.07となる2つの標本があったとします．そして，一方の標本サイズは10，他方の標本サイズは50だとします．それぞれの標本において「$H_0: \mu = 100$」を帰無仮説として検定を行うとき，限界値は同じでよいでしょうか？おそらく，標本サイズが小さいほうが，大きな標本変動が生じる可能性が高くなるので，有意水準を5%に揃えるためには，限界値を大きめに設定する必要があると考えられます．自由度はその調整を行う役割を担います．

図 9-6 に，標本サイズを10または50としたときの，有意水準5%の棄却域を示します．有意水準を5%としたとき，$n = 10$の場合の限界値は，自由度9のt分布の上側確率2.5%の値で2.26です．$n = 50$のときの限界値は2.01でしたから，標本サイズが小さいほうが限界値が大きく，標本平均や標準偏差の値は同じでも，帰無仮説は棄却されにくいことが分かります．

表 9-3 分析方法と統計量の自由度との関係

分析方法	分析デザイン	被験者数等	要因	水準数	自由度	統計量
t検定	1群の平均値	n		1	$n-1$	t
	対応のある2群の平均値	n	被験者内	2	$n-1$	
	対応のない2群の平均値	$n_1 + n_2$	被験者間	2	$n_1 + n_2 - 2$	
分散分析	1つの被験者間要因	$n_1 + n_2 + \cdots + n_a = n$	被験者間	a	$a-1,\quad n-a$	F
	1つの被験者内要因	n	被験者内	a	$a-1,\quad (n-1)(a-1)$	
	2つの被験者間要因	$n_{11} + n_{12} + \cdots + n_{ab} = n$	被験者間A 被験者間B 交互作用	a b $a \cdot b$	$a-1,\quad n-ab$ $b-1,\quad n-ab$ $(a-1)(b-1),\quad n-ab$	
	1つの被験者間要因と1つの被験者内要因	$n_1 + n_2 + \cdots + n_a = n$	被験者間 被験者内 交互作用	a b $a \cdot b$	$a-1,\quad n-a$ $b-1,\quad (n-a)(b-1)$ $(a-1)(b-1),\quad (n-a)(b-1)$	
	2つの被験者内要因	n	被験者内A 被験者内B 交互作用	a b $a \cdot b$	$a-1,\quad (n-1)(a-1)$ $b-1,\quad (n-1)(b-1)$ $(a-1)(b-1),\quad (n-1)(a-1)(b-1)$	
χ^2検定	クロス集計表	セル数 $a \cdot b$	変数A 変数B	a b	$(a-1)(b-1)$	χ^2
	共分散構造分析	観測変数の数 p	パラメタ数 m		$p(p+1)/2 - m$	

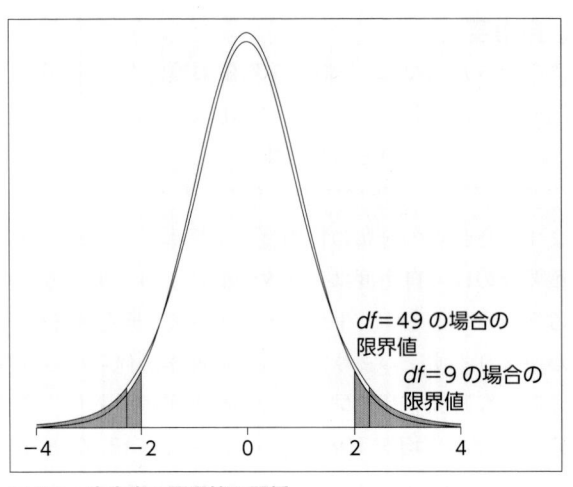

図9-6　自由度と限界値の関係

両側検定の後に片側検定は必要か？

両側検定では，帰無仮説を「$H_0: \mu = 100$」，対立仮説を「$H_1: \mu \neq 100$」のように設定しますから，両側検定で帰無仮説が棄却されることにより母平均は100ではないと主張できます．一方，片側検定では，帰無仮説を「$H_0: \mu \leq 100$」，対立仮説を「$H_1: \mu > 100$」のように設定しますから，片側検定で帰無仮説が棄却されることにより，母平均は100より大きいと主張することができます．すると，両側検定だけでは母平均が100より大きいと主張できないから，両側検定で有意となったあとに片側検定を行う，もしくは最初から片側検定を行ったほうがよさそうに思いますが，果たしてそうでしょうか？

両側検定では棄却域を両側にとるため，有意水準を両側に割り付けます．一方，片側検定の場合は有意水準を全部片側に割り付けます．片側検定の棄却域がある側に注目すると，両側検定の棄却域は，片側検定の棄却域に含まれることが分かります．図9-3をみても，片側検定の棄却域は，両側検定の右側の棄却域よりも大きくなっています．したがって，この側において，両側検定で有意になる検定統計量は，片側検定でも有意になります．

本文の例で考えると，両側検定の右側の限界値が2.01であるのに対し，片側検定の限界値は1.68で，両側検定でt値が右側の棄却域に入るなら，$t > 2.01 > 1.68$となり，片側検定でも有意になることが分かります．

以上を考えると，標本平均$\bar{X}$が100より大きいとき，両側検定で「$H_0: \mu = 100$」が棄却されれば，片側検定で「$H_0: \mu \leq 100$」が棄却されるのは自明なので，両側検定のあとに片側検定をしないでも，標本平均の値から，μは100より大きいという結論を導くことができます．

chapter 10 統計的推定の論理

　統計的検定は，標本に基づいて母集団に関する仮説の真偽を判断する方法でした．これに対し，統計的推定は，母集団の平均や相関係数などの値そのものを，標本に基づいて推定する方法です．本章ではこの統計的推定の考え方について説明します．

　まず，母集団における値を，単一の値で推定する点推定について述べます．一見簡単なようですが，どのような性質をもった推定量をよい推定量とするかということを考えると，いろいろな推定量が考えられることが分かります．それらについて紹介します．

　次に，母集団の値を，ある程度の幅をもって推定する区間推定について説明します．ここでも，8.2節で出てきた標準誤差が重要な意味をもってきます．

　研究では，標本サイズをどのくらいにするかということが，しばしば問題になってきます．そこで，信頼区間を利用した標本サイズの設計についても簡単に紹介します．

1 点推定

　母集団の平均や相関係数などの値を単一の値で推定する方法を，点推定（point estimation）といいます．例えば，何らかの特殊能力をもった子どもたちのIQの母平均値を推定するため，50名の個体からなる標本を抽出し，108.72という標本平均の値を得たとき，この値をもって母平均の推定値とするのが点推定です．

　推定値はあくまでも当該標本における値ですから，その値が母平均値に近いかどうかは分かりません．母集団における値は未知ですから，比べようがないのです．つまり，108.72という値だけをみていても，それがよい推定値なのかよくない推定値なのかは分からないということです．

　推定値が算出できるからには，そのもととなる計算方法，すなわち推定量があるはずです（8.2節）．例えば，標本平均（各個体のデータの合計を個体数で割ったもの）という推定量を考え，それに実際のデータを代入して計算し，108.72という推定値を得ているわけです．

　そこで，データから計算した推定値ではなく，計算方法，すなわち推定量の良し悪しを考えます．ある推定量が，何らかの基準に照らしてよい推定量だと判断されれば，その計算方法に従って算出される推定値もそれなりに信頼できます．したがって，点推定においては，よい推定量を考えることが重要になってきます．

不偏推定量

　よい推定量である基準とはどのようなものでしょうか？例えば，推定量の期待値が母集

団値に一致するというのも，よい推定量である一つの基準として考えられます．8.4 節でみたように，統計量のこのような性質を不偏性といい，このような性質をもつ推定量を不偏推定量（unbiased estimator）といいます．標本平均 $\bar{X}$ や不偏分散 s^2 の期待値は，それぞれ母平均 μ，母分散 σ^2 に一致しますから不偏推定量です．一方，分母を n とした分散 S^2 の期待値は σ^2 に一致しませんから，不偏推定量ではありません．統計ソフトが分散の推定値として不偏分散を出力するのも，不偏性をよい性質と考えているからです．

一致推定量

標本サイズを大きくすればするほど，推定量が母集団値に確率収束するというのも，よい推定量である基準になります．8.4 節でみたように，統計量のこのような性質を一致性といい，このような性質をもつ推定量を一致推定量（consistent estimator）といいます．標本平均 $\bar{X}$，不偏分散 s^2 および分母を n にした分散 S^2 は，n を大きくすると μ や σ^2 に確率収束するので一致推定量です．また，標本標準偏差 s や S も母標準偏差の一致推定量です．

表 10-1　点推定量

推定量	推定法，基準
不偏推定量	推定量の期待値が母数に一致する
一致推定量	標本サイズを大きくすると推定量が母数に確率収束する
最小 2 乗推定量（LS）	誤差の 2 乗和を最小にする
最尤推定量（ML）	尤度関数の値を最大化する
ベイズ推定量	事後分布の代表値を推定する
EM 推定量	欠測を考慮してモードを推定する

Column　ベイズ統計学

表 10-1 に「ベイズ推定量」というものがあります．最近みかけるようになってきたベイズ推定量は，母集団値を確率変数として扱うベイズ統計学に基づいて得られる推定量です．

従来の統計学が，母集団値（パラメタ）は定数（固定値）であるとしてデータの分布しか扱わないのに対し，ベイズ統計学では母集団値を確率変数とし，データの分布に加えパラメタの分布も考えます．データを得る前と後で，パラメタの分布は変化します．データを取った後の分布，すなわち事後分布（posterior distribution）に基づいて得られる推定量が，ベイズ推定量です．

ベイズ統計学で推定される区間を確信区間（credible interval）といいます．確信区間は直感的な理解に合うものです．例えば 95% 確信区間は，「95% の確率でパラメタが存在する区間」と理解することができます．ベイズ統計学では，パラメタが動くことを認めているので，このような素直な理解ができるのです．

そのほかの推定量

これらのほかにも，推定値と基準値との誤差の2乗和を最小にする最小2乗推定量 (least square estimator)，尤度（ゆうど）関数といわれるものの値を最大化する最尤（さいゆう）推定量（maximum likelihood estimator），事後分布といわれるものの代表値を求めるベイズ推定量（Bayesian estimator）などがあります．

表10-1に，主な点推定量をまとめます．いろいろな推定量がありますが，いずれも目的はよい点推定を行うことです．よしとする基準が異なるので，いろいろな推定法があるのです．未知の母集団値に接近するために，一つの考え方だけではなくいろいろな考え方を採用している，統計分析はそういう方法なのです．

点推定の弱点は，推定量の安定性を示せないことです．例えば，同じ108.72という標本平均の値だとしても，標本サイズが5名の場合と500名の場合とでは，平均値に対する信頼感が異なります．理論的には，500名の場合の標準誤差は，5名の場合の標準誤差の10分の1になります．しかし，点推定量ではこの違いを表すことができません．

2 区間推定

母集団における平均値や相関係数などの値を，単一の値ではなく区間で推定する方法を，区間推定（interval estimation）といいます．例えば，何らかの特殊能力をもった子どもたちのIQの母平均値を，［104.4，113.0］という区間で推定するのが区間推定です．

信頼区間

区間推定で多用されるものに信頼区間（confidence interval）があります．信頼区間は，「あらかじめ決めておいた確率で母数を含む」というルールに従って，標本から構成される区間です．例えば，あらかじめ決めておいた確率を95％とし，母集団から100個の標本を抽出して，それぞれの標本で区間推定を行ったとき，100個のうち95個の区間が母数を含むような区間が，95％信頼区間です．なお，この「あらかじめ決めておいた確率」を信頼係数（confidence coefficient）といいます．信頼係数と7.3節で出てきた信頼性

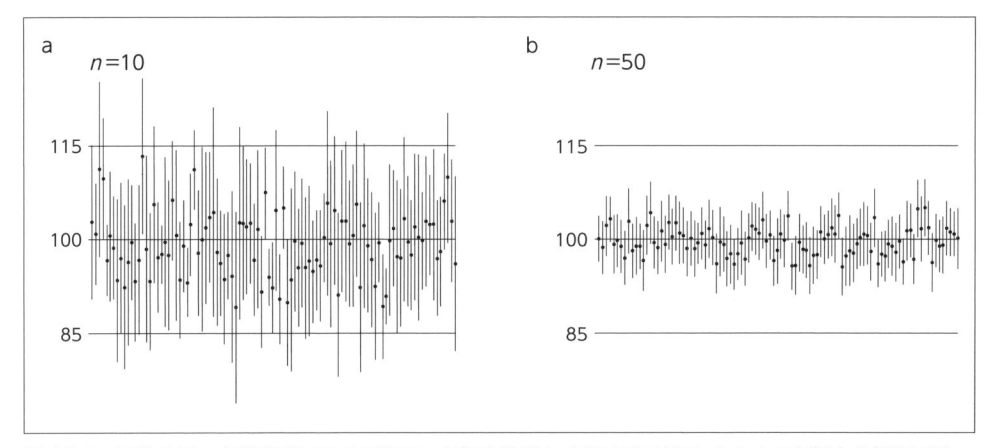

図10-1　平均100，標準偏差15の母集団から標本抽出を100回繰り返したときの各標本の信頼区間

係数とは，名前は似ていますがまったく異なるものです．

図10-1は，平均100，標準偏差15の母集団から標本抽出を100回繰り返したときの，各標本の95%信頼区間です．図10-1aが標本サイズ$n = 10$の場合，図10-1bが$n = 50$の場合です．1つ1つの線分が信頼区間を表します．線分の上端が信頼区間の上限，下端が下限に対応します．中央の黒丸は標本平均です．図10-1をみると，$n = 10$の場合も$n = 50$の場合も，母平均100を含まない線分がいくつかあることが分かります．理論的には，そのような線分の数は5本（100 − 95 = 5）です．

図10-1から，$n = 10$の場合よりも，$n = 50$の場合のほうが，信頼区間の幅が狭いことがみてとれます．幅が狭くても95%の確率で母平均を含むことができるということは，それだけ推定が安定していることを表します．$n = 10$の場合よりも$n = 50$の場合のほうが，黒丸，すなわち標本平均の変動が小さいため，区間幅を狭くすることができるのです．このように区間推定では，推定の精度を区間の幅に反映させることができます．推定の精度が高いほど，区間幅は狭くなります．

信頼区間の構成

「あらかじめ決めておいた確率で母数を含む」というルールに従う区間は，どのように構成したらよいでしょうか．1群の平均値の信頼区間を構成する場合を考えてみましょう．

9.1節で述べたように，標本平均と母平均のずれを，標本平均の標準誤差で割ったt統計量は，t分布に従います．そのt分布において，上側$\alpha/2$点に対応するt値をt_0，下側$\alpha/2$点に対応するt値を$-t_0$とすると，t統計量が$-t_0$からt_0の間に入る確率は$100(1 − \alpha)$%となります．もしαが0.05ならこの確率は95%で，t_0は有意水準5%の両側検定における限界値となります．

一方，9.1式を変形して$\bar{X}$について解くと，

$$\bar{X} = \mu + t \cdot SE \tag{10.1}$$

という式を得ます．10.1式より，tが$-t_0$のとき$\bar{X}$は$\mu - t_0 \cdot SE$，tがt_0のとき$\bar{X}$は$\mu + t_0 \cdot SE$となり，$\bar{X}$が$[\mu - t_0 \cdot SE,\ \mu + t_0 \cdot SE]$という区間に入る確率は，$t$が$[-t_0,\ t_0]$という区間に入る確率に等しく，$100(1 − \alpha)$%となります．

この関係を示したのが図10-2です．図10-2では，上にtの分布，左に$\bar{X}$の分布を配置しています．$\bar{X}$の平均は母平均μです．また，斜めの直線は10.1式が表す直線です．

信頼区間は，「あらかじめ決めておいた確率で母数を含む」区間ですから，標本平均$\bar{X}$が$[\mu - t_0 \cdot SE,\ \mu + t_0 \cdot SE]$の間にあるときは母平均$\mu$を含み，その範囲から外れるときは母平均を含まないような区間を作れば，それが$100(1 − \alpha)$%信頼区間になります．

$[\mu - t_0 \cdot SE,\ \mu + t_0 \cdot SE]$の範囲において，標本平均$\bar{X}$が最も母平均より小さくなるのは，$\bar{X} = \mu - t_0 \cdot SE$（図中Aの点，以下同様）のときです．このときも信頼区間は母平均を含まなければなりませんから，$\bar{X}$の上に$t_0 \cdot SE$の幅を加えた区間を考えます（B）．そうすれば，信頼区間はギリギリ母平均μに届きます．

反対に，$[\mu - t_0 \cdot SE,\ \mu + t_0 \cdot SE]$の範囲において，標本平均$\bar{X}$が最も母平均より大きくなるのは，$\bar{X} = \mu + t_0 \cdot SE$のときです（C）．このときも信頼区間は母平均を含ま

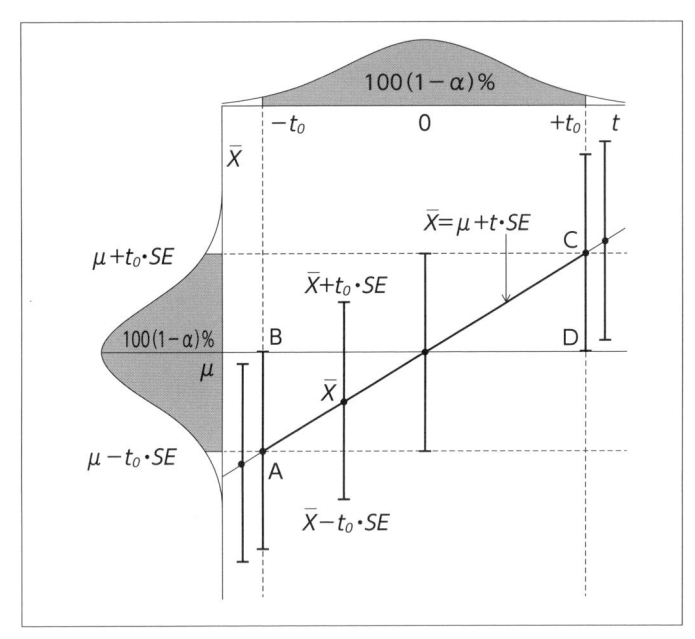

図 10-2　信頼区間の概念図

ければなりませんから，今度は $\bar{X}$ の下に $t_0 \cdot SE$ の幅を加えた区間を考えます（D）．そうすれば，信頼区間はギリギリ母平均 μ に届きます．

以上より，標本平均 $\bar{X}$ の上下に，常に $\pm t_0 \cdot SE$ の幅をとっておけば，$\bar{X}$ が $[\mu - t_0 \cdot SE, \mu + t_0 \cdot SE]$ の範囲にある間，母平均 μ を含む区間になります．したがって，1 群の平均値の信頼区間は，

$$[\bar{X} - t_0 \cdot SE,\ \bar{X} + t_0 \cdot SE] \tag{10.2}$$

と構成できます．

何らかの特殊能力のある子どもたちの IQ の平均値の 95％信頼区間を推定してみましょう．標本サイズは 50，標本平均は 108.72，標本標準偏差は 15.07 でした．また，自由度 $50 - 1 = 49$ の t 分布の上側 2.5％点の t 値は 2.01 です．これらより，母平均の 95％信頼区間は，

$$\left[108.72 - 2.01 \cdot \frac{15.07}{\sqrt{50}},\ 108.72 + 2.01 \cdot \frac{15.07}{\sqrt{50}}\right] = [104.4,\ 113.0]$$

と推定されます．

3 信頼区間と統計的検定の関係

統計的検定は帰無仮説を保持するか棄却するかを判断する分析法であり，信頼区間は母集団値を推定する方法で，一見あまり関係がないように思われるかもしれません．しかし，実際には，両者には密接な関係があります．本節では，いくつかの標本を用いながらその

表 10-2　いくつかの標本における p 値と信頼区間

標本	n	M	SD	p	95% L	95% U
1	10	105	15	.318	94.3	115.7
2	50	105	15	.023	100.7	109.3
3	100	105	15	.001	102.0	108.0
4	10	110	15	.064	99.3	120.7
5	10	111	15	.045	100.3	121.7
6	1000	101	15	.034	100.1	101.9

$H_0 : \mu = 100$.

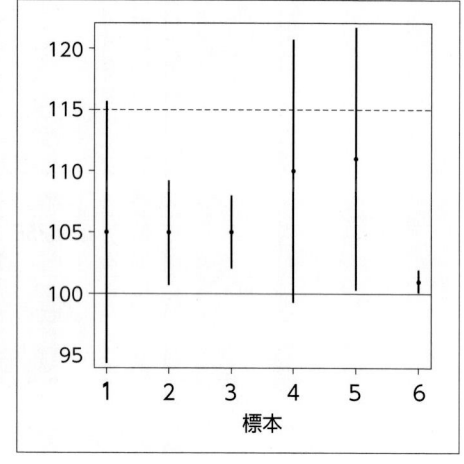

図 10-3　信頼区間のいくつかの状況

関係をみていきます．標本の概要を**表 10-2** に，信頼区間を**図 10-3** に示します．

標本サイズの影響

　表 10-2 の標本 1，2，3 は，同一の母集団から抽出した標本で，いずれも平均 105，標準偏差 15 となっています．異なるのは標本サイズで，10，50，100 となっています．p 値をみると，標本 1 は .318 で統計的に有意ではなく，標本 2 は 5％水準で有意，標本 3 は 1％水準で有意になっています．標本平均の値は同じなのに，標本サイズが大きくなるだけで統計的に有意になっていますから，これらの結果は，9.3 節でみたように，標本サイズが検定結果に影響していることを示しています．

　これに対し，95％信頼区間は，標本 1 は [94.3, 115.7]，標本 2 は [100.7, 109.3]，標本 3 は [102.0, 108.0] となっており，標本サイズが大きいほど区間幅が狭くなっています．同じ信頼係数でも区間が狭いということは，それだけ推定の精度が高いということです．10.2 式にあるように，信頼区間の幅は標準誤差を反映するように構成されています．標本サイズが大きいほど標準誤差は小さくなりますから，標本サイズが大きいほど信頼区間の幅は狭くなるのです．

　このように，標本サイズが大きいだけで有意になるという重大な欠陥をもつ統計的検定に対し，信頼区間（区間推定）は，標本サイズが大きいほど推定精度が高くなるという望ましい性質をもっています．

検定結果と信頼区間の位置の関係

　表 10-2 の p 値と**図 10-3** の信頼区間を見比べると，p 値が .05 より大きいときは信頼区間は 100 という値を含み，p 値が .05 より小さいときは 100 を含んでいないことが分かります．100 は帰無仮説で設定した母平均の値です．

　いま述べたことは，次のようにまとめることができます．統計的検定の結果が 5％水準で有意になるとき，95％信頼区間は帰無仮説で設定した母集団値を含まず，5％水準で有意にならないとき，95％信頼区間は帰無仮説で設定した母集団値を含みます．信頼区間

をみれば統計的検定の結果も分かるということです．

さらにいうと，信頼区間に含まれる値を母集団値に設定しても棄却されず，信頼区間に含まれない値を母集団値に設定すると棄却されます．つまり，$100(1-\alpha)$％信頼区間は「有意水準αの統計的検定で棄却されない母集団値の範囲」と解釈することもできます．

例えば，何らかの特殊能力をもった子どもたちのIQの平均値の95％信頼区間が［104.4, 113.0］であったとき，「$H_0: \mu = \mu_0$」という帰無仮説は，μ_0に［104.4, 113.0］の間の値を設定するかぎり棄却されません．確かに，9.2節において「$H_0: \mu = 105$」は棄却されていません．

標本サイズは小さいが有意

表10-2の標本4と標本5は，どちらも標本サイズが10，標準偏差が15です．異なるのは標本平均で，標本4は110，標本5は111です．p値をみると，標本4は.064で統計的に有意ではなく，標本5は.045で5％水準で有意になっています．統計的検定だと，標本4と標本5で異なる結論になりますが，これがデータのもつ情報を適切にとらえているかは，よく考える必要があります．

信頼区間をみると，標本5はギリギリ100から外れて統計的に有意になっているだけで，標本4も標本5も，信頼区間は約100から約120と広い範囲になっており，大きな違いはありません．したがって，いずれの標本においても，不確かな推定しかできていないと考えるのが妥当なところです．そうしたほうが，標本平均のわずかな違いに影響されず，より適切にデータのもつ情報を表現しているといえます．

標本サイズが大きいと有意になりやすいという統計的検定の性質を考えると，標本サイズが小さくて有意になっているのだから，それだけ強くものがいえると考えたくなるかもしれませんが，それは誤りです．標本サイズが小さければ，推定精度が落ち，データに対する信頼感は低くなります．信頼性に乏しいデータから強力な結論が出てくることはありません．

わずかな差だが有意

標本6は，標本サイズが1000，平均が101，標準偏差が15です．p値は.034で5％水準で有意になっています．したがって，統計的検定では母平均は100より大きいと判断されますが，やはり，これがデータのもつ情報を適切にとらえているかはよく考える必要があります．

信頼区間はおよそ100から102です．標準偏差が15という状況で，この程度の平均値の違いに実質的な意味があるといえるでしょうか？統計的には有意かもしれませんが，実質的な有意性はないと判断したほうがよいかもしれません．

標本サイズが大きい状況でわずかな差しかみられなかったら，母集団においてもその程度の差しかないと考えるのが自然です．それが，統計的に有意になった途端，大きな差があるように解釈するのは誤りです．検定結果やp値だけでなく，実際の平均値などの値もよくみて，結果の解釈を行う必要があります．標本サイズが大きい場合には，統計的には有意でも実質的には有意ではないと解釈されることが多々あります．

統計分析がブラックボックス化すると，有意という言葉に騙されやすくなります．そうならないためにも，分析の論理をきちんと理解しておくことが必要です．

4 信頼区間を用いた標本サイズの設計

先にみたように，標本サイズが大きいほど信頼区間の幅は狭くなります．このことを逆に使って，信頼区間の幅をどれくらいにしたいかということから，必要な標本サイズを求めることができます．

1群の平均値の信頼区間は10.2式で推定されます．ここで，信頼区間の半幅の大きさを，データ分布の標準偏差の何割以下にしたいかという値hを考えます．式で表すと次のようになります．

$$h \geq \frac{t_0 \cdot SE}{s} = \frac{t_0 \cdot s / \sqrt{n}}{s} = \frac{t_0}{\sqrt{n}}$$

この式をnについて解くことにより，

$$n \geq \frac{t_0^2}{h^2} \tag{10.3}$$

を得ます．t_0は自由度$n-1$のt分布における上側確率$\alpha/2$点のt値で，nの関数になっていますが，10.3式を満たすnを探すことは可能です．したがって，10.3式を満たす最小のnを求めれば，それが最小限必要な標本サイズになります．

例えば，hの値を0.5，すなわち95%信頼区間の半幅を標準偏差の半分の大きさ以下にしたい場合を考えます．$n=17$で計算すると，自由度$17-1=16$の上側確率2.5%点のt値は2.12なので，

$$\frac{t_0^2}{h^2} = \frac{2.12^2}{0.5^2} = 17.98 > 17 = n$$

表10-3 標本サイズと信頼区間の幅の関係

信頼区間を構成する統計量	1群あたりの標本サイズ	備考
1群の平均値 対応のない2群の平均値の差 対応のある2群の平均値の差	t_0^2/h^2 $2t_0^2/h^2$ $2(1-r)t_0^2/h^2$	h：データ分布のSDに対する信頼区間の半幅の割合 t_0：当該自由度のt分布の上側$\alpha/2$点の値 r：2群のデータの相関係数
相関係数 対応のない2群の相関係数の差	$z_0^2/h^2 + 3$ $2z_0^2/h^2 + 3$	h：信頼区間の半幅 z_0：標準正規分布の上側$\alpha/2$点の値 p, p_1, p_2：予想される標本比率 　　　　予想できない場合は0.5とする
1群の比率 対応のない2群の比率の差	$p(1-p)z_0^2/h^2$ $[p_1(1-p_1)+p_2(1-p_2)]\,z_0^2/h^2$	

2群の平均値において，2群のデータ分布のSDは等しいと仮定している．
相関係数については，フィッシャーのz変換を行っている．

となり 10.3 式を満たしませんが，$n=18$ とすると，自由度 $18-1=17$ の上側確率 2.5%点の t 値は 2.11 なので，

$$\frac{t_0^2}{h^2} = \frac{2.11^2}{0.5^2} = 17.81 \leqq 18 \ = n$$

となり 10.3 式を満たします．したがって，1 群の平均値の 95% 信頼区間の半幅を，標準偏差の半分以下にしたければ，標本サイズを 18 以上にすればよいことが分かります．

表 10-3 に，平均値，相関係数，比率の分析をするときに必要な標本サイズを示す関数を示します．また，この関数に基づいて算出した標本サイズを **付表 2 ～ 8** に示します．

例えば，2 群の平均値の差の 95% 信頼区間の半幅を，データ分布の標準偏差の半分以下の大きさにしたいとき，対応のない 2 群の場合は，**付表 3** より，各群 32 名ずつの合計64 名，対応のある 2 群（ただし 2 群の相関係数は分からない）の場合は，**付表 4** より，34 名のデータを集める必要があることが分かります．また，これらのことから，同じ推定精度を得るために，対応のないデータでは対応のあるデータに比べより大きな標本を必要とすることも理解されます．

なお，平均値に関する推定において，信頼区間の半幅をどの程度に設定したらよいかよく分からない場合には，標準偏差の半分，すなわち，$h=0.5$ としておくのも 1 つの方法です．これは，私たち人間が識別できるのはせいぜい 5 ～ 7 段階で，およそ $\pm 0.5s$ 以内なら同等，それをこえたら別カテゴリと認知していることなどによります．

chapter 11 | 2群の平均値に関する推測

　本章では，2群の平均値の検定および推定を行う方法について説明します．2群の平均値が異なることをいいたい場合だけでなく，2群の平均値が同等であることを主張したい場合の分析法についても紹介します．

　構成概念の測定においては，尺度の単位に意味を付与することは困難です．それゆえ，平均値の差も，標準化して評価する必要があります．それを行うものとして，効果量というものが考えられています．本章では，平均値差の効果量についても説明します．

1 対応のある2群の平均値の分析

　3.2節で説明したように，対応のあるデータとは，ある1つの変数を，異なるいくつかの条件下で測定しているデータです．ここでは，新入生における，教養科目と専門科目に対する学習意欲について，両群の平均値に差があるといえるかどうかを検討します．

　表11-1にデータの一部と記述統計量を示します．237名の新入生に，教養科目および専門科目の学習意欲について回答してもらったところ，平均値と標準偏差は，教養科目16.72 (2.12)，専門科目17.01 (2.40) でした．このデータを用いて，統計的検定と信頼区間の推定を行います．なお，有意水準は5%とします．今後も，とくに断りのないかぎり，有意水準は5%とします．

　統計的検定の帰無仮説は「$H_0: \mu_1 = \mu_2$」，対立仮説は「$H_1: \mu_1 \neq \mu_2$」です．ここで，$\mu_d = \mu_1 - \mu_2$とすると，これらの仮説は「$H_0: \mu_d = 0$」，「$H_1: \mu_d \neq 0$」と書くことができます．

　帰無仮説「$H_0: \mu_d = 0$」は，「教養科目と専門科目の学習意欲の差得点の母平均値は0である」と考えることができ (6.1節)，差得点という1つの変数の平均値に関する仮説になります．したがって，対応のある2群の平均値の検定は，差得点に関する1群の平均値の検定に置き換えることができます．つまり，差得点に関して，9.1式のt統計量を用いてt検定を行うことができます．分析結果を表11-2に示します．

表11-1　学習意欲データと記述統計量

番号	教養科目	専門科目
1	17	18
2	16	14
3	16	18
⋮	⋮	⋮
237	14	12

	n	M	SD	r
教養科目	237	16.72	2.12	.43
専門科目		17.01	2.40	

表 11-2　学習意欲データの分析結果

mean diff.	SE	df	t	p	95%L	95%U
−0.29	0.157	236	−1.85	.065	−0.60	0.02

mean diff.：平均値差．

　教養科目と専門科目の学習意欲の差得点の標本平均および標準偏差は，実際に各個体の差得点を算出して求めることもできますし，教養科目と専門科目の学習意欲の平均値，標準偏差，それと相関係数が分かっていれば，6.3，6.4，6.8式を用いて，次のように計算することもできます．

$$\bar{X}_d = \bar{X}_1 - \bar{X}_2 = 16.72 - 17.01 = -0.29$$

$$s_d = \sqrt{s_1^2 + s_2^2 - 2rs_1s_2} = \sqrt{2.12^2 + 2.40^2 - 2 \cdot 0.43 \cdot 2.12 \cdot 2.40} = 2.42$$

　これらの値から，教養科目と専門科目の学習意欲の差得点について，平均値の標準誤差とt値を計算すると，次のようになります．

$$SE = \frac{s_d}{\sqrt{n}} = \frac{2.42}{\sqrt{237}} = 0.157$$

$$t = \frac{\bar{X}_d - \mu_d}{SE} = \frac{-0.29 - 0}{0.157} = -1.85$$

帰無仮説「$H_0: \mu_d = 0$」が正しいとしたもとで，このt統計量は自由度$237 - 1 = 236$のt分布に従います．自由度236のt分布の上側確率2.5%の値は1.97ですから，−1.85は統計的に有意ではありません．確かにp値も0.065となっており，0.05を上回っています．したがって，帰無仮説「$H_0: \mu_d = 0$」は棄却されず，教養科目と専門科目の学習意欲の平均値に差があるとはいえないという結論が導かれます．

　95%信頼区間の下限と上限は次のように計算されます．

$$L = -0.29 - 1.97 \cdot 0.157 = -0.60$$
$$U = -0.29 + 1.97 \cdot 0.157 = 0.02$$

　したがって，95%の確率でμ_dを含む区間は[−0.60, 0.02]であり，このデータで棄却されないμ_dの範囲は−0.60から0.02であることが分かります．

2　対応のない2群の平均値の分析

　対応のないデータとは，ある1つの変数を，異なるいくつかの集団において測定したデータです．ここでは，入院時における不安について，ビデオを視聴することによって事前説明を受けた群と，看護師から直接説明を受けた群とで，不安得点の平均値に差があるといえるかどうかを検討します．統計的検定の帰無仮説は「$H_0: \mu_1 = \mu_2$」，対立仮説は「$H_1: \mu_1 \neq \mu_2$」です．

　表 11-3 にデータの一部と記述統計量を示します．ビデオで説明を受けた患者は103名，

表 11-3　術前不安データと記述統計量

番号	説明	不安
1	ビデオ	32
2	ビデオ	23
3	ビデオ	28
⋮	⋮	⋮
197	看護師	21

	n	M	SD
ビデオ	103	27.04	4.32
看護師	94	25.44	6.22

看護師から説明を受けた患者は 94 名で，不安得点の平均と標準偏差は，ビデオ群 27.04 (4.32)，看護師群 25.44 (6.22) です．

対応のあるデータの場合は，差得点をとることによって，2 群の平均値の比較を，1 群の平均値の推測に置き換えることができましたが，対応のないデータでは差得点をとることができないので，そのような方法は使えません．

しかし，対応のない 2 群の場合も，標本抽出を繰り返し，そのつど標本平均の差を計算して，標本平均の差の標本分布を作るということは想像可能です．したがって，その標本分布の標準偏差，すなわち，対応のない 2 群の標本平均の差の標準誤差が分かれば，t 統計量を用いて，平均値の差の検定を行うことができると考えられます．

対応のあるデータと対応のないデータの違いは，対応のないデータでは各群の人数が異なりうることと，データに相関関係がないことです．そこで，対応のある 2 群の平均値の差の標準誤差を求める式において，各群の人数を n_1 および n_2 とし，さらに相関係数を 0 として，標準誤差の式を次のように変形します．

$$\frac{s_d}{\sqrt{n}} = \sqrt{\frac{s_d^2}{n}} = \sqrt{\frac{s_1^2 + s_2^2 - 2rs_1s_2}{n}}$$

$$= \sqrt{\frac{s_1^2}{n} + \frac{s_2^2}{n} - \frac{2rs_1s_2}{n}}$$

$$\rightarrow \sqrt{\frac{s_1^2}{n_1} + \frac{s_2^2}{n_2} - \frac{2 \cdot 0 \cdot s_1 s_2}{n}}$$

この式から，対応のない 2 群の標本平均の差の標準誤差は次式で推定されると考えることができます．

$$SE = \sqrt{\frac{s_1^2}{n_1} + \frac{s_2^2}{n_2}} \tag{11.1}$$

ここでもし，各群の母分散が同じ値だったら，標本分散 s_1^2, s_2^2 は同じ母分散の推定値ということになります．このような場合は，11.2 式のように共通の母分散の推定値 s_*^2 を構成します．

$$s_*^2 = \frac{(n_1-1)s_1^2 + (n_2-1)s_2^2}{(n_1-1)+(n_2-1)} = \frac{(n_1-1)s_1^2 + (n_2-1)s_2^2}{n_1+n_2-2} \tag{11.2}$$

11.2 式で構成される s_*^2 は，s_1^2 と s_2^2 の平均値のようなものです．各群の人数が異なる

ため，人数による重みをつけています．

この s_*^2 を 11.1 式に代入した場合は，対応のない 2 群の標本平均の差の標準誤差は，

$$SE = \sqrt{\frac{s_*^2}{n_1} + \frac{s_*^2}{n_2}} = \sqrt{s_*^2 \left(\frac{1}{n_1} + \frac{1}{n_2} \right)} \tag{11.3}$$

と推定されます．

対応のない 2 群の平均値の検定を行う検定統計量は次のように構成されます．

$$t = \frac{(\bar{X}_1 - \bar{X}_2) - (\mu_1 - \mu_2)}{SE} \tag{11.4}$$

ここで，帰無仮説を「$H_0 : \mu_1 = \mu_2$」とすれば，t は，

$$t = \frac{\bar{X}_1 - \bar{X}_2}{SE} \tag{11.5}$$

となります．

対応のない 2 群の平均値の比較において，標準誤差の計算にあたっては，11.1 式と 11.2 式というように 2 つの方法があります．t 検定は 2 群の母分散は等しいということを前提にしています．この前提条件が満たされるときは 11.2 式を用いればよいのですが，この前提条件が満たされないときは，11.1 式を用いたうえに，自由度の調整という補正が必要になってきます．この補正された検定は，ウェルチ（Welch）の検定とよばれることがあります．

入院時における不安のデータを用いて，分析手続きをみていきます．母分散が等しいという前提が満たされるかどうかでその後の過程が異なりますから，まず，帰無仮説を「$H_0 : \sigma_1^2 = \sigma_2^2$」，対立仮説を「$H_1 : \sigma_1^2 \neq \sigma_2^2$」として，等分散性の検定を行います．この帰無仮説が正しいとしたもとで，次式の検定統計量 F は，自由度 $n_1 - 1$，$n_2 - 1$ の F 分布に従います．

$$F = \frac{s_1^2 / (n_1 - 1)}{s_2^2 / (n_2 - 1)} \tag{11.6}$$

表 11-4 術前不安データの分析結果

a 等分散性の検定

variance	v ratio	df	F	p	95%L	95%U
18.63 38.70	0.48	102 93	0.481	.000	0.32	0.72

b 平均値の差の検定

mean diff.	SE	df	t	p	95%L	95%U
1.6	0.76 0.77	195 163.8	2.12 2.08	.036 .039	0.11 0.08	3.10 3.12

上段：等分散性を仮定した場合．下段：等分散性を仮定しない場合．

等分散性の検定の結果を**表 11-4a** に示します．F 値は統計的に有意になっているので，帰無仮説を棄却します．すなわち，ビデオ群と看護師群で，不安得点の分散が等しいとはいえないと判断し，平均値の差の検定ではウェルチの検定を行うことにします．

表 11-4b に平均値の差に関する分析結果を示します．表には，等分散性を仮定した場合の結果も載せてあります．等分散性を仮定した場合と仮定しない場合とで標準誤差や自由度の値が異なり，それによって，t 値や p 値，信頼区間の範囲が違ってきていることが分かります．等分散性を仮定した場合の自由度は，各群の自由度の和 $(n_1-1)+(n_2-1) = n_1+n_2-2$ になります．

表 11-4b においては，いずれにしろ t 値は統計的に有意で，帰無仮説「$H_0：\mu_1=\mu_2$」は棄却されます．したがって，看護師から説明を受けた患者群よりも，ビデオにより説明を受けた患者群のほうが，入院時の不安得点の平均値は高いという結論になります．また，信頼区間から，このデータで棄却されない母平均値差の範囲は $[0.08, 3.12]$ であることが分かります．

3　平均値の非劣性，同等性

2 群の平均値の比較にあたって，両者は異なるという主張は，帰無仮説を「$H_0：\mu_1=\mu_2$」とし，両側検定を行うことによって検討されます．また，一方が他方に勝るという主張は，「$H_0：\mu_1 \leq \mu_2$」という帰無仮説を立て，片側検定を行うことによって検討できます．これらは，いずれも 2 群の平均値は等しくないことを主張するものです．

しかし，2 群の平均が同等であるとか，少なくとも一方が他方に劣らないということを主張したい場合もあります．例えば，効能は従来薬と同程度であったとしても，生産コストが格段に低く抑えられれば，新薬を開発する意味があります．また，学習内容の理解にあたって，補習教育が必要で補習教育を行った群と，補習教育の必要はなく補習教育を行わなかった群で，テスト得点の比較をした場合，補習教育を行った群の平均値が，補習教育を行わなかった群の平均値に劣らなければ，補習教育の効果はあったといえます．

2 群の平均値に差がないとか，劣らないということをいうにはどうしたらよいでしょうか？帰無仮説「$H_0：\mu_1=\mu_2$」が棄却されず，保持されればよいでしょうか？

9.3 節でみたように，統計的検定の結果は標本サイズに影響されます．標本サイズが大きければ，検定統計量の値が大きくなり，統計的に有意になります．反対に標本サイズが小さければ，検定統計量の値は小さくなり，有意にならなくなります．したがって，帰無仮説が保持されたとしても，それは標本サイズが小さいためであるということが生じます．もっというと，帰無仮説が保持されることをもって 2 群の平均値に差がないことが主張できるとすれば，データを集めなければよいということになります．しかし，どう考えてもこれは不合理です．

帰無仮説はもともと，保持されることは望まれておらず，棄却されることが望まれている仮説です．統計的検定で強い主張ができるのは，帰無仮説を棄却して，対立仮説を採択した場合なのです．

だとしたら，劣らないこと強くいうためには，帰無仮説として「一定程度以上に劣る」

表 11-5 補習効果データと記述統計量

番号	補習	成績
1	あり	55
2	あり	82
3	あり	51
⋮	⋮	⋮
825	なし	42

	n	M	SD
あり	188	58.68	9.22
なし	637	60.26	9.71

という仮説を立て，それを棄却することが考えられます．「一定程度以上に劣る」が棄却されれば，「一定程度以上劣ることはない」と強く主張することができます．

具体例として，補習あり群のテストの平均値が，補習なし群の平均値に劣らないかどうかを検討することを考えます．表 11-5 にデータの一部と記述統計量を示します．補習あり群は 188 名，補習なし群は 637 名です．また，各群の平均と標準偏差は，補習あり群 58.68（9.22），補習なし群 60.26（9.71）です．

平均値が劣ってもいいレベルを考えます．これを非劣性マージン（non-inferiority margin）または同等性マージン（equivalence margin）といい，Δで表します．平均値の場合，Δには標準偏差の 3 分の 1 の大きさがよく用いられます．いまの例でΔの大きさをどうするかについては，2 通りの考え方があります．1 つは，基準となる補習なし群の標準偏差の値を用いる方法，もう 1 つは，11.2 式を利用して平均的な分散の値を求め，その平方根を用いる方法です．非劣性マージンの大きさは，前者では 9.71/3 = 3.24，後者では 9.60/3 = 3.20 となります．

次に，「帰無仮説 $H_0: \mu_1 \leq \mu_2 - \Delta$」の検定をします．$\mu_1$ が補習あり群の母平均，μ_2 が基準となる補習なし群の母平均です．この仮説が棄却されれば，「$H_1: \mu_1 > \mu_2 - \Delta$」を採択し，補習あり群の母平均は，補習なし群に劣ったとしてもΔまでで，それ以上劣ることはないと主張できます．

10.3 節でも述べたように，信頼区間は帰無仮説が棄却されない範囲ですから，ここでは，検定を行うかわりに，信頼区間の範囲を使って非劣性を検討することにします．

帰無仮説「$H_0: \mu_1 \leq \mu_2 - \Delta$」は，「$H_0: \mu_1 - \mu_2 \leq -\Delta$」と変形できます．したがって，$\mu_1 - \mu_2$ の信頼区間に $-\Delta$ が含まれたら，帰無仮説は棄却されず，非劣性はいえないことになります．反対に，信頼区間の下限が $-\Delta$ 以上になって，信頼区間が $-\Delta$ を含まない場合は，帰無仮説は棄却され，非劣性を主張することができます．

いまの例では，95% 信頼区間の下限は表 11-6 に示すように -3.14 ですから，$-\Delta$ すなわち -3.24（あるいは -3.20）を上回っています．したがって，補習あり群の平均値は補習なし群の平均値に劣りはしないと主張できます．

劣らないこと（非劣性）が分かったとなると，同等とまでいえるかに関心が出てきます．そこで次に，同等性の検証を行います．帰無仮説「$H_0: \mu_1 - \mu_2 < 0$」が棄却されれば，対立仮説「$H_1: \mu_1 - \mu_2 \geq 0$」を採択することができ，$\mu_1$ は μ_2 に等しいかそれ以上であると主張できます．これを信頼区間で考えると，片側 5%（両側にすると 10%）の棄却域になるので，90% 信頼区間の下限が 0 以上になるとき，同等以上が主張できることになります．

表 11-6　補習効果データの分析結果

mean diff.	SE	df	t	p	Lower	Upper
−1.58	0.80	823	−1.98	.048	−3.14	−0.02
					−2.89	−0.27

上段：95%CI．下段：90%CI．

表 11-7　非劣性，同等性の分析の手続き

(1) 非劣性がいえるかどうかを検討したい群の母平均を μ_1，基準となる群の母平均を μ_2 とする．
(2) 非劣性マージンの大きさ Δ を決める．
(3) $\mu_1 - \mu_2$ の 95% 信頼区間を求める．
　　下限 $< -\Delta$ であれば非劣性はいえず，分析を終了する．
　　下限 $\geq -\Delta$ であれば非劣性がいえ，次に進む．
(4) $\mu_1 - \mu_2$ の 90% 信頼区間を求める．
　　下限 < 0 であれば同等性はいえず，非劣性までの主張となり，分析を終了する．
　　下限 ≥ 0 であれば同等以上がいえ，次に進む．
(5) $\mu_1 - \mu_2$ の 95% 信頼区間を再びみる．
　　下限 ≤ 0 であれば優越性はいえず，同等性までの主張となり，分析を終了する．
　　下限 > 0 であれば優越性が主張できる．

いまの例では，90% 信頼区間の下限は −2.89 で 0 以上にはなっていませんから，同等以上はいえず，非劣性までの主張となります．

仮に同等以上がいえた場合には，さらに優越性がいえるかも検討できます．同等以上がいえたもとで，帰無仮説「$H_0 : \mu_1 - \mu_2 = 0$」が棄却されれば，「$H_0 : \mu_1 - \mu_2 > 0$」が採択され，μ_1 が μ_2 に優越していることがいえます．これは 95% 信頼区間の下限が 0 を上回るかどうかで検証できます．

以上の非劣性，同等性の分析の手続きをまとめると，**表 11-7** のようになります．

4　効果量

平均値差の効果量

構成概念の測定においては，尺度の単位に意味を付与することは困難です．したがって，学習意欲や不安得点などの平均値の差がいくつだといっても，それが実際どの程度の意味をもつのか，平均値差の値から理解することはできません．同じ概念を測る別の尺度を用いたら，平均値差の大きさは変わってしまうからです．

構成概念の測定で単位が定まらないことへの対処として，5.5 節では，データを標準化することを考えました．すなわち，各データを，標準的な偏差の大きさに対する，平均からの偏差の割合に相対化して，もとの尺度の平均値や標準偏差の違いによらない議論ができるようにしました．

この考え方を用いて，平均値差の大きさをとらえるにあたって，標準偏差に対する平均値差の割合というように相対的な評価をすれば，その意味を解釈することができます．このようにして定義される量を，効果量（effect size）といいます．なお，ここで定義している効果量は，標準化された平均値差という狭義の効果量です．広義の効果量には，相関

係数などが含まれます．

母集団における平均値差の効果量は次式で定義されます．

$$\delta = \frac{\mu_1 - \mu_2}{\sigma} \tag{11.7}$$

母集団効果量は未知ですから，標本からその値を推定します．いくつかの標本効果量が提案されていますが，代表的なものは以下の3つです．

$$\text{Cohen の } d = [\bar{X}_1 - \bar{X}_2] \Big/ \sqrt{\frac{n_1 S_1^2 + n_2 S_2^2}{n_1 + n_2}} \tag{11.8}$$

$$\text{Hedges の } g = [\bar{X}_1 - \bar{X}_2] \Big/ \sqrt{\frac{(n_1-1)s_1^2 + (n_2-1)s_2^2}{(n_1-1) + (n_2-1)}} \tag{11.9}$$

$$\text{Glass の } \Delta = \frac{\bar{X}_e - \bar{X}_c}{s_c} \tag{11.10}$$

Cohen の d は，標準偏差の推定にあたって，標本サイズを分母とした分散（S^2）を用いているので，母集団効果量の推定というよりは，当該標本における効果量に関心があるといえます．これに対し Hedges の g は，標準偏差の推定に不偏分散（s^2）を使っているので，母集団効果量の推定に関心があるといえます．Glass の Δ は，標準偏差の推定に片方の群のデータしか用いていません．これは例えば，実験群の平均値 $\bar{X}_e$ と対照群の平均値 $\bar{X}_c$ の差が，対照群の標準偏差 s_c に対してどれくらいの割合であるかのように，対照群を基準としたときの実験条件の効果に関心がある場合に利用できる標本効果量と考えられ

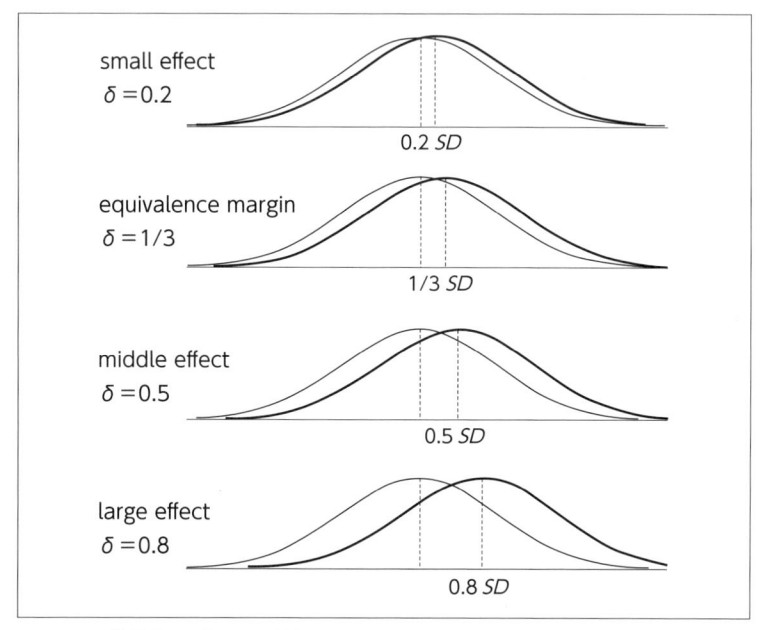

図 11-1　効果量とデータの分布

ます．

図 11-1 に，いくつかの効果量の値におけるデータ分布の状況を示します．$δ = 0.2$ を小さな効果，$δ = 0.5$ を中程度の効果，$δ = 0.8$ を大きな効果ということがあります．また，$δ = 1/3$ は非劣性マージンに相当します．つまり，このくらいの差までだったら劣らないと考える状況を描いています．

11.2 節のビデオ群と看護師群の不安得点の効果量（Hedges の g）は，$(27.04 - 25.44)/5.31 = 0.30$ となります．また，11.3 節の補習教育の有無の効果量は，$(58.68 - 60.26)/9.6 = -0.16$ となります．

効果量と検定統計量の関係

9.3 節において，標本サイズが大きくなるだけで検定統計量の大きさは大きくなることを述べました．そのときの 9.2 式をみると，最右辺の掛け算の左側の項は，分子が標本平均と母平均の差，分母が標準偏差になっていて，効果量の形をしています．等分散性が仮定される対応のない 2 群の平均値の検定の t 統計量は，11.2，11.3，11.5，11.9 式から，

$$t = g \cdot \sqrt{\frac{n_1 n_2}{n_1 + n_2}}$$

と書くことができます．より一般には，

$$検定統計量 = 標本効果量 \cdot \sqrt{標本サイズ（のようなもの）} \tag{11.11}$$

という関係が成り立ちます．標本サイズを大きくすれば，標本効果量は母集団効果量に近くなります．一方，標本サイズを大きくすると，「標本サイズ（のようなもの）」の平方根はどんどん大きくなります．したがって，標本サイズを大きくすると，検定統計量の値は大きくなり，どんなに小さな効果量でも統計的に有意になってしまいます．

効果量と信頼区間の関係

対応のない 2 群の平均値差の推定に関して，10.4 節で，信頼区間の半幅を標準偏差の何割にしたいかを考えることで標本サイズの設計を行いましたが，これは信頼区間の幅を効果量でとらえているといえます．例えば，信頼区間の半幅を標準偏差の 0.5 倍にするということは，信頼区間の半幅を $0.5s$ にするということで，効果量 $δ = 0.5$ に相当します．

半幅が $0.5s$ の信頼区間が平均値差 0 という値を含むとすれば，標本平均の差の大きさは $0.5s$ 以下で，効果量も 0.5 以下です．反対に，半幅が $0.5s$ の信頼区間が平均値差 0 を含まないとすれば，標本平均の差の大きさは $0.5s$ より大きく，効果量も 0.5 より大きくなります．

また，信頼区間は，統計的検定で棄却されない母集団値の範囲と解釈できましたから，信頼区間が平均値差 0 を含めば，帰無仮説「$H_0 : \mu_1 = \mu_2$」は保持され，信頼区間が平均値差 0 を含まなければ「$H_0 : \mu_1 = \mu_2$」は棄却されます．

以上より，信頼区間の半幅を標準偏差の 0.5 倍にするように標本サイズを設計するということは，標本効果量が 0.5 以下の場合は「$H_0 : \mu_1 = \mu_2$」を保持し，標本効果量が 0.5

より大きくなる場合は「$H_0: \mu_1 = \mu_2$」を棄却するというように，標本サイズを設定することになります．

🕊 メタ分析

　効果量を考えることにより，平均値の差を，標準偏差に対する平均値差の割合と相対化して解釈できるようになりましたが，その値が大きいのか小さいのかということについては依然として判然としません．しかし，効果量は尺度の仕様にとらわれない指標なので，複数の同様の研究で効果量を求め，それらを統合して議論するということを可能にします．このような分析をメタ分析（meta-analysis）といいます．

　個々の研究は標本変動の影響を受け，効果があるという結論になったり，効果がないという結論になったりします．しかし，それらの結果を統合すれば，標本変動の影響は相殺され，一定の結論が導かれると考えられます．

　メタ分析に対しては，仮に同じ変数を扱っているとしても，多種多様な研究をごちゃ混ぜにして何の意味があるのか，公刊されない（多くの場合，効果のみられない）研究結果は統合されず，偏った結論になるなどの批判があります．

　これらの批判に対して，メタ分析では，収集する研究の枠組みや条件を事前に明確にする，効果がみられないという研究が何件あったらメタ分析の結果が覆されるかという件数を推定するなどの対策がなされています．

Column：高いのは共感性？攻撃性？

　対応のあるデータとか対応のないデータとかいっているとき，気をつけなければならないのは，対象としている変数は，ある特定の1つの変数だということです．したがって，例えば，同一の標本から得られた共感性得点と攻撃性得点は，多変量データではあっても，対応のあるデータにはなりません．それゆえ，共感性と攻撃性のどちらが高いかを，対応のある検定を行って比較するという議論は成立しません．

　それぞれの質問紙が5段階評定項目で構成されていて，尺度得点に平均得点を用いると，どちらの尺度得点も1〜5点の範囲になるので比較可能のように思われるかもしれませんが，共感性と攻撃性では変数が異なるので比較できません．同様に，共感性尺度の下位尺度間の比較もできません．身長（cm）と最高血圧（mmHg）の平均値を比べても意味がないことはスムーズに理解できると思いますが，構成概念の測定でも，状況はそれとまったく同じです．概念が異なれば比較できないのです．

　ただし，ある群では共感性の平均値のほうが攻撃性の平均値よりも高いのに対し，別の群では攻撃性の平均値のほうが共感性の平均値よりも高いというように，変数の違いを条件の違いととらえることができる状況においては，平均値の大小関係のパターンを比較することは可能です．その場合，それぞれの尺度得点を標準化しておくと，各群における共感性や攻撃性の平均値の相対的な位置が分かるので，より理解しやすくなります．

chapter 12 多群の平均値に関する推測

　前章では2群の平均値を扱いました．本章ではこれを拡張し，多群（2群以上）の平均値に関する推測を行う分析法，すなわち，分散分析について説明します．

　まず，要因計画や平方和の分割など，分散分析の基本的な概念について説明します．また，どの群間に差があるかを検討する多重比較法についても，その基本的な考え方を説明します．

　2群の場合，群分け変数（要因）は1つですが，多群の場合は，要因は1つ以上になります．そこで，まず要因が1つの場合の分散分析について説明し，その後，2要因の分散分析へと話を進めます．交互作用や単純効果などについても検討します．具体的な分析例を扱うのは12.2節以降ですので，そちらを先にみるのもよいと思います．

　分散分析の基本的な概念は，1要因および2要因の分析でほぼ理解できますので，本書では2要因までしか扱いませんが，理論的には3要因，4要因，…と要因を増やすことが可能です．実際の研究でも4要因くらいまで扱うことがあります．

1 分散分析

要因計画

　例えば，入院患者の年齢群別のうつ傾向の差異に関心があるとします．年齢群の水準を35～45歳，45～55歳，55～65歳とすると，3.2節でみたように，この群分けは対応のない要因になります．分散分析においては，対応のない要因のことを，伝統的に被験者間要因（between subject factor）とよんでいますので，本書でもこの用語を用いることにします．

　これに対し，例えば，同じ生徒集団が，チームティーチング，習熟度別授業，協同学習という，3つの学習法の学習充実感を評定した場合，学習法の違いは対応のある要因であり，分散分析では被験者内要因（within subject factor）といいます．

　分散分析では，被験者間要因または被験者内要因の各水準において，関心下の変数（従属変数）の母平均が等しいという帰無仮説を検定します．各水準の母平均が等しいという帰無仮説が棄却されるとき，その要因には主効果（main effect）があると判断されます．

　群を構成する説明変数すなわち要因は1つとは限りません．例えば，専攻への適応感の違いを，実験や実習が多い学科とそうでない学科という要因と，学生の進路希望の違いという要因の，異なる2つの要因から検討することもあります．このような場合は，実験や実習の多さおよび学生の進路希望の，それぞれの主効果だけでなく，2つの要因を組み合わせた交互作用（interaction）という効果の検討も必要になってきます．

研究仮説を考える場合には，水準単位ではなく，主効果や交互作用の効果単位で考える必要があります．例えば，45〜55歳の入院患者はうつ傾向が高いという仮説を立てた場合には，35〜45歳，および55〜65歳の入院患者のうつ傾向は低いということが同時に考えられているはずです．

このように，主効果について仮説を立てる場合は分かりやすいのですが，要因を組み合わせた交互作用になると，特定の条件の組み合わせのみに言及し，あとの組み合わせのことについては考慮していないという仮説をみかけることがあります．例えば，「実験や実習が多い学科で，進学希望の学生は，専攻への適応感が高い」という仮説を立てても，実験や実習が少ない学科でも進学希望の学生の適応感が高ければ，この仮説を吟味する意味はなくなります．実験や実習の多さに関係なく，進学希望の学生は適応感が高いからです．

複数の要因を組み合わせた研究を行う際には，すべての水準の組み合わせを考慮した，少なくともそれらを意識した仮説の設定が必要になります．例えば，「実験や実習の多さに関係なく，進学希望の学生はそうでない学生に比べ，専攻への適応感が高い」という具合です．

平方和の分割

多群の平均値が等しいという帰無仮説「$H_0: \mu_1 = \mu_2 = \cdots = \mu_a$」を検定する方法についてみていきましょう．図12-1は，対応のない3群のデータをひとまとめにしたデータのヒストグラムです．全体平均のところに線を引いてあります．図12-1をみると，個々のデータがどの群に属しているかは分かりませんが，全体平均の周りにデータが分布していることがみてとれます．

図12-2は，3群の平均値が散らばっている場合（a）と，3群の平均値が似通った値である場合（b）の，各群のヒストグラムです．実はこれらのグラフは，左側の3つのグラフ，右側の3つのグラフをそれぞれ積み重ねると，どちらも図12-1のヒストグラムになります．

図12-2をみると，aの図は各群の分布の位置が散らばってみえるのに対し，bの図は

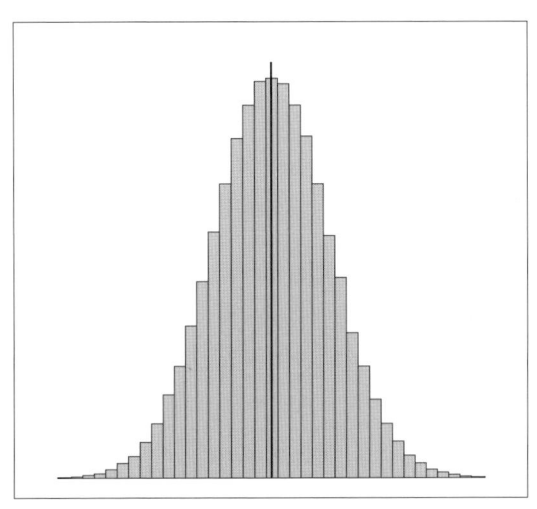

図12-1　全群あわせたときのデータ分布

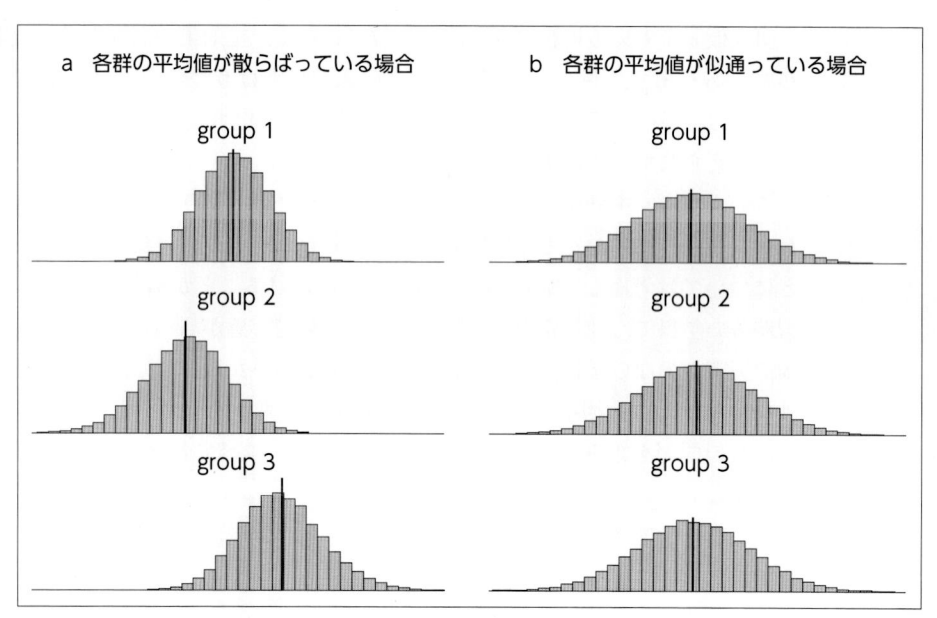

図 12-2 各群のデータ分布

どの群の分布もほぼ同じ位置にあるようにみえます．つまり，aの群分けの仕方では各群の平均値に差があり，bの群分けの仕方では各群の平均値にほとんど差が生じないということです．

このことから，何らかの要因によって群分けを行ったとき，各群の平均値が等しいかどうかを検討するためには，それぞれの群の平均値の散らばりを評価すればよさそうだという考えが浮かんできます．

データの散らばりをとらえるにあたって，5.3節では平均からの偏差の2乗を用いましたので，ここでも同様に考えてみます．第j群のi番目の被験者のデータをx_{ij}，第j群の平均を$\overline{x_{\cdot j}}$，全体平均を$\overline{x_{\cdot\cdot}}$とします．データ$x_{ij}$と全体平均$\overline{x_{\cdot\cdot}}$との偏差の2乗の式に，わざと群平均の項を入れて整理すると次のようになります．

$$\begin{aligned}(x_{ij}-\overline{x_{\cdot\cdot}})^2 &= (x_{ij}-\overline{x_{\cdot j}}+\overline{x_{\cdot j}}-\overline{x_{\cdot\cdot}})^2 \\ &= [(\overline{x_{\cdot j}}-\overline{x_{\cdot\cdot}})+(x_{ij}-\overline{x_{\cdot j}})]^2 \\ &= (\overline{x_{\cdot j}}-\overline{x_{\cdot\cdot}})^2+(x_{ij}-\overline{x_{\cdot j}})^2+\underbrace{2(\overline{x_{\cdot j}}-\overline{x_{\cdot\cdot}})(x_{ij}-\overline{x_{\cdot j}})}_{\text{全個体について合計したとき0になる}}\end{aligned} \quad (12.1)$$

12.1式の最右辺の第1項は群平均と全体平均の偏差の2乗，第2項はデータとそのデータが属する群平均の偏差の2乗です．第3項はそれらの偏差の掛け算ですが，この項は全個体について合計したとき0になります．このことから，12.1式の最左辺と最右辺を全個体について合計することにより，次の関係式を得ることができます．

$$\underbrace{(x_{ij}-\overline{x_{\cdot\cdot}})^2 \text{の合計}}_{\text{全体平方和}(SS_T)} = \underbrace{(\overline{x_{\cdot j}}-\overline{x_{\cdot\cdot}})^2 \text{の合計}}_{\text{群間平方和}(SS_A)} + \underbrace{(x_{ij}-\overline{x_{\cdot j}})^2 \text{の合計}}_{\text{残差平方和}(SS_R)} \quad (12.2)$$

12.2 式の左辺は各個体のデータと全体平均の偏差の2乗の合計で，全体平方和（total sum of squares）といわれ，SS_T と表されます．この項を「標本サイズ−1」で割れば，標本全体の分散になります．

12.2 式の右辺の第1項は，群平均と全体平均の偏差の2乗の合計で，群間平方和（sum of squares between groups）といわれ，SS_A などと表されます．

右辺の第2項は，各個体のデータとそのデータが属する群平均の偏差の2乗の合計で，残差平方和（residual sum of squares）または群内平方和（sum of squares within groups）といわれ，SS_R または SS_W などと表されます．残差平方和を群ごとに分割し，各群の「標本サイズ−1」で割れば，各群の分散になります．

12.2 式は，全体のデータの散らばりを，各群の平均値の散らばりと，各群におけるデータの散らばりに分割できることを示しており，これを平方和の分割（partition of sum of squares）といいます．

全体平方和が群間平方和と残差平方和に分割されることから，全体のデータの散らばりが同じであるとき，図 12-2a のように群平均の散らばりが大きいデータでは，群間平方

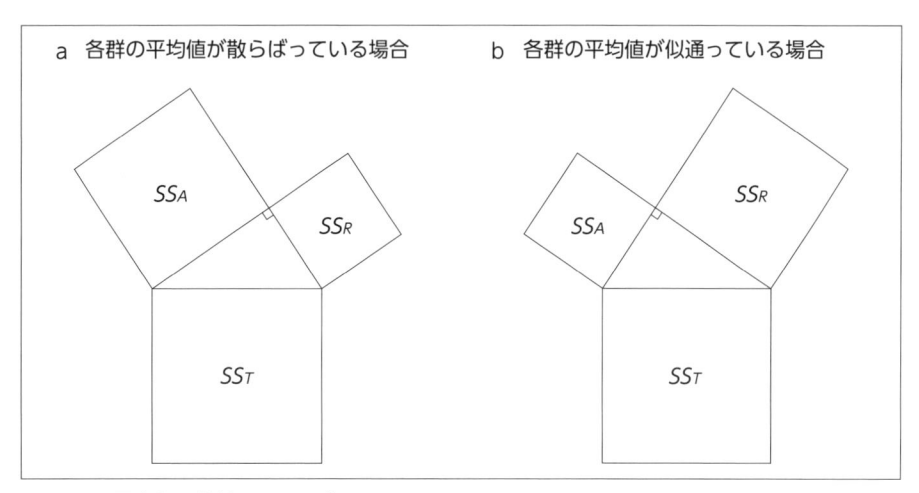

図 12-3　平方和の分割のイメージ

表 12-1　年齢群別のうつ得点データと記述統計量

年齢群	群内番号	うつ得点
40	1	29
40	2	32
⋮	⋮	⋮
40	73	24
50	1	24
50	2	28
⋮	⋮	⋮
50	81	36
60	1	23
60	2	36
⋮	⋮	⋮
60	84	20

group	n	M	SD
35〜45 歳（40）	73	26.56	5.71
45〜55 歳（50）	81	29.26	7.09
55〜65 歳（60）	84	27.51	6.69
全体	238	27.82	6.62

カッコ内は階級値．

和が大きくなる一方，残差平方和は小さくなり，反対に，**図12-2b** のように群平均の散らばりが小さいデータでは，群間平方和が小さくなる一方，残差平方和が大きくなることが分かります．**図12-3** はこの様子を模式的に描いたものです．群平均が散らばっているほうが，群間平方和が大きく，残差平方和が小さくなっています．

入院患者のうつ得点データの一部と記述統計量を**表12-1**に示します．このデータの平方和を計算すると次のようになります．

$$\underbrace{(29-27.82)^2+\cdots+(20-27.82)^2}_{238個}= \quad SS_T$$

$$\begin{matrix}\underbrace{(26.56-27.82)^2+\cdots+(26.56-27.82)^2}_{73個}\\+\underbrace{(29.26-27.82)^2+\cdots+(29.26-27.82)^2}_{81個}\\+\underbrace{(27.51-27.82)^2+\cdots+(27.51-27.82)^2}_{84個}\end{matrix}\Biggr\} SS_A$$

$$\begin{matrix}+\underbrace{(29-26.56)^2+\cdots+(24-26.56)^2}_{73個}\\+\underbrace{(24-29.26)^2+\cdots+(36-29.26)^2}_{81個}\\+\underbrace{(23-27.51)^2+\cdots+(20-27.51)^2}_{84個}\end{matrix}\Biggr\} SS_R$$

$$10384.8 = 291.3 + 10093.5$$

検定統計量

群間の平均値の散らばりが大きいとき，群間平方和は大きくなり，反対に残差平方和は小さくなることから，群間平方和が大きく残差平方和が小さくなるときに値が大きくなるような統計量を構成すれば，それを用いて，各群の母平均が等しいかどうかを検定することができます．

分散分析で用いられる F 統計量は，まさにそのような構成になっています．実際には，F 統計量は，次式のように，群間平方和，残差平方和をそれぞれの自由度で割った群間平均平方（mean square between groups），残差平均平方（residual mean square）の比になっています．

$$F = \frac{SS_A/(a-1)}{SS_R/(n-a)} = \frac{MS_A}{MS_R} \quad \left(\frac{群間平均平方}{残差平均平方}\right) \tag{12.3}$$

この F 統計量は，自由度 $a-1$，$n-a$ の F 分布に従います．a は被験者間要因の群数，n は全体の標本サイズです．各群の平均値が似通っているとき，群間平方和は 0 に近くなりますから，F 統計量も 0 に近い値になります．反対に，各群の平均値が散らばっている場合は，群間平方和が大きくなりますから，F 統計量も大きくなります．したがって，多群の平均値の検定にあたっては，F 統計量の大きいほうの片側に棄却域を設定し，F 値が限界値を超えるとき，統計的に有意であるとして，各群の母平均は等しいという帰無仮説

を棄却すればよいことが分かります．

入院患者のうつ得点データで F 値を求めると，

$$F = \frac{291.3 \diagup (3-1)}{10093.5 \diagup (238-3)} = \frac{145.67}{42.95} = 3.392$$

となります．自由度 $(2, 235)$ の F 分布において，3.392 の p 値は 0.0353 であり，5％水準で統計的に有意です．したがって，各群の母平均は等しいという帰無仮説は棄却され，入院患者のうつ得点の母平均は，年齢群によって異なるという結論が導かれます．

なぜ「分散」分析？

多群の「平均値」の違いを検討する分析法の名前が「分散」分析というのは，違和感があったかもしれませんが，ここまでくるとその意味が理解できます．各群の平均値の違いを，群間の平均値の散らばり（分散）ととらえ，群内のデータの散らばりとの比較によって平均値の差異を検討することから，分散分析（analysis of variance：ANOVA）というのです．

なお，多群には 2 群も含まれますから，2 群の平均値の検定に分散分析を用いても間違いではありません．ただし，その場合は $F = t^2$ となります．

効果量

分散分析を行って，各群の母平均は等しいという帰無仮説を棄却したとしても，各群の母平均がどの程度違っているのかは分かりません．そこで，2 群の平均値の場合と同様に，多群の平均値の違いの程度を表す効果量が考えられています．最近では，個々の研究において効果量を報告することが奨められています．

母集団における効果量を次のように定義します．

$$\eta^2 = \frac{\sigma_A^2}{\sigma_T^2} \tag{12.4}$$

12.4 式の η^2（エータ 2 乗）は，データ全体の散らばり σ_T^2 に対する各群の平均値の散らばり σ_A^2 の割合であり，分散分析の考え方とも整合する効果量のとらえ方になっています．

標本において，この η^2 に相当するものは，群間平方和と全体平方和の比，

$$\hat{\eta}^2 = \frac{SS_A}{SS_T} \tag{12.5}$$

であり，その平方根 $\hat{\eta}$ は相関比（correlation ratio）といわれます．入院患者のうつ得点データでこれらの値を求めると，

$$\hat{\eta}^2 = \frac{291.3}{10384.8} = 0.028$$

$$\hat{\eta} = \sqrt{0.028} = 0.167$$

となります．

しかし，$\hat{\eta}^2$は効果量を大きめに推定してしまうという問題があるため，

$$\hat{\varepsilon}^2 = \frac{SS_A - (a-1)MS_R}{SS_T} \tag{12.6}$$

$$\hat{\omega}^2 = \frac{SS_A - (a-1)MS_R}{SS_T + MS_R} \tag{12.7}$$

などの指標が提案されています．先の例でこれらの値を計算してみると，

$$\hat{\varepsilon}^2 = \frac{291.3 - (3-1)42.95}{10384.8} = 0.020$$

$$\hat{\omega}^2 = \frac{291.3 - (3-1)42.95}{10384.8 + 42.95} = 0.020$$

となり，$\hat{\eta}^2$よりも小さな値になっていることが確認されます．

多重比較

　分散分析で，各群の平均値が等しいという帰無仮説「$H_0：\mu_1 = \mu_2 = \cdots = \mu_a$」が棄却されても，どの群とどの群の間に差があるといえるのかはっきりしません．そこで，対ごとに比較を行う多重比較法というものが考えられています．

　3群の平均値を比較する場合を考えてみます．いま3群の母平均は等しいとします．対ごとに比較する場合，1と2，1と3，2と3の3通りの比較が可能です．これを，有意水準を5%として3回t検定を行うと，すべての検定で正しく帰無仮説を保持する確率は$(1-0.05)^3 = 0.95^3 = 0.857$になります．逆にいうと，いずれかの検定で誤って帰無仮説を棄却してしまう確率は$1-0.857 = 0.143$となり，有意水準は5%よりかなり大きくなってしまいます．このことから，単純に有意水準5%の検定を繰り返すと，全体での有意水準は大きくなってしまうことがわかります．

　多重比較は，この問題を解決して，対ごとの比較を行いつつ，全体の有意水準を一定水準以下に抑える分析法です．いまの例でいうと，対ごとの比較を3つ行いながら，全体の有意水準を5%以下にします．

　各群の平均値を対ごとに比較する最も一般的な多重比較法はテューキー（Tukey）法です．各群の人数が不揃いの場合はテューキー・クラメル（Tukey-Kramer）の方法になります．各群の分散の大きさが異なる場合にはGames-Howellの方法が勧められます．

　ダネット（Dunnett）法は，特定の1つの群とその他の群との比較に関心がある場合に有効な方法です．

　ボンフェロニ（Bonferroni）法（Dunn法といわれることもあります）は，対の個数をpとしたとき，各対の有意水準をα/pとして検定を行う方法です．対ごとの比較が3つある場合，各対の有意水準を5/3%とすると，全体の有意水準は$1-(1-0.05/3)^3 = 0.0492$となり，有意水準は5%以下になっています．ボンフェロニの方法は簡便かつ汎用性の高

表 12-2 うつ傾向尺度得点の分散分析の結果
a 分散分析表

	df	Sum Sq	Mean Sq	F	Pr (>F)
group	2	291.3	145.67	3.39	.0353
Residuals	235	10093.5	42.95		

b 多重比較（Tukey）

	mean.diff	p	95% L	95% U
50-40	2.70	.030	0.20	5.19
60-40	0.95	.637	-1.52	3.42
60-50	-1.75	.203	-4.15	0.66

い方法です．

2　1つの被験者間要因がある場合の分析

　入院患者の年齢群別の，うつ得点平均値の比較を行う分析を考えます．年齢群の水準を35～45歳，45～55歳，55～65歳，階級値をそれぞれ40，50，60とします．記述統計量は**表12-1**にあるとおりです．各入院患者はいずれか1つの年齢群に属しますから，年齢群は対応のない要因であり，1つの被験者間要因がある場合の分析になります．

　各群の母平均は等しいという帰無仮説「$H_0: \mu_1 = \mu_2 = \mu_3$」を立てて分析を行った結果を**表12-2**に示します．**表12-2a**は分散分析表（ANOVA table）といわれるもので，分散分析の結果を表で示す場合は，これらの情報を提示するのが一般的です．

　表12-2をみると$F = 3.39$は統計的に有意で，帰無仮説は棄却されます．したがって，年齢群別のうつ傾向得点の平均値には差があると判断します．

　具体的にどの群間に差があるかを検討するため，Tukey法による多重比較を行ったところ，**表12-2b**のような結果になり，35～45歳（40）と45～55歳（50）の群間に差があるという結論が導かれます．

　なお，被験者間要因の分散分析の前提条件には，各群の母分散は同じであるということが課されています．**表12-1**をみると，各群の標準偏差が著しく異なってはいないため，いまはとくに対応しませんでしたが，もし，各群の母分散が等しいと考えられない場合には，12.7節で説明するデータの変換を行って分析することが考えられます．

3　1つの被験者内要因がある場合の分析

　同じ生徒集団が，チームティーチング，習熟度別授業，協同学習という，3つの学習法の学習充実感を評定し，各学習法の充実感平均値の比較を行う分析を考えます．同じ生徒が，それぞれの学習法の充実感を評定しますから対応のあるデータになり，1つの被験者内要因がある場合の分析になります．帰無仮説は，各学習法の充実感の母平均は等しい「$H_0: \mu_1 = \mu_2 = \mu_3$」です．

表12-3 学習充実感得点の記述統計量

学習法	n	M	SD
チームティーチング		12.42	1.63
習熟度別授業	164	12.12	1.57
協同学習		13.30	1.63

表12-4 学習充実感得点の分析結果

a 分散分析表

	df	Sum Sq	Mean Sq	F	Pr (>F)
X	2	124.1	62.05	30.23	.000
id	163	595.1	3.65	1.78	.000
Residuals	326	669.2	2.05		

b 球面性仮定の検定

	W	p
Mauchly	1.00	.918

c 修正指標と修正された p 値

	ε	Pr (>F)
G–G	0.999	.000
H–F	1	.000

d 多変量分散分析

	approx F	num df	den df	Pr (>F)
Pillai	29.94	2	162	.000
Wilks	29.94	2	162	.000
Hotelling	29.94	2	162	.000
Roy	29.94	2	162	.000

e 多重比較(Bonferroni)

	mean.diff	p
チーム―習熟	0.30	.17
チーム―協同	−0.88	.00
習熟―協同	−1.18	.00

　人数,平均,標準偏差を**表12-3**に,分析結果を**表12-4**に示します.164名の生徒が評定を行い,それぞれの学習法の充実感得点の平均値と標準偏差は,チームティーチング12.42 (1.63),習熟度別授業12.12 (1.57),協同学習13.30 (1.63) となっています.

　分析結果の見方について説明します.**表12-4**の分散分析表で,自由度 (df) が3−1=2となっている行が,「$H_0: \mu_1 = \mu_2 = \mu_3$」を検定しているところです.$F = 30.23$は統計的に有意なので,学習法によって充実感平均は異なると判断します.

　その下にある $df = 163$ の行は,各生徒の平均値は等しいという仮説の検定を行った結果を表示しています.いまは,各生徒の平均値の違いには注目していませんから,この行をみる必要はとくにありません.

　分散分析表 (a) の下に,球面性仮定の検定 (b) と修正指標 (c) という表があります.被験者内要因の分散分析においては,前提条件として,球面性 (sphericity) の仮定という条件が課されます.球面性の仮定を式で書くと次のようになります.

$$\sigma_j^2 + \sigma_{j'}^2 - 2\sigma_{jj'} = 定数 \tag{12.8}$$

12.8 式から，球面性の仮定とは，2 つの異なる水準 j, j' をどのように選んでも，それらの差得点の分散は同じ値になるという仮定だと理解することができます．11.1 節でみたように，対応のある 2 群の平均値の検定は，差得点の平均値の検定に帰着しました．多群の場合もこれと同様に考えていきますが，そのとき，各差得点の母分散が等しいという前提条件が必要になるということを，球面性の仮定はいっているといえます．

球面性の仮定の検定では，モクリー（Mauchly）の検定を行うのが一般的です．**表 12-4b** をみると，$p = .918$ で統計的に有意ではなく，球面性の仮定は保持されます．したがってこの場合は，分散分析表の結果をそのまま採用します．

モクリーの検定で統計的に有意となり，球面性の仮定が棄却される場合の対応としては，大きく 2 つの方法が考えられます．1 つは修正指標を用いる方法です．G-G（Greenhouse-Geisser）法，または H-F（Huynh-Feldt）法といわれる修正法を用いて，分散分析の p 値を修正します．**表 12-4c** をみると，いずれにしろ有意確率は .000 となっています．

もう 1 つの方法は，球面性の仮定を必要としない一般化多変量分散分析（generalized multivariate ANOVA：GMANOVA），または単に多変量分散分析（MANOVA）といわれる分析法を用いるものです．多変量分散分析にも，ピライ（Pillai），ウィルクス（Wilks），ホテリング（Hotelling），ロイ（Roy）などといわれるいくつかの方法がありますが，いずれも球面性の仮定をおかないで，各群の母平均は等しいという帰無仮説を検定します．

表 12-4d では，どの検定法でも p 値は .000 になっており，いずれにしろ学習法により充実感の平均値は異なると解釈できます．

どの水準間に差があるかをみるため，ボンフェロニ法による多重比較を行った結果が**表 12-4e** です．結果をみると，協同学習の充実感の平均値が，他の 2 つの学習法の充実感の平均値よりも高いということが示されています．

❹ 2 つの被験者間要因がある場合の分析

実験や実習が多い学科とそうでない学科という実験・実習要因と，進路希望が進学，就職，未定のいずれであるかという進路希望要因により，学生の，専攻への適応感に違いがあるかどうかを分析することを考えます．実験・実習要因も進路希望要因も対応のない要因ですから，2 つの被験者間要因がある場合の分析となります．各群の人数，平均，標準偏差を**表 12-5** に示します．

要因が 2 つ以上ある場合は，要因の組み合わせによる交互作用（interaction）効果の検討が必要になります．平方和の分割の式から，交互作用とはどのような効果かを考えます．2 つの要因 A，B があり，要因 A の第 j 水準，要因 B の第 k 水準の，i 番目の被験者のデータを x_{ijk}，全体平均を $\overline{x_{...}}$ とします．また，要因 A の第 j 水準の平均値を $\overline{x_{j..}}$，要因 B の第 k 水準の平均値を $\overline{x_{..k}}$，(j, k) セルの平均値を $\overline{x_{jk}}$ とします．そして，12.1 節と同様に平方和の分割を考えると，全体平方和は次のように分割されます．

表 12-5　適応感得点の記述統計量

		X2：進路希望 進学	就職	未定	合計
X1 実験・実習	多い	24 14.38 1.61	63 12.83 1.77	25 10.40 1.96	112 12.62 2.22
	少ない	16 14.19 2.48	81 12.31 2.06	17 12.06 1.82	114 12.54 2.18
合計		40 14.30 1.98	144 12.53 1.95	42 11.07 2.05	226 12.58 2.19

上段：n，中断：M，下段：SD．

$$\underbrace{(x_{ijk}-\overline{x_{...}})^2\text{の合計}}_{SS_T}=\underbrace{(\overline{x_{\cdot j\cdot}}-\overline{x_{...}})^2\text{の合計}}_{SS_A}+\underbrace{(\overline{x_{\cdot\cdot k}}-\overline{x_{...}})^2\text{の合計}}_{SS_B}$$

$$+\underbrace{(\overline{x_{\cdot jk}}-\overline{x_{\cdot j\cdot}}-\overline{x_{\cdot\cdot k}}+\overline{x_{...}})^2\text{の合計}}_{SS_{AB}} \quad (12.9)$$

$$+\underbrace{(x_{ijk}-\overline{x_{\cdot jk}})^2\text{の合計}}_{SS_R}$$

12.9 式の右辺の第 1 項と第 2 項は，要因 A，要因 B の主効果に対応する平方和です．また，最終項は残差平方和です．3 番目の項が交互作用に対応する平方和です．このように，要因が 2 つ以上ある場合は，各要因の主効果と残差だけでなく，交互作用という効果が全体平方和を構成するものとして入ってきます．

交互作用の平方和 SS_{AB} を変形すると次のようになります．

$$SS_{AB}=[(\overline{x_{\cdot jk}}-\overline{x_{...}})-\underbrace{(\overline{x_{\cdot j\cdot}}-\overline{x_{...}})}_{A_j}-\underbrace{(\overline{x_{\cdot\cdot k}}-\overline{x_{...}})}_{B_k}]^2\text{の合計} \quad (12.10)$$

これは，要因 A の第 j 水準であること，また要因 B の第 k 水準であることを差し引いてもなお残る，(j, k) セルの平均値の全体平均からのずれの効果です．したがって，交互作用は，主効果では説明しきれない，各要因の水準の組み合わせによって生じる効果といえます．

交互作用がある場合，要因 A の水準がともに第 j 水準でも，要因 B の水準が k と k' と異なっていれば，そこで生じる効果は異なってきます．したがって，交互作用のとらえ方として，1 つの説明変数の水準の違いによって，従属変数に対する他の説明変数の影響の仕方が異なると解釈することもできます．

図 12-4 に，交互作用がある場合とない場合の，平均値のパターンの例を示します．交互作用がある場合は，実験・実習の多い群と少ない群で平均値のパターンが異なるのに対し，交互作用がない場合は，実習の多い群と少ない群の平均値のパターンが平行関係にあ

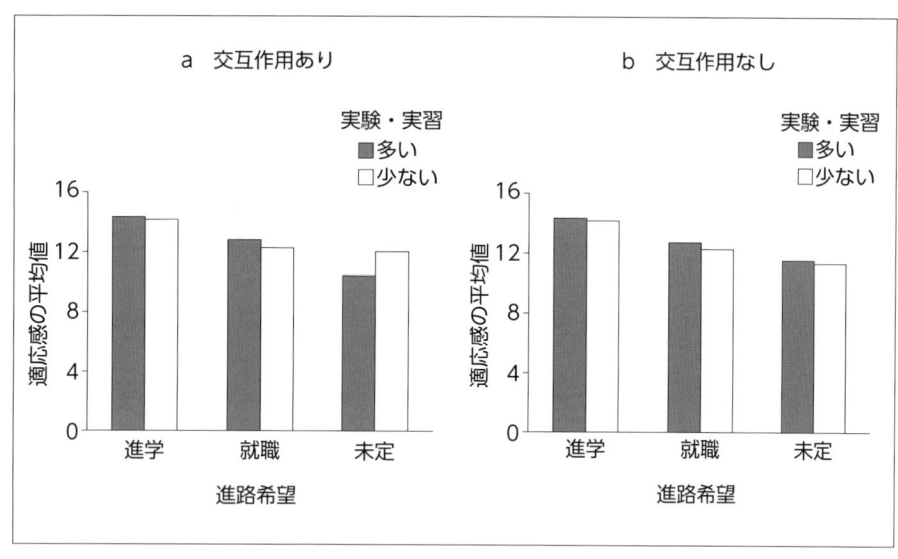

図 12-4　交互作用の有無と各群の平均値

表 12-6　適応感得点の分析結果
a　分散分析表

	df	Sum Sq	Mean Sq	F	Pr (>F)
X1（実験・実習）	1	0.4	0.37	0.10	.754
X2（進路希望）	2	214.0	107.02	28.32	.000
X1：X2	2	37.4	18.72	4.95	.008
Residuals	220	831.4	3.78		

b　単純主効果の検定

	mean.diff	df	Sum Sq	F	Pr (>F)
X1（X2＝進学）	0.19	1	0.34	0.09	.765
X1（X2＝就職）	0.52	1	9.46	2.50	.230
X1（X2＝未定）	−1.66	1	27.84	7.37	.021
Residuals		220	831.37		

ることがみてとれます．

　専攻への適応感データの分散分析の結果を**表 12-6a** に示します．分析結果をみると，実験・実習要因の主効果は有意ではなく，進路希望要因の主効果および実験・実習要因と進路希望要因の交互作用が有意となっています．このような場合は，交互作用を中心に解釈するのが賢明です．なぜなら，学生の進路希望の違いによって適応感に差があると主張しても（主効果），その様相は実験や実習の多い学科とそうでない学科で異なる（交互作用）からです．

　交互作用がみられた場合は，1 つの要因の各水準ごとに，他の要因の単純効果（simple effect）を検討します．進路希望別に実験・実習要因の単純効果の検討を行ったのが，**表 12-6b** です．この表をみると，進学希望者や就職希望者では，実験や実習の多さは専攻への適応感に影響しないのに対し，進路が未定の学生においては，実験や実習の多さが専攻への適応感に影響していることが示唆されます．

結果をまとめると，「実験や実習の多さに関係なく，進学を希望する学生の適応感は高く，就職を希望する学生では中程度である．しかし，進路が未定の学生については，実験や実習が少ない学科では適応感は中程度であるが，実験や実習が多い学科では適応感は低い」となります．

5 2つの被験者内要因がある場合の分析

自分のことをどれだけ相手に話すかという自己開示の程度を，相手との親密度の違い（親友，友人）と，話の内容の深さ（深い，浅い）の各条件ごとに評定してもらう研究を考えます．同じ被験者にそれぞれの条件下での自己開示度を聞きますので，2つの被験者内要因がある場合の分析になります．

人数，平均，標準偏差を**表 12-7** に，分析結果を**表 12-8** に示します．分析結果をみると，交互作用は有意ではなく，親密度および内容の深さの主効果が有意になっています．したがって，自己開示は，親密度が低い友人よりも，親密度が高い親友に対してのほうがしやすく，また，深い内容より浅い内容のほうがしやすい，という結論が導かれます．

6 1つの被験者間要因と1つの被験者内要因がある場合の分析

新入生のメンタルヘルスを測定し，援助が必要な学生には援助を行って，一定期間経過した後に，再び全新入生のメンタルヘルスを測定します．そして，援助の効果があったかどうかについて検討します．各学生は，援助が必要か（介入群），必要でないか（対照群）

表 12-7 自己開示得点の記述統計量

$n = 138$		X2：内容の深さ 深い	浅い	合計
X1 相手との 親密度	親友	23.86 2.70	35.06 2.39	29.46 6.16
	友人	21.83 2.58	33.08 2.56	27.46 6.19
合計		22.84 2.83	34.07 2.67	28.46 6.25

上段：M，下段：SD．

表 12-8 自己開示得点の分析結果

	df	Sum Sq	Mean Sq	F	Pr (> F)
X1（相手との親密度）	1	552	552.0	98.21	.000
Residuals	137	770	5.6		
X2（内容の深さ）	1	17387	17387.0	3184.00	.000
Residuals	137	748	5.0		
X1：X2	1	0.1	0.1	0.01	.905
Residuals	137	618.9	4.5		

のいずれかに属し，事前，事後の2回でメンタルヘルスを測定しますから，1つの被験者間要因と1つの被験者内要因がある場合の分析になります．

人数，平均，標準偏差を**表12-9**に，分析結果を**表12-10**に示します．分析結果をみると交互作用が有意であり，対照群と介入群とで，事前 − 事後のメンタルヘルスの平均値の変化が異なることが示唆されます．実際，対照群の変化量は − 0.16 でほとんど変化がないのに対し，介入群の変化量は 2.27 と大きく上昇しています．

単純主効果を検討すると，援助の各水準における時点の効果についての検討では，対照群では事前 − 事後の平均値に差がないのに対し，介入群では事前 − 事後の平均値に差があるという結果を得ます．また，各時点における援助の効果についての検討では，事前には対照群と介入群で差がみられますが，事後では差はみられない（差があるとはいえない）という結果になります．

事後では差はみられないと判断されなくても，それが差がないことを積極的にいうものではないということを11.3節で述べました．そこで，事後の介入群のメンタルヘルスの平均値が，対照群の平均値に劣らないといえるかどうかを検討するため，非劣性の検証を行ってみます．非劣性マージンを，両群をあわせた事後の標準偏差に基づき 2.16/3 = 0.72 とします．「事後の介入群の平均値 − 対照群の平均値」の95%信頼区間の下限は − 1.65

表12-9 メンタルヘルス得点の記述統計量

		X2：時点 事前	事後	合計
X1 援助	対照群 $n=50$	15.48 1.67	15.32 1.88	15.40 1.77
	介入群 $n=47$	12.26 2.31	14.53 2.38	13.39 2.60
	合計 $n=97$	13.92 2.57	14.94 2.16	14.43 2.42

上段：M，下段：SD．

表12-10 メンタルヘルス得点の分析結果

a 分散分析表

	df	Sum Sq	Mean Sq	F	Pr (>F)
X1（援助）	1	195.1	195.05	39.18	.000
Residuals	95	472.9	4.98		
X2（時点）	1	50.5	50.52	14.07	.000
X1：X2	1	71.9	71.92	20.03	.000
Residuals	95	341.1	3.59		

b 単純主効果の検定

	mean.diff	t	p	95% L	95% U
時点（X1 ＝ 対照）	−0.16	−0.45	.654	−0.87	0.55
時点（X1 ＝ 介入）	2.27	4.71	.000	1.32	3.24
援助（X2 ＝ 事前）	−3.22	−7.92	.000	−4.03	−2.42
援助（X2 ＝ 事後）	−0.79	−1.82	.072	−1.65	0.07

となっており，−0.72 よりも低い値です．したがって，「援助により介入群のメンタルヘルスは向上したが，対照群に劣らないといえる程度まで上昇したとはいえない」という結論になります．

7 データの変換

　12.2 節や 12.3 節で述べたように，分散分析では，各群の母分散が同じであるとか，差得点の母分散が同じであるなどの条件を満たしていることが要求されます．データがこれらの条件から著しく逸脱している場合には，データの変換を行って各群の分散の大きさを揃えることが考えられます．

　データの変換を行うと，尺度が歪んでしまうのでよくないのではないかという疑念が生じます．しかし，構成概念の測定では，もともと尺度の単位に意味を見出せなかったことを考えれば，データを変換したところで重大な問題が生じるとはあまり考えられません．分散分析の前提条件を満たさないで誤った分析結果を出してしまうほうが，研究においては問題があるとも考えられます．

　したがって，尺度の単位を重要視する必要がなく，各群の分散が著しく異なる場合には，データの変換を行って，変換後のデータで分散分析を行うことが考えられます．

　代表的な変換の方法と，それを用いる状況を**表 12-11** に示します．

　平方根変換は，平均と分散（標準偏差の 2 乗）が直線関係にある場合，つまり，平均が大きくなるのに比例して分散も大きくなるような場合に用います．何かの回数のカウントが従属変数である場合などに用いられます．

　対数変換は，平均と標準偏差が直線関係にある場合，つまり，平均が大きくなるのに比例して標準偏差が大きくなるような場合に用います．反応時間など，分布の右裾が長いデータなどに用いられます．

　逆数変換は，平均と標準偏差の平方根が直線関係，つまり，平均が大きくなるのに比例して標準偏差の平方根が大きくなるような場合に用います．逆数変換も，従属変数が反応時間などの場合に用いられます．

　逆正弦変換は，比率や割合が従属変数になっている場合に用いられます．

表 12-11　分散安定化のデータ変換

方法	変換式	状況
平方根変換	$\sqrt{X + 0.5}$	平均と分散（標準偏差の 2 乗）が直線関係
対数変換	$\log(X + 1)$	平均と標準偏差が直線関係
逆数変換	$1/(X + 1)$	平均と標準偏差の平方根が直線関係
逆正弦変換	$2 \arcsin \sqrt{X}$	比率や割合がデータの場合

対照群の設定が困難な効果検証研究

2つの要因を組み合わせる例として，12.6節でみたように，被験者を実験群と対照群に分け（被験者間要因），何らかの臨床的介入の前後でデータを収集する（被験者内要因）というパターンがあります．このデザインの研究を実施する場合に問題となることが1つあります．それは，効果があると考えられる方法を一方の群の被験者のみに実施し，他方の群の被験者には実施しないでよいのかという倫理的問題です．

この問題を解決する方法として，後から臨床的な介入を実施することで効果を上げられるなら，事後データを収集後に，対照群にも臨床的介入を行うという対応が考えられます．しかし，例えば，発達障害児に対する早期療育プログラムの効果を検討するにあたって，発達障害の子どもたちを実験群と対照群に分け，対照群の子どもには後から早期療育プログラムを実施するというのは，やはり倫理的に問題があります．参加したすべての発達障害の子どもには，なるだけ早く早期療育を受けさせることが望まれるからです．

このような場合に，同月齢の定型発達の子どもとの差異の変化で早期療育プログラムの効果を検討するのは，あまり適切ではありません．この方法では，定型発達の子どもも，発達障害の子どもも，何もしなければ，同程度の発達変化をするということが前提になっているからです．

発達障害の子どもで対照群を構成し比較する方法としては，早期療育プログラムの開始時点において，すでにプログラム終了時点の月齢に達してしまっている子どものデータを収集しておき，このデータと，プログラムに参加した子どものプログラム終了時のデータとを比較することが考えられます．プログラム終了月齢における従属変数の平均値が，プログラムに参加した子どものほうが高ければ，プログラムの効果があったと推論できます．ただし，この場合は，プログラム開始月齢における従属変数の平均値は同程度であるという仮定をおいています．

もし先行研究などから，早期療育プログラムの開始と終了のそれぞれの月齢における，一般の（早期療育を受けていない）発達障害児群の従属変数の平均値を得ることができれば，それらの値と，プログラムに参加した子どもの平均値との差異が，事前－事後で縮まっていることをもって，早期療育プログラムの効果があったと考えることも可能です．

chapter 13 分布の位置に関する推測

11章や12章で扱ったt検定や分散分析は，各群の母集団分布は正規分布であるとみなせることを前提としている分析法です．これに対し，本章で扱う分析法は，母集団の分布をとくに仮定しない方法で，ノンパラメトリックな方法といわれるものです．ノンパラメトリックな分析法は広い概念で，いろいろな分析法を含みますが，本章では，順序尺度データの分析で利用されることの多い4つの分析法について紹介します．

1 対応のある2群の分布の位置の比較

入院患者とその家族（主な付添者）において，入院生活の満足度を「1.とても不満足」「2.どちらかといえば不満足」「3.どちらともいえない」「4.どちらかといえば満足」「5.とても満足」の5段階で評定してもらい，患者自身と家族とで，満足度分布の位置に差があるかどうかを分析することを考えます．各患者に対してその家族を対応させることができますので，患者群と家族群は対応のある2群になります．

対応のある2群の分布の位置の比較には，ウィルコクソンの符号順位検定（Wilcoxon signed rank test）を用います．

表13-1に入院満足度データの一部，表13-2に度数分布表と分析結果，また，図13-1にデータ分布を示します．結果をみると，検定統計量V（Tと書かれることもあります）の値220.5に対するp値は.025となっており統計的に有意です．したがって，患者とその家族とで，入院生活に対する満足度の分布の位置には差があると判断します．

データの分布をみると，患者本人よりも家族のほうが分布が右に位置していることから，患者よりも家族のほうが入院生活の満足度を高く評定していると考えられます．

表13-1 入院満足度データ

番号	患者	家族
1	5	4
2	3	2
3	5	3
⋮	⋮	⋮
50	2	4

表13-2 入院満足度データの度数分布表と分析結果

	カテゴリ 1	2	3	4	5	total	M	SD
患者	7 14	16 32	12 24	13 26	2 4	50 100	2.74	1.12
家族	1 2	13 26	18 36	12 24	6 12	50 100	3.18	1.02

V	p
220.5	.025

上段：n
下段：%

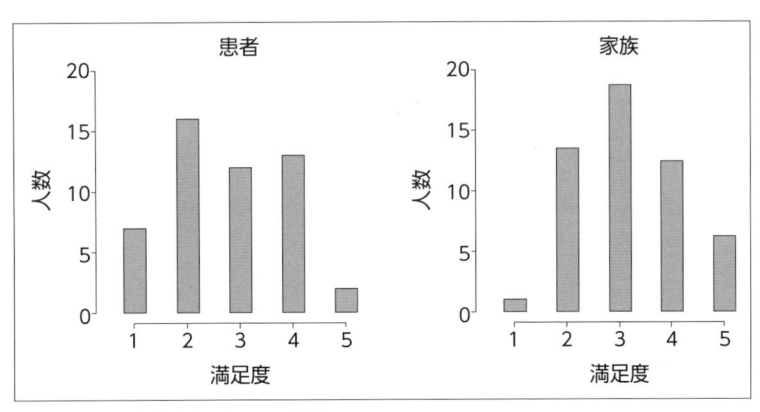

図 13-1　入院満足度データの分布

2　対応のある多群の分布の位置の比較

　公衆トイレを清潔に使ってもらうためのメッセージとして，「トイレは清潔にご利用下さい」「汚すと他の人の迷惑になります」「いつもきれいにお使い頂きありがとうございます」の3つを考え，それぞれのメッセージをみたときに，どの程度積極的に清潔に使おうと思うかを「1. まったく積極的になれない」「2. あまり積極的になれない」「3. どちらかといえば積極的になれない」「4. どちらともいえない」「5. どちらかといえば積極的になれる」「6. ある程度積極的になれる」「7. とても積極的になれる」の7段階で評定してもらい，メッセージ間の効果を比較することを考えます．各研究参加者に3つのメッセージについて評定してもらいますので，対応のある多群のデータになります．対応のある多群の分布の位置の比較には，フリードマンの検定（Friedman test）を用います．

表 13-3　清潔使用意識データ

番号	清潔	迷惑	ありがとう
1	5	5	4
2	4	4	3
3	4	5	4
⋮	⋮	⋮	⋮
129	6	4	5

表 13-4　清潔使用意識データの度数分布表と分析結果

メッセージ	カテゴリ 1	2	3	4	5	6	7	total	M	SD
清潔	0 0	1 0.78	12 9.30	25 19.38	49 37.98	28 21.71	14 10.85	129 100	5.03	1.14
迷惑	1 0.78	5 3.88	21 16.28	32 24.81	36 27.91	25 19.38	9 6.98	129 100	4.61	1.31
ありがとう	1 0.78	15 11.63	35 27.13	34 26.36	20 15.50	17 13.18	7 5.43	129 100	4.05	1.41

X^2	df	p
49.14	2	.000

上段：n
下段：%

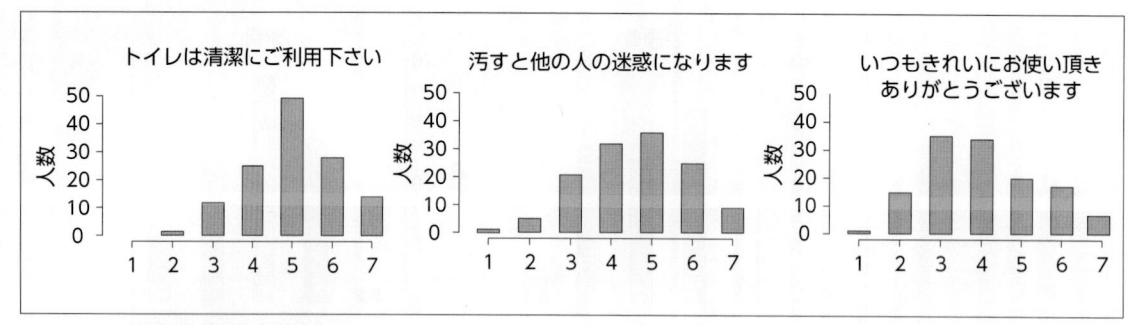

図 13-2 清潔使用意識データの分布

表 13-3 に清潔使用意識データの一部，表 13-4 に度数分布表と分析結果，また，図 13-2 にデータ分布を示します．結果をみると，検定統計量 X^2 の値 49.14 に対する p 値は .000 となっており統計的に有意です．したがって，メッセージによって，積極的に清潔に使おうという意識の分布の位置には差があると判断します．

データの分布をみると，「トイレは清潔にご利用下さい」と「汚すと他の人の迷惑になります」の場合は，分布のピークは「5. どちらかといえば積極的になれる」にあります．これに対し，「いつもきれいにお使い頂きありがとうございます」では「3. どちらかといえば積極的になれない」にピークがきており，分布の全体的位置も左に寄っています．これは，一方的にありがとうといわれても，消極的になりこそすれ，あまり積極的に清潔に使う気分にはならないことを表しています．

3 対応のない2群の分布の位置の比較

大学生のバイト量について，自宅生と自宅外生を比較することを考えます．1週間あたりのバイト量を「1. 1時間未満」「2. 1〜2時間」「3. 2〜5時間」「4. 5〜8時間」「5. 8時間以上」の5段階で評定してもらい，バイト量分布の比較を行います．各学生は自宅生か自宅外生かのいずれかに属しますので，対応のない2群になります．

対応のない2群の分布の位置の比較には，ウィルコクソンの順位和検定（Wilcoxon rank sum test）またはマン・ホイットニーの検定（Mann–Whitney test）を用います．これら2つの検定は本質的に同じ分析法であり，同じ結論を導きます．

表 13-5　バイト量データ

番号	居住形態	バイト量
1	自宅	1
2	自宅	2
⋮	⋮	⋮
79	自宅	2
1	自宅外	5
2	自宅外	4
⋮	⋮	⋮
66	自宅外	5

表 13-6　バイト量データの度数分布表と分析結果

	カテゴリ 1	2	3	4	5	total	M	SD
自宅	5 6.33	11 13.92	20 25.32	23 29.11	20 25.32	79 100	3.53	1.20
自宅外	4 6.06	3 4.55	14 21.21	25 37.88	20 30.30	66 100	3.82	1.11

W	p
2241	.132

上段：n
下段：%

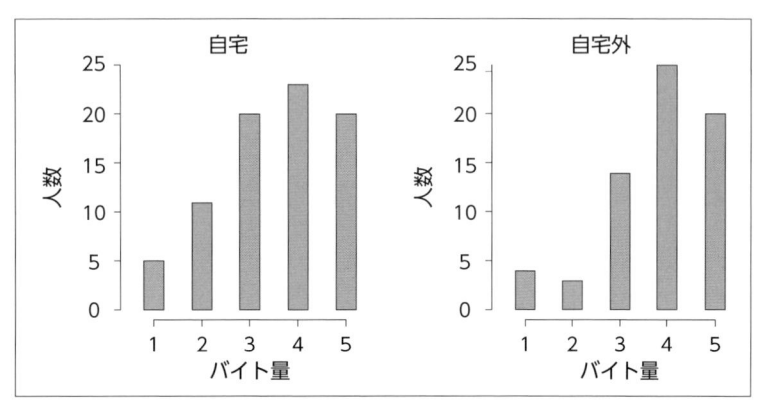

図13-3 バイト量データの分布

表13-5にバイト量データの一部，表13-6に度数分布表と分析結果，また，図13-3にデータ分布を示します．結果をみると，検定統計量 W の値 2241 に対する p 値は .132 となっており統計的に有意ではありません．したがって，自宅生と自宅外生で，バイト量分布の位置に差があるとはいえないと判断します．

表13-6をみると，自宅生も自宅外生も，4や5の回答の割合が25%を超えており，自宅外生では7割近く，自宅生でも5割以上の学生が，週に5時間以上もの時間をバイトに費やしているということが示されています．

4 対応のない多群の分布の位置の比較

喫煙者，卒煙者，禁煙者（禁煙中）の違いによって，受動喫煙に対する嫌悪感に差があるかどうかを検討する分析を考えます．受動喫煙に対する嫌悪感を「1.気にしない」「2.あまり気にしない」「3.どちらともいえない」「4.やや嫌悪感を感じる」「5.とても嫌悪感を感じる」の5段階で評定してもらいます．非喫煙者の嫌悪感は高いと予想されるので，は

表13-7 受動喫煙嫌悪感データ

番号	区分	嫌悪感
1	喫煙	2
2	喫煙	2
⋮	⋮	⋮
29	喫煙	1
1	卒煙	4
2	卒煙	5
⋮	⋮	⋮
28	卒煙	5
1	禁煙	2
2	禁煙	1
⋮	⋮	⋮
33	禁煙	3

表13-8 受動喫煙嫌悪感データの度数分布表と分析結果

	カテゴリ 1	2	3	4	5	total	M	SD
喫煙	7 24.14	10 34.48	7 24.14	3 10.34	2 6.90	29 100	2.41	1.18
卒煙	4 12.12	5 15.15	8 24.24	9 27.27	7 21.21	28 100	3.04	1.53
禁煙	6 21.43	6 21.43	4 14.29	5 17.86	7 25.00	33 100	3.30	1.31

X^2	df	p
6.63	2	.036

上段：n
下段：%

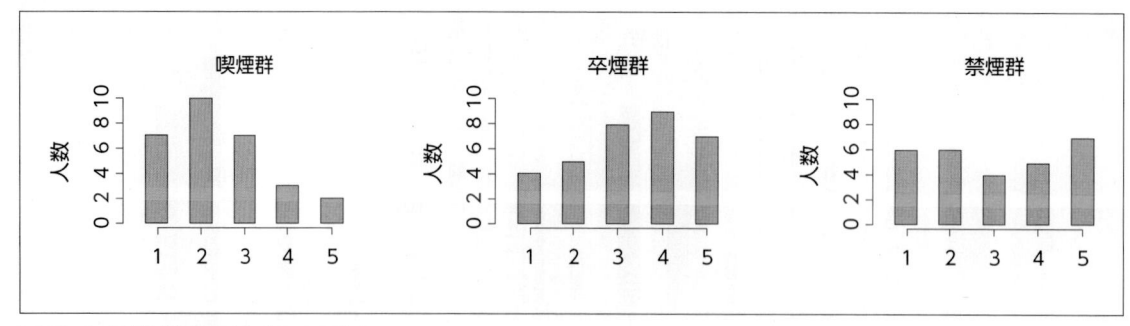

図13-4 受動喫煙嫌悪感データの分布

じめから除外し，喫煙経験のある人たちにおいて，喫煙中，卒煙，禁煙中による違いをみることにします．各研究参加者は喫煙者，卒煙者，禁煙者のいずれかの群に属しますので，対応のない多群になります．対応のない多群の分布の位置の比較には，クラスカル・ウォリスの検定（Kruskal – Wallis test）を用います．

表13-7に嫌悪感データの一部，表13-8に度数分布表と分析結果，図13-4にデータ分布を示します．結果をみると，検定統計量X^2の値6.63に対するp値は.036となっており統計的に有意です．したがって，喫煙者，卒煙者，禁煙者で，受動喫煙に対する嫌悪感の分布の位置に差があると判断します．

度数分布表およびデータ分布をみると，喫煙者ではあまり嫌悪感を感じないのに対し，卒煙者では嫌悪感を感じる傾向が高いこと，また，禁煙者はその両パターンが含まれることがみてとれます．

Column 「標本サイズが小さいからノンパラ」は適切か？

母集団分布に何らかの確率分布を仮定し，そのパラメタに関する分析を行う統計分析法をパラメトリック（parametric）な方法といいます．量的データの分析に多い方法です．

これに対し，母集団分布にとくに確率分布を仮定しないか，仮定するとしてもパラメタが分析対象でない統計分析法をノンパラメトリック（non-parametric）な方法といいます．カテゴリカルデータの分析に多い方法です．

この区分からすると，「データが少ないからノンパラを使う」とするのは，本来的でない理由付けであることが分かります．例えば，標準化されたテストを用いる場合は母集団分布の形状がある程度予想できますから，標本サイズが小さくてもパラメトリックな方法を用いるのは妥当な選択といえます．

標本サイズが小さいとき，母集団分布にどのような確率分布を仮定することもおぼつかないからノンパラメトリックな方法を使うと考えるなら筋が通ります．要は，データの母集団分布に確率分布を仮定できるかどうかです．

結果としてノンパラメトリックな方法を使うにしても，それを用いる根拠を理解していることは，統計分析を適切に遂行するための助けになります．

chapter 14 相関係数に関する推測

量的変数間の直線的な関係の強さを表すものが相関係数であることを6章で述べました．本章では，その相関係数に関する統計的推測について説明します．1群の相関係数の検定，推定だけでなく，2群の相関係数の差に関する推測，多群の相関係数を比較する場合などについても説明します．

1　1群の相関係数に関する推測

ストレスとうつ傾向に関連があると考え，ストレス尺度とうつ傾向尺度を用いて，両変数の相関係数を推定することを考えます．表14-1にデータの一部，図14-1に散布図を示します．散布図をみると，ストレス得点が高い人ほどうつ傾向得点も高いという傾向がみてとれます．相関係数を計算すると0.62という値になります．

母集団において，ストレス得点とうつ傾向得点に相関があるかどうかを検討するため，統計的推測を行います．相関係数の検定では，たいていの場合「$H_0: \rho = 0$」（母相関係数は0である）という帰無仮説を検定します．標本サイズをn，標本相関係数をrとすると，

$$t = \frac{r}{\sqrt{1-r^2}}\sqrt{n-2} \tag{14.1}$$

は自由度$n-2$のt分布に従うので，これを検定統計量として検定を行います．

表14-1　ストレスとうつ傾向データ

番号	ストレス	うつ傾向
1	20	18
2	23	21
3	30	29
⋮	⋮	⋮
154	24	21

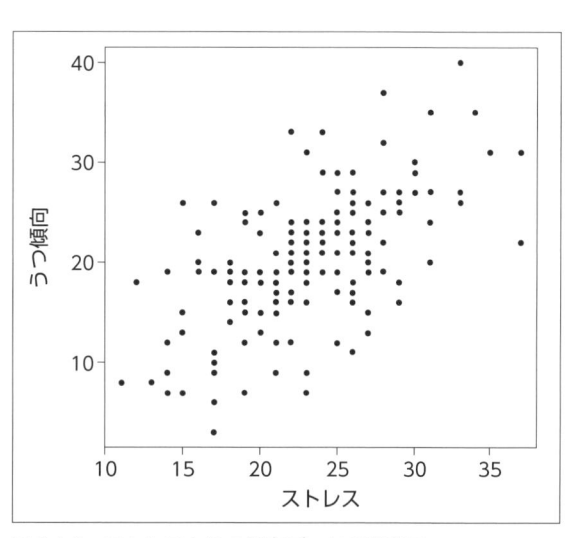

図14-1　ストレスとうつ傾向データの散布図

表 14-2　ストレスとうつ傾向データの記述統計量と分析結果

	n	M	SD	r	t	p	95%L	95%U
ストレス うつ傾向	154	23.39 20.45	5.14 6.71	.62	9.62	.000	.51	.70

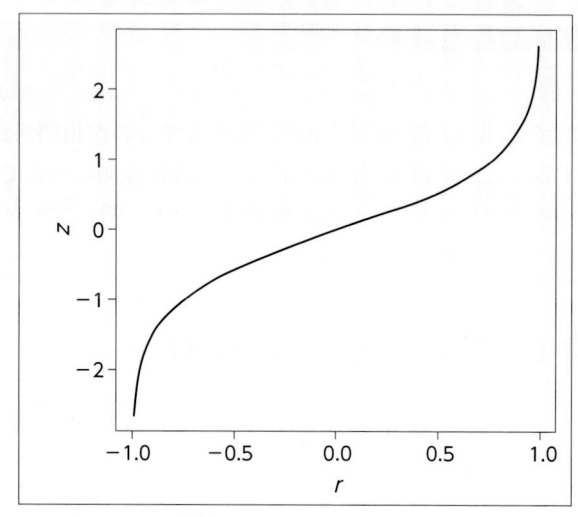

図 14-2　r と z の関係

分析結果を**表 14-2**に示します．結果をみると，t 値は 9.62 となっており，統計的に有意です．したがって，母相関係数は 0 ではないと判断します．

検定結果から母相関係数は 0 ではないという結論を得ても，具体的にどれくらいの相関の強さであるかは分かりません．標本相関係数の値からは 0.6 程度と予想されますが，それがどの程度の精度でいえるか，明らかになっていません．

そこで，相関係数の信頼区間を推定します．ただし，相関係数そのものの信頼区間を推定するのは困難なので，14.2 式を用いて r を z に変換し，まず z の信頼区間を求めます．なお，この変換をフィッシャーの z 変換といいます．

$$z = \frac{1}{2} \log \frac{1+r}{1-r} \tag{14.2}$$

r と z の関係を**図 14-2**に示します．**図 14-2**から，r が -1 や $+1$ にそれほど近くない状況では，r と z の関係はおおむね直線的であることが分かります．

z は近似的に標準誤差が $1/\sqrt{n-3}$ の正規分布に従うことが知られています．そこで，まず z の信頼区間の下限と上限を求めます．

$$z.l = z - z_0 \cdot SE = z - \frac{z_0}{\sqrt{n-3}}$$

$$z.u = z + z_0 \cdot SE = z + \frac{z_0}{\sqrt{n-3}}$$

z_0 は標準正規分布における上側 100 $(1-\alpha/2)$ % 点に対応する値で，95% 信頼区間の場合は 1.96，90% 信頼区間の場合は 1.645 という値になります．

この $z.l$ と $z.u$ を逆変換して，相関係数の信頼区間の下限 $r.l$ と上限 $r.u$ を推定し，相関係数の信頼区間とします．

$$r.l = \frac{e^{2z.l} - 1}{e^{2z.l} + 1}$$

$$r.u = \frac{e^{2z.u} - 1}{e^{2z.u} + 1}$$

表 14-1 のデータの相関係数の 95% 信頼区間を推定すると [.51, .70] となります．したがって，このデータによって棄却されない帰無仮説のおよその範囲は，「$H_0: \rho = 0.51$」から「$H_0: \rho = 0.70$」であると推測されます．

② 2 群の相関係数の差に関する推測

看護系の学科に在籍する学生のうち，就労経験がある学生と就労経験がない学生で，職業適性に関する本人評定と教員評定との相関に差があるかどうかを分析します．就労経験のない学生 117 名と，就労経験のある学生 153 名において，本人および教員によって職業適性尺度による評定を行い，本人評定と教員評定の相関係数を求めます．データの一部を表 14-3，記述統計量および分析結果を表 14-4，散布図を図 14-3 に示します．

就労経験なし群の相関係数は 0.18，就労経験あり群の相関係数は 0.30 です．各群において，本人評定と教員評定の間に相関があるといえるかどうか，それぞれ検定を行ってみると，表 14-4 の上の表に示すように，就労経験なし群では統計的に有意ではなく，就労経験あり群では統計的に有意という結果になります．

各群における検定の結果，就労経験なし群では「相関があるとはいえない」となり，就労経験あり群では「相関があるといえる」となったのだから，両群の間で相関係数に差があるといえそうな気がしますが，実際には，この結果から「就労経験のありなしの違いで，職業適性の本人評定と教師評定の相関に差がある」という結論は導けません．各群ごとの検定では，「就労経験なし群の母相関係数 ρ_1 は 0 でないとは判断できない」ということと，

表 14-3 適性評定データ

番号	就労	本人評定	教員評定
1	0	29	10
2	0	28	17
⋮	⋮	⋮	⋮
117	0	30	39
1	1	30	37
2	1	30	24
⋮	⋮	⋮	⋮
153	1	33	41

表 14-4 適性評定データの記述統計量と分析結果

就労	評定	n	M	SD	r	t	p	95%L	95%U
なし	本人 教員	117	24.48 23.38	5.89 5.76	.18	1.94	.055	.00	.35
あり	本人 教員	153	30.24 31.78	5.59 5.77	.30	3.89	.000	.15	.44

Δr	z	p	95%L	95%U
−.12	−1.06	.290	−.36	.11

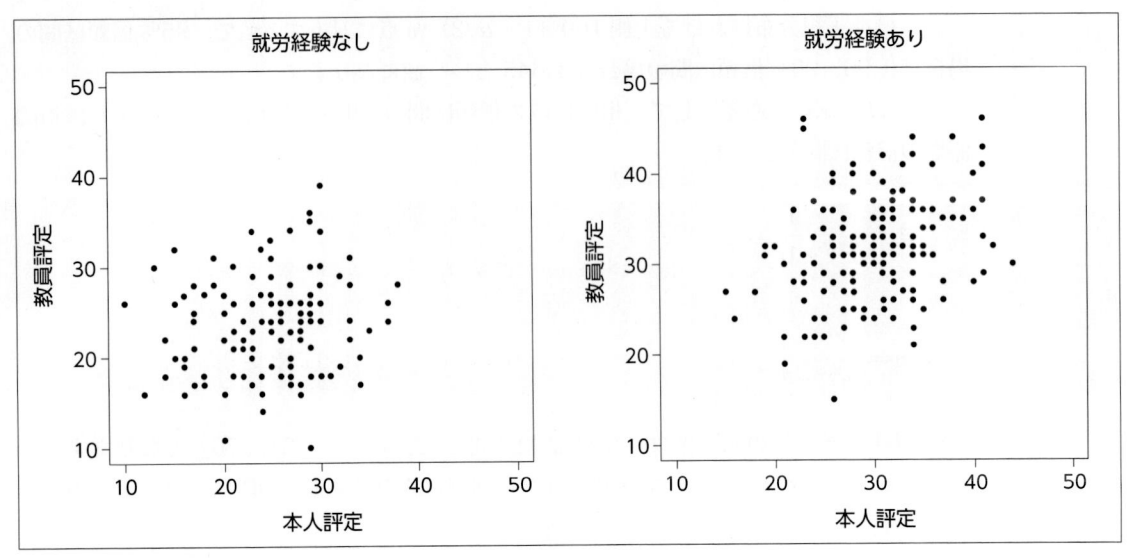

図 14-3　就労経験別の職業適性の本人評定と教員評定の散布図

「就労経験あり群の母相関係数ρ_2は0ではないと判断できる」ということがそれぞれ個別にいえるだけで，ρ_1とρ_2の直接的な関係の言明にはなっていないからです．

2群の平均値を比較するとき，両群の平均値を「$H_0: \mu = 100$」で検定して，一方の群では有意になり，他方の群では有意にならないから，2群の平均値に差があるというやり方はしません．2群の平均値を比較する場合は，帰無仮説を「$H_0: \mu_1 = \mu_2$」として，両群の母平均を直接比較して，平均値に差があるかどうかを考えます．相関係数の場合も同じです．2群の相関係数が等しいかどうかは，「$H_0: \rho_1 = \rho_2$」と，2つの相関係数を直接比較してはじめて推測できることなのです．

実際の研究論文でこのような分析を行っているものはあまり目にしません．それは単純に，統計ソフトが標準ではこのような分析をしてくれないからです．しかし，ソフトが計算してくれないからといって，相関係数の差の分析をしなくてよい理由にはなりません．そこで，相関係数の差の検定と信頼区間を推定する方法について説明します．

先ほどのフィッシャーのz変換を用いて，2群の相関係数r_1, r_2をz_1, z_2に変換します．

$$z_1 = \frac{1}{2} \log \frac{1+r_1}{1-r_1}$$

$$z_2 = \frac{1}{2} \log \frac{1+r_2}{1-r_2}$$

このz_1, z_2はそれぞれ近似的に，標準誤差が$1/\sqrt{n_1-3}$, $1/\sqrt{n_2-3}$の正規分布に従います．また，$z_1 - z_2$も近似的に正規分布に従い，その標準誤差は，

$$SE = \sqrt{SE_1^2 + SE_2^2} = \sqrt{\frac{1}{n_1-3} + \frac{1}{n_2-3}} \tag{14.3}$$

となります．これらのことから，

$$z = \frac{z_1 - z_2}{SE}$$

は近似的に標準正規分布に従うことが導かれます．したがって，有意水準を5%とすれば，このzの大きさが1.96よりも大きくなれば5%水準で統計的に有意となり，z_1とz_2に差があると考えることができます．また，**図14-2**によると，rが-1や$+1$にそれほど近くない状況では，rとzの関係はおおむね直線的でしたから，そのような状況でz_1とz_2に差があると考えられるなら，r_1とr_2にも差があると考えることができます．

いまの例でzを計算すると次のようになります．

$$z_1 = \frac{1}{2} \log \frac{1+0.18}{1-0.18} = 0.180$$

$$z_2 = \frac{1}{2} \log \frac{1+0.30}{1-0.30} = 0.311$$

$$SE = \sqrt{1/114 + 1/150} = 0.124$$

$$z = \frac{0.180 - 0.311}{0.124} = -1.06$$

このzの大きさは1.96よりも小さく，統計的に有意ではないので，就労経験あり群と，就労経験なし群の，職業適性に関する本人評定と教員評定の相関係数に差があるとはいえないという判断になります．この結果は，各群ごとに無相関の検定を行った場合の推論とは異なっています．それぞれの群において相関があるといえるかどうかという話と，群間で相関に差があるといえるかどうかという話は，異なるものであるということが確認されます．

次に，相関係数の差の信頼区間の推定を行ってみます．1群の相関係数の場合と同様に，$z_1 - z_2$の信頼区間の下限$z.l$と上限$z.u$を求め，それを逆変換して，相関係数の差の信頼区間の下限$r.l$と上限$r.u$を推定します．

$$z.l = z_1 - z_2 - z_0 \cdot SE, \quad z.u = z_1 - z_2 + z_0 \cdot SE$$

$$r.l = \frac{e^{2z.l} - 1}{e^{2z.l} + 1}, \quad r.u = \frac{e^{2z.u} - 1}{e^{2z.u} + 1}$$

いまの例で95%信頼区間を求めると，

$$z.l = 0.180 - 0.311 - 1.96 \cdot 0.124 = -0.374$$

$$z.u = 0.180 - 0.311 + 1.96 \cdot 0.124 = 0.112$$

$$r.l = \frac{e^{2(-0.374)}-1}{e^{2(-0.374)}+1} = -.36, \quad r.u = \frac{e^{2(0.112)}-1}{e^{2(0.112)}+1} = .11$$

となり，相関係数の差の95%信頼区間は[−0.36, 0.11]と推定されます．信頼区間の範囲が0を挟んで正負にまたがることから，どちらかの群の相関のほうが大きいという傾向は示唆されなくなります．実際，図14-3の散布図をみても，就労経験なし群と就労経験あり群の間で，相関の強さの差を見出すのは難しそうです．

❸ 多群の相関係数の差に関する推測

　自分と友だちとの類似性と親密性について，それぞれ7段階で評定してもらうということを，小学校低学年，小学校高学年，中学生の3つの集団で実施し，類似性と親密性の相関係数に，年齢集団間で差がみられるかどうか検討することを考えます．

　表14-5にデータの一部，表14-6に記述統計量と分析結果を示します．相関係数の値は，小学校低学年で$r_1 = 0.22$，小学校高学年で$r_2 = 0.34$，中学生で$r_3 = 0.52$となっており，表14-6の一番上の表にあるように，いずれの群においても，帰無仮説「$H_0: \rho = 0$」は棄却されます．

　多群の相関係数がみな等しいかどうか（等質性）を検討するために，まずフィッシャーのz変換を用いて各群のrをzに変換します．各群の人数を$n_1, n_2, \cdots n_a$，相関係数を$r_1, r_2, \cdots r_a$とすると，

$$X^2 = [z_1^2(n_1-3) + \cdots + z_a^2(n_a-3)] - \frac{[z_1(n_1-3) + \cdots + z_a(n_a-3)]^2}{(n_1-3) + \cdots + (n_a-3)}$$

は「$H_0: \rho_1 = \rho_2 = \cdots = \rho_a$」のもとで近似的に自由度$a-1$のカイ2乗分布に従うことが知られています．ただし，aは群数です．これを用いて相関係数の等質性の検定をします．

表14-5 類似性と親密性データ

番号	学年	類似性	親密性
1	L	5	4
2	L	5	4
⋮	⋮	⋮	⋮
92	L	4	5
1	M	5	4
2	M	5	4
⋮	⋮	⋮	⋮
108	M	4	1
1	H	4	6
2	H	5	3
⋮	⋮	⋮	⋮
102	H	5	4

L：小学校低学年，M：小学校高学年，H：中学生．

表14-6 類似性と親密性データの記述統計量と分析結果

学年	評定	n	M	SD	r	t	p	95%L	95%U
小学校低学年	類似性	92	3.98	1.25	.22	2.10	.039	.01	.40
	親密性		3.96	1.14					
小学校高学年	類似性	108	3.60	1.27	.34	3.75	.000	.16	.50
	親密性		3.73	1.34					
中学生	類似性	102	3.47	1.36	.52	6.10	.000	.36	.65
	親密性		3.50	1.33					

X^2	df	p
6.19	2	.045

	Δr	z	p	98.3%L	98.3%U
r_1-r_2	−.13	−0.96	.339	−.45	.20
r_1-r_3	−.31	−2.45	.014	−.61	−.01
r_2-r_3	−.18	−1.58	.115	−.51	.11

いまの例で X^2 の値は，表 14-6 の真ん中の表にあるように 6.19 となっており，統計的に有意です．したがって，小学校低学年，小学校高学年，中学生の間で，自分と友だちとの類似性と親密性の相関係数はみな同じではないと判断されます．

どの群間に差があるかを検討するため，ボンフェロニの方法（12.1 節）を用いて，信頼区間の推定をします．3 群ありますから，2 つの群どうしを比較する対は 3 つできます．そこで，それぞれの推測における有意水準を $0.05/3 = 0.167$，また信頼係数を $100(1 - 0.05/3) = 98.3\%$ とすることにより，3 つの推測全体での有意水準を 5% 以下に抑えるようにします．なお，標準正規分布における上側 2.5/3% 点に対応する z_0 の値は 2.394 です．

表 14-6 の一番下の表をみると，小学校低学年と中学生との間（$r_1 - r_3$）で相関係数に差があるという結果が得られていることが分かります．以上より，自分と友だちとの類似性と親密性の相関係数は，小学校低学年では小さいが，中学生では中程度以上と大きくなるという推測がなされます．

> **Column**
>
> ### 量的データの一致度
>
> 異なる採点者によるテストの評定結果が一致する程度をいいたいとき，相関係数が 1 に近いことを示すだけでは不十分です．一方の値が他方の値より常に 10 大きいとか，常に 2 倍になるという場合も，相関係数は 1 になるからです．知りたいのは，評定値そのものがどの程度一致しているかであり，相関ではないのです．
>
> このように，量的データの一致度を評価したいときに用いられる指標として，級内相関係数（intra-class correlation coefficient）があります．級内相関係数は，内的整合性の指標である α 係数と密接な関わりがあります（7.5 節）．
>
> 複数の評定者による評定得点全体の分散 σ_x^2 を，被験者の違いによる得点の分散 σ_b^2，評定者の違いによる得点の分散 σ_r^2，誤差による得点の分散 σ_e^2 に分けたとき，級内相関係数 ρ は以下の式で定義することができます．
>
> $$\sigma_x^2 = \sigma_b^2 + \sigma_r^2 + \sigma_e^2$$
>
> $$\rho = \frac{\sigma_b^2}{\sigma_b^2 + \sigma_e^2}$$
>
> 級内相関係数は 0 〜 1 の値をとります．評定者の違いによる得点の散らばり σ_r^2 は上式に含まれていませんが，各評定者の評定が一致しているほど σ_r^2 は小さくなりますから，相対的に σ_b^2 の割合が大きくなります．したがって，各評定者の評定が一致しているほど，ρ は 1 に近くなります．
>
> この値が級内相関係数といわれるゆえんは，ρ を推定する式が，
>
> $$\hat{\rho} = \frac{\text{評定得点間の共分散の平均的な値}}{\text{各評定者の評定得点の標準偏差の平均的な値の積}}$$
>
> という構造になり，全評定者にわたっての，平均的な相関係数を推定するようなかたちになることによります．なお，級内相関係数には，他にもいくつか定義の仕方があります．

chapter 15 分割表に関する統計的推測

　前章では，量的変数間の直線的な関係の強さを表す相関係数の統計的推測を行いました．これに対し，本章では，質的変数間の関連の強さを表す連関係数について説明し，統計的推測を行います．

　まず，2つの質的変数に関連があるとはどういうことかを説明し，関連の強さを表す連関係数を導出します．次に，連関係数に関する統計的推測を行います．また，異なる評定者による評定結果をデータとする場合は，評定の一致度が問題になります．そこで，質的変数の一致度に関する推測についても説明します．

1 変数の独立性

独立と連関

　2つの質的変数について，一方の質的変数のどのカテゴリに属するかによって，他の質的変数のどのカテゴリに属するかの傾向に違いがあるとき，その2つの変数は独立（independent）でなく，連関（association）があるといいます．反対に，2つの質的変数について，一方の質的変数のどのカテゴリに属するかによって，他の質的変数のどのカテゴリに属するかの傾向に違いがないとき，その2つの変数は独立であり，連関がないといいます．

　表15-1 は，塾に通っているか否かと，睡眠不足との間に連関がある場合のクロス表の例です．塾に通っている群では2/3の人が睡眠不足ありと答え，塾に通っていない群では1/4の人しか睡眠不足ありと答えていません．塾に通っているかいないかで，睡眠不足の割合に違いがあります．したがって，この場合は2つの変数は独立ではなく，連関があります．

　表15-2 は，表15-1 と同様に，塾に通っているか否かと，睡眠不足との関連について，今度は連関がない場合のいくつかのパターンを示したものです．

　表15-2a では，通塾のあり・なしと，睡眠不足のあり・なしで作られる4つのセルの

表 15-1　通塾と睡眠の関連（連関あり）

		睡眠不足 あり	睡眠不足 なし	計
通塾	あり	40	20	60
	なし	10	30	40
	計	50	50	100

表 15-2 通塾と睡眠の関連（連関なし）

a

		睡眠不足 あり	睡眠不足 なし	計
通塾	あり	25	25	50
	なし	25	25	50
	計	50	50	100

b

		睡眠不足 あり	睡眠不足 なし	計
通塾	あり	30	30	60
	なし	20	20	40
	計	50	50	100

c

		睡眠不足 あり	睡眠不足 なし	計
通塾	あり	45	30	75
	なし	15	10	25
	計	60	40	100

度数がすべて同じですから，塾に通っている・いないにかかわらず，睡眠不足の割合は同じです．したがって，通塾と睡眠不足という2つの変数は，独立で連関がないとなります．

表 15-2b も，塾に通っている人数に違いはありますが，塾に通っている群と塾に通っていない群のそれぞれにおいて，睡眠不足のあり・なしは同数ですから，通塾と睡眠不足は独立で，連関なしです．さらに表 15-2c も，塾に通っている人数や，睡眠不足の人数は違っていますが，割合をみると，塾に通っていてもいなくても，睡眠不足のあり・なしの比は 3 : 2 になっていますから，やはり 2 つの変数は独立で，連関なしです．

セル確率，周辺確率

セル度数を総度数で割った値をセル確率（cell probability），周辺度数を総度数で割った値を周辺確率（marginal probability）といいます．いま，a 個のカテゴリからなる変数 A と，b 個のカテゴリからなる変数 B があるとします．表 15-3 のように，(i, j) セルのセル確率を p_{ij}，第 i 行の周辺確率を $p_{i\cdot}$，第 j 列の周辺確率を $p_{\cdot j}$ とすると，変数 A と変数 B が独立であるということは，次の式が成り立つということです．

$$p_{ij} = p_{i\cdot} \cdot p_{\cdot j}, \quad i = 1, 2, \cdots, a, \quad j = 1, 2, \cdots, b \tag{15.1}$$

15.1 式は一般には成立しません．変数 A と変数 B が独立であるときだけ成立します．15.1 式が成り立てば，変数 A のどのカテゴリにおいても，変数 B の構成比は $p_{\cdot 1}, p_{\cdot 2}, \cdots, p_{\cdot b}$ となって周辺確率の比と同じになり，確かに独立で連関なしの状態になっています．

表 15-4 に，連関ありの場合と連関なしの場合の，セル確率，周辺確率の例を示します．これらの表は，表 15-1 と表 15-2b に対応しています．これら 2 つの表の周辺度数は同じですから，表 15-4 の 2 つの表の周辺確率は同じ値になります．しかし，セル確率は，連

表 15-3 セル確率，周辺確率

		変数 B					計
		1	$\cdots$	j	$\cdots$	b	
変数 A	1	p_{11}	$\cdots$	p_{1j}	$\cdots$	p_{1b}	$p_{1\cdot}$
	$\vdots$	$\vdots$		$\vdots$		$\vdots$	$\vdots$
	i	p_{i1}	$\cdots$	p_{ij}	$\cdots$	p_{ib}	$p_{i\cdot}$
	$\vdots$	$\vdots$		$\vdots$		$\vdots$	$\vdots$
	a	p_{a1}	$\cdots$	p_{aj}	$\cdots$	p_{ab}	$p_{a\cdot}$
	計	$p_{\cdot 1}$	$\cdots$	$p_{\cdot j}$	$\cdots$	$p_{\cdot b}$	1

表 15-4 通塾と睡眠のクロス表のセル確率，周辺確率

a 連関あり

		睡眠不足 あり	睡眠不足 なし	計
通塾	あり	0.4	0.2	0.6
通塾	なし	0.1	0.3	0.4
	計	0.5	0.5	1

b 連関なし

		睡眠不足 あり	睡眠不足 なし	計
通塾	あり	0.3	0.3	0.6
通塾	なし	0.2	0.2	0.4
	計	0.5	0.5	1

関ありの場合と連関なしの場合で異なっていることが分かります．15.1 式で示されるように，連関なしの場合にはセル確率は周辺確率の積に一致しますが，連関ありの場合はそのような関係はみられないことが確認されます．

期待度数

分割表の各セルにおいて，もし変数が独立で連関がなかったとしたら，度数はどうであっただろうかという値を，期待度数（expected frequency）といいます．期待度数は，総度数に周辺確率の積を掛けることにより求められます．

$$期待度数 = np_{i\cdot}p_{\cdot j} = \frac{n_{i\cdot}n_{\cdot j}}{n} \tag{15.2}$$

セル度数は，セル確率に総度数を掛ければ求められます．もし変数が独立なら 15.1 式が成立しますから，セル確率は周辺確率の積になります．したがって，もし変数が独立で連関がなかったとしたら，セル度数は周辺確率の積に総度数を掛けた値になり，それが期待度数になるわけです．

また，周辺確率は周辺度数を総度数で割ったものですから，15.2 式の最右辺のように，周辺度数の積を総度数で割ることによっても，期待度数を求めることができます．

表 15-5 に，表 15-1 のクロス表の期待度数を示します．表 15-1 と表 15-2b は周辺度数が等しく，また，表 15-2 の表は連関なしの表なので，表 15-5 にある期待度数は，表 15-2b のセル度数に一致します．

2 連関係数

クラメルの連関係数

表 15-2b と表 15-5 のように，変数間に連関がなければ，観測度数と期待度数は等しくなりますが，変数間に連関があれば，表 15-1 と表 15-5 のように，観測度数と期待度数は違ってきます．したがって，観測度数と期待度数の違いの大きさから，変数間の連関の強さを表すことが考えられます．

セルごとに，観測度数と期待度数の差をとって合計しても，プラスマイナスが相殺されてしまいますので，分散を求めるときにやったように，観測度数と期待度数の差の 2 乗をとることにします．ただし，観測度数と期待度数の差の大きさが同じでも，期待度数が大きいセルと期待度数が小さいセルでは，ずれの規模が異なります．期待度数が大きいセ

表 15-5 通塾と睡眠の関連の期待度数

		睡眠不足 あり	睡眠不足 なし	計
通塾	あり	$100 \cdot 0.6 \cdot 0.5 = 30$	$100 \cdot 0.6 \cdot 0.5 = 30$	60
	なし	$100 \cdot 0.4 \cdot 0.5 = 20$	$100 \cdot 0.4 \cdot 0.5 = 20$	40
	計	50	50	100

ルほど，実質的なずれの程度は小さくなります．そこで，観測度数と期待度数の差の2乗を期待度数で割って，期待度数の大きさの影響を調整します．そして，すべてのセルでこの値を求めて合計すると，観測度数と期待度数の違いを表す統計量が構成されます．この統計量をピアソンのカイ2乗統計量（Pearson's chi square statistic）とよび，X^2で表します．

$$X^2 = \sum_{セル} \left[\frac{(観測度数 - 期待度数)^2}{期待度数} \right] \tag{15.3}$$

$\sum_{セル}$は，すべてのセルにわたって値を合計することを表す記号です．**表 15-1**と**表 15-2b**の2つのクロス表でこの値を求めると，次のようになります．

$$X^2 = (40-30)^2/30 + (20-30)^2/30 + (10-20)^2/20 + (30-20)^2/20 = 16.7$$
$$X^2 = (30-30)^2/30 + (30-30)^2/30 + (20-20)^2/20 + (20-20)^2/20 = 0$$

連関ありの場合は，観測度数と期待度数に違いがありますので，X^2は0より大きい値になります．一方，連関なしの場合は，観測度数と期待度数が完全に一致するので，X^2は0になります．

X^2は連関の強さを反映しますが，共分散の場合と同じように，X^2の値だけから連関の強さを知ることは困難です．X^2は，総度数やクロス表の大きさの影響を受けているからです．そこで，連関の強さを0から1の値で表す，クラメルの連関係数（Cramer's association coefficient）という指標が考えられています．クラメルの連関係数Vは次式で求められます．

$$V = \sqrt{\frac{X^2}{[\min(a,b)-1]n}} \tag{15.4}$$

X^2はピアソンのカイ2乗統計量，nは総度数，$\min(,)$はカッコの中の値の小さい方を選ぶ関数です．**表 15-1**の連関ありの表でこの値を求めてみると，

$$V = \sqrt{\frac{16.7}{[\min(2,2)-1] \cdot 100}} = \sqrt{0.167} = 0.41$$

となります．

Vの値が1になるとき，2つの変数には完全な連関があるといわれます．一方の変数（カテゴリ数の多い方）でどのカテゴリに属するかが分かれば，他方の変数でどのカテゴリに

属しているかが完全に分かる状態です．

🦋 ファイ係数

クラメルの連関係数は，a 行 b 列という一般のクロス表の関連の強さを表す指標ですが，各変数がともに2つのカテゴリからなる 2×2 表の場合は，ファイ係数（phi coefficient）が多く用いられます．ファイ係数（ϕ）は，セル度数と周辺度数を用いて，次のように計算されます．

$$\phi = \frac{n_{11}n_{22} - n_{12}n_{21}}{\sqrt{n_{1\cdot}n_{2\cdot}n_{\cdot 1}n_{\cdot 2}}} \tag{15.5}$$

表 15-1 でファイ係数を求めると，

$$\phi = \frac{40 \cdot 30 - 20 \cdot 10}{\sqrt{60 \cdot 40 \cdot 50 \cdot 50}} = \frac{1000}{1000\sqrt{6}} = 0.41$$

となり，クラメルの連関係数 V の値と同じであることが分かります．実際，V と ϕ には，$V = |\phi|$ という関係があります．絶対値がつくのは，ファイ係数では，行の上下，または列の左右を入れ替えると，$-\phi$ の値になるからです．

ファイ係数は相関係数と同じように -1 から $+1$ の値になります．実際，ファイ係数は，2つの質的変数を量的変数とみなしたときの，ピアソンの積率相関係数として算出することができます．つまり，各個体の変数 A，変数 B の値を 0 や 1 などの数値に置き換え，変数 A, B 間の相関係数を求めると，ファイ係数と同じ値になります．

3 独立性の検定

🦋 カイ 2 乗検定

帰無仮説「H_0：母集団において2つの質的変数は独立である」が正しいとき，15.3 式のピアソンのカイ2乗統計量は，近似的に自由度 $(a-1)(b-1)$ のカイ2乗分布に従うことが知られています．したがって，この値を利用して，独立性の検定を行うことができます．

ピアソンのカイ2乗統計量は，多くのセルの期待度数がある程度大きければ（例えば5以上），カイ2乗統計量としての近似がよいといわれていますが，より近似の精度をよくし，正確な p 値に近づけるため，イェーツ（Yates）の連続修正というものが考えられています．ピアソンのカイ2乗検定とイェーツの連続修正を行ったカイ2乗検定で結果が異なる場合は，イェーツの連続修正を行った結果を採用するほうがよいとされています．

表 15-1 のクロス表について，独立性の検定を行った結果を**表 15-6** に示します．結果をみると，ピアソンのカイ2乗検定でも，イェーツの連続修正を行ったカイ2乗検定でも，X^2 値は統計的に有意ですので，通塾と睡眠不足には関連があると判断します．

表15-6 通塾と睡眠の関連性の分析結果

	X^2 or G^2	df	p
ピアソンのカイ2乗検定	16.67	1	.000
イエーツの連続修正カイ2乗検定	15.04	1	.000
尤度比検定	17.26	1	.000
フィッシャーの直接検定法			.000

尤度比検定

観測度数と期待度数のずれを表す別の統計量として，尤度比カイ2乗統計量（likelihood ratio chi squared statistic）があります．尤度比カイ2乗統計量は，「H_0：母集団において2つの質的変数は独立である」などの仮説が，どの程度もっともらしいかを検討する際に用いられる統計量です．尤度比カイ2乗統計量 G^2 は，以下の式で求められます．

$$G^2 = 2\sum_{\text{セル}} \left[観測度数 \cdot \log \frac{観測度数}{期待度数} \right] \tag{15.6}$$

この値も，「H_0：母集団において2つの質的変数は独立である」という帰無仮説が正しいとき，近似的に自由度 $(a-1)(b-1)$ のカイ2乗分布に従いますので，G^2 を使って独立性の検定を行うことができます．総度数が大きい場合には，X^2 と G^2 はだいたい同じ値になります．

表15-6 で G^2 の値を確認すると 17.26 で，やはり統計的に有意で，通塾と睡眠不足には関連があるという結論が導かれます．

フィッシャーの直接検定法

総度数やセル期待度数が小さい場合は，カイ2乗分布の近似がうまくいかないので，X^2 や G^2 を用いて検定を行うことは適切ではありません．そのような場合に使える方法として，フィッシャーの直接検定法（Fisher's exact test）があります．直接確率法，正確確率法などといわれることもあります．

この方法では，周辺度数を固定したもとで，得られたクロス表よりも連関が強いパターンが生じる確率を計算して，有意確率を求めます．総度数や表のサイズが大きくなると計算量が膨大になりますが，総度数やセル期待度数が小さい場合には有効な方法です．

表15-6 には，フィッシャーの直接検定法による有意確率も示してあります．結果をみると，有意確率は .000 で統計的に有意であり，通塾と睡眠不足には関連があるという判断がなされます．

4 残差分析

独立性の検定を行って，変数間に関連があるという判断が下されても，どこのセルの度数が大きいのか，また逆に小さいのかは分かりません．これは，分散分析で主効果があると判断されても，どの水準間の平均値に差があるのかは分からないのと似ています．そこで，分散分析のときに多重比較を行ったように，クロス表の分析では，観測度数と期待度

表 15-7 モラトリアム傾向と進路のクロス集計表

		進路 就職	進学	未定	計
モラトリアム	高	62 67.24	29 33.87	36 25.90	127
	低	73 67.77	39 34.13	16 26.10	128
	計	135	68	52	255

上段：観測度数，下段：期待度数．

表 15-8 モラトリアム傾向と進路との関連性の分析結果

	X^2 or G^2	df	p
ピアソンのカイ 2 乗検定	10.06	2	.007
イエーツの連続修正カイ 2 乗検定	10.06	2	.007
尤度比検定	10.26	2	.006
フィッシャーの直接検定法			.006

数の差，すなわち残差の分析を行い，どのセルの度数が大きい，または小さいといえるのかを検討します．

例を変えて，学生におけるモラトリアム傾向の高低と進路との関連の分析を考えてみます．**表 15-7** に，モラトリアム傾向と進路のクロス表，**表 15-8** に独立性の検定の結果を示します．**表 15-8** をみると，有意確率はいずれも .05 より小さく，独立性の仮定は棄却され，学生におけるモラトリアム傾向の高低と進路の間には関連があると判断されます．

ピアソン残差

15.3 式のピアソンのカイ 2 乗統計量 X^2 は，各セルにおける観測度数と期待度数のずれの大きさを合計したものですから，合計する 1 つ 1 つの要素は，各セルにおける観測度数と期待度数のずれの大きさを反映していると考えられます．そこで，各セルにおける残差として次のものを考えます．

$$e_{ij} = \frac{観測度数 - 期待度数}{\sqrt{期待度数}} \tag{15.7}$$

15.7 式の e_{ij} を 2 乗して合計すれば 15.3 式のピアソンのカイ 2 乗統計量になることから，15.7 式で表される残差をピアソン残差（Pearson residual）といいます．また，ピアソン残差を標準正規分布に従うように修正したものを，標準化ピアソン残差（standardized Pearson residual）といいます．変数間に独立性が仮定されるとき，標準化ピアソン残差は近似的に標準正規分布に従いますから，この値が ±1.96 を超えたら 5% 水準で統計的に有意とし，期待度数と比べそのセルの度数は大きい（または小さい）と解釈することができます．なお，ピアソン残差の分子を残差，ピアソン残差を標準化残差，標準化ピアソン残差を調整済み標準化残差と呼ぶことがあります．

表 15-9 に，モラトリアム傾向と進路のクロス表の標準化ピアソン残差を示します．**表**

第 15 章　分割表に関する統計的推測

表 15-9　モラトリアム傾向と進路の残差分析

		進路 就職	進学	未定
モラトリアム	高	−1.31 −1.33	−1.38 −1.41	3.14 2.96
	低	1.31 1.30	1.38 1.35	−3.14 −3.38

上段：標準化ピアソン残差．
下段：標準化デビアンス残差．

15-9 をみると分かるように，カテゴリ数が 2 つの変数では，カテゴリ間で，標準化ピアソン残差は符号が違う同じ大きさの値になります．例えば，モラトリアム高群と低群の進路未定の標準化ピアソン残差は＋3.14 と−3.14 で，モラトリアム高群では進路未定の者が多く，モラトリアム低群では進路未定の者が少ないということがいえます．

デビアンス残差

観測度数と期待度数のずれをとらえる指標として，ピアソンのカイ 2 乗統計量 X^2 の他に，15.6 式の尤度比カイ 2 乗統計量 G^2 もありました．残差を分析するにあたっても，尤度比カイ 2 乗統計量に基づいた，デビアンス残差（deviance residual）というものが考えられています．(i, j) セルのデビアンス残差 d_{ij} は次式で計算されます．

$$|d_{ij}| = \sqrt{2\left[観測度数 \cdot \log\left(\frac{観測度数}{期待度数}\right) - (観測度数 - 期待度数)\right]} \quad (15.8)$$

d_{ij} の符号は，観測度数と期待度数の大小関係で決めます．観測度数のほうが期待度数より大きかったら＋，観測度数のほうが期待度数よりも小さかったら−です．デビアンス残差についても，標準正規分布に従うように修正した標準化デビアンス残差というものを考えます．標準化デビアンス残差も，標準化ピアソン残差と同様に解釈することができます．すなわち，標準化デビアンス残差の値が±1.96 を超えたら 5% 水準で統計的に有意とし，そのセルの度数は期待度数に比べ大きい（または小さい）と解釈します．

表 15-9 には，標準化デビアンス残差も示してあります．標準化ピアソン残差と異なり，標準化デビアンス残差は，カテゴリ数が 2 つの変数でもカテゴリ間で残差の大きさは一致しません．しかし，標準化ピアソン残差とだいたい同じ傾向を示していることが分かります．標準化デビアンス残差に基づいても，モラトリアム高群では進路未定の者が多く，モラトリアム低群では進路未定の者が少ないということがみえてきます．

なお，すべてのセルのデビアンス残差（15.8 式）を 2 乗して合計した値を残差デビアンス（residual deviance）といい，クロス表の独立性の検定のような場合，残差デビアンスは 15.6 式の尤度比カイ 2 乗統計量 G^2 の値と等しくなります．

表 15-10　ヒヤリ・ハット事例の要因評定

		評定者 2			計
		個人	組織	両方	
評定者 1	個人	7 3.0	1 3.0	1 3.0	9
	組織	1 3.3	8 3.3	1 3.3	10
	両方	2 3.7	1 3.7	8 3.7	11
	計	10	10	10	30

上段：観測度数，下段：期待度数．

表 15-11　カッパ係数の評価の目安

κ	一致度
0.5 以下	低い
0.5 〜 0.7	中程度
0.7 〜 0.9	高い
0.9 以上	非常に高い

5　一致係数

　2つの異なる質的変数ではなく，同じ事象を異なる評定者が評価したときの評定結果の一致度をみるなど，2つの変数に対応がある場合があります．本節では，2人の評定の一致度を分析する方法についてみていきます．

　表 15-10 は，病棟で発生した30例のヒヤリ・ハット事例について，原因が個人に属するか，組織に属するか，両方に属するかを，2人の評定者が評価した結果をまとめたものです．

　同一の30例をみていますから，もし各事例の評定が一致すれば，度数は対角線上のセルだけに現れ，対角線から外れるセルの度数は0になるはずです．**表 15-10** をみると，多くの度数が対角線上のセルにありますが，非対角のセルにも度数があり，2名の評定者で評定結果が異なる事例があることが分かります．

　評定の一致度を表す指標として，コーエンのカッパ係数（Cohen's kappa coefficient）があります．カッパ係数は次式で計算されます．

$$\kappa = \frac{実際の一致数 - 偶然の一致数}{全評定数 - 偶然の一致数} \tag{15.9}$$

　κ はギリシャ文字で，カッパと読みます．実際の一致数は，クロス表の対角線上のセルの観測度数の合計，偶然の一致数は，クロス表の対角線上のセルの期待度数の合計です．カッパ係数の値は－1から＋1の値をとり，＋1に近いほど，評定が一致していることを表します．カッパ係数の値とおおよその評価の目安を**表 15-11** に示します．ただし，カッパ係数は周辺度数の構成比などにも影響されますので，目安はあくまでも目安です．

　表 15-10 のデータのカッパ係数の値を求めると次のようになります．

全評定数＝ 30

実際の一致数＝ 7＋8＋8 ＝ 23

偶然の一致数＝ 3.0＋3.3＋3.7 ＝ 10.0

表 15-12　評定の一致度の分析結果

	κ	95%L	95%U
重みなし	0.65	0.42	0.88
重み付き	0.60	0.28	0.92

$$\kappa = \frac{23 - 10.0}{30 - 10.0} = 0.65$$

　いま，カッパ係数は 0.65 という値なので，目安に照らすと中程度の一致はみられるということになります．

　カッパ係数は信頼性係数と同様に，値が 1 に近いことが望まれるので，「$H_0: \kappa = 0$」の検定を行っても意味がありません．この帰無仮説が棄却されても，一致度は 0 ではないといえるだけで，どの程度一致しているかは分からないからです．そこで，カッパ係数に関する統計的推測として，信頼区間を推定することにします．

　表 15-12 に，ヒヤリ・ハット事例評定のカッパ係数の信頼区間を示します．「重みなし」は，評定カテゴリにとくに順序性がない場合に参照します．これに対し，評定カテゴリに「よい」「ふつう」「わるい」のような順序性がある場合は，重み付きカッパ係数を用いるのがよいとされています．

　いま信頼区間は [.42, .88] ですから，評定の一致度は高いか低いか判断がつきにくい状況だと考えられます．しかし，高いといってもとても高いわけではありません．したがって，評定の一致性を高めるように，とくに評定が一致しなかった事例の評定について再検討するとともに，評定基準の確認や見直しを行うことが求められます．

6　分割表の分析におけるいくつかの注意点

係数だけでなく表もみる

　表 15-2 でみたように，連関なしといっても 3 つのパターンがありました．もちろん，連関なしのパターンはこれだけではなく，もっとたくさんのパターンがあります．同様に，連関係数の値がいくつであっても，同じ連関係数の値になるクロス表のパターンは多量にあります．

　したがって，質的変数間の関連性を分析する際は，連関係数などの値だけではなく，クロス表自体をよくみることが重要です．論文においても，可能なかぎり，度数や割合などの値を載せることが求められます．

連関は交互作用

　15.1 節で述べたように，2 つの質的変数が独立ではなく連関がある場合には，一方の変数のどのカテゴリに属するかによって，他の変数のどのカテゴリに属するかの傾向に違いがみられます．

　ここで，セル度数もしくはセル確率を従属変数として考えると，クロス表における連関

表 15-13　シンプソンのパラドックス

a　施設 1（$\phi = 0$）

		効果あり	効果なし	計
治療法	A	24	6	30
	B	16	4	20
計		40	10	50

b　施設 2（$\phi = 0$）

		効果あり	効果なし	計
治療法	A	2	8	10
	B	8	32	40
計		10	40	50

c　施設 1 ＋ 施設 2（$\phi = 0.24$）

		効果あり	効果なし	計
治療法	A	26	14	40
	B	24	36	60
計		50	50	100

は，一方の変数の水準の違いによって，従属変数（セル度数もしくはセル確率）に対する他方の変数の影響の仕方が異なるという見方ができます．これは，分散分析でみた交互作用です（12.4 節）．

したがって，質的変数間の連関は，セル度数もしくはセル確率に対する交互作用として解釈することができます．例えば，表 15-7 のデータでは，モラトリアム高群では進路未定者の割合が相対的に大きいのに対し，モラトリアム低群では進路未定者の割合は相対的に小さいというように，交互作用を解釈するように連関をとらえることができます．

シンプソンのパラドックス

相関係数において，いくつかの群のデータをあわせると，奇妙な相関関係がみられることがあるという，見かけの相関の説明をしました（6.4 節）．質的変数間の関連においても同様の現象が生じることがあり，これをシンプソンのパラドックス (Simpson's paradox) といいます．

表 15-13 は，2 つの施設のそれぞれにおいて，2 つの治療法 A，B を実施し，その効果を検討した表です．表 15-13a は施設 1 のデータです．施設 1 においては，いずれの治療法でも 8 割の患者に効果があったという結果になっています．表 15-13b は施設 2 のデータです．施設 2 では，いずれの治療法でも 2 割の患者にしか効果がなかったという結果になっています．この段階で，治療法 A，B の効果に差はなく，影響があるのは施設の違いであることが分かります．

しかし，2 つの施設のデータをあわせた表 15-13c をみると，治療法 A では 65% の患者に効果があり，治療法 B では 40% の患者にしか効果がなかったとなり，治療法によって効果に違いがあるようにみえます．カイ 2 乗検定を行うと，表 15-13a と 13b のピアソンのカイ 2 乗値はともに 0（$p=1.00$）であるのに対し，表 15-13c のカイ 2 乗値は 6（$p<0.05$）となります．ファイ係数も，それぞれの施設の表では 0 なのに，2 つの施設をあわせた表では 0.24 となっています．これは，施設によって治療法の選択率に違いがあるのに，それを考慮しないで表を合計してしまったため，見かけの連関が生じたと解釈できます．

見かけの連関を生じさせないためには，施設 1 でも 2 でも，治療法 A,B に割り付ける患者の割合を同じにしておけばよかったといえます．もちろん，重症患者を一方の治療法に集中させるなどの作為を行ってはならず，治療法 A,B に無作為に患者を割り付けます．なお，施設間で共通していれば，治療法 A と治療法 B の割合は同じでなくてもかまいま

表 15-14　各施設で治療法の割り付け数を同じにした場合

a　施設1（φ＝0）

		効果		計
		あり	なし	
治療法	A	20	5	25
	B	20	5	25
計		40	10	50

b　施設2（φ＝0）

		効果		計
		あり	なし	
治療法	A	5	20	25
	B	5	20	25
計		10	40	50

c　施設1＋施設2（φ＝0）

		効果		計
		あり	なし	
治療法	A	25	25	50
	B	25	25	50
計		50	50	100

せんが，無作為に患者を割り付ける必要があることを考えると，治療法 A と治療法 B の割合は同じ（半々）にしておくのがよいと考えられます．

両方の施設において，このような割り付けがなされていれば，施設1と施設2のデータを合計しても，治療法によって効果に違いがあるという表にはならなくなります．ただし，2つの施設のデータを合計すると，施設により効果に違いがあるという情報は失われてしまいます．

表 15-14 に，施設1と2で，治療法 A,B に割り付ける患者数を揃えた場合の結果を示します．各施設における効果の度合いは**表 15-13** と同じです．**表 15-14c** では，治療法 A も B も効果ありの割合は5割で，治療法により効果に違いがあるという見かけの連関はみられなくなっています．

Column　対数線形モデル

本文では2つの質的変数間の関連について説明しましたが，2つ以上の質的変数間の関連について分析したい場合もあります．そのようなときに用いられる分析法に，対数線形モデル（log linear model）があります．対数線形モデルでは，セル度数を従属変数，各質的変数を説明変数として，分散分析のように，それぞれの説明変数の主効果や交互作用を検討します．主効果や交互作用を表すパラメタをモデルに入れたり除いたりして，どのパラメタが必要かを検討します．それによって，どの効果があるといえるかを分析します．

15.4 節で扱った，学生におけるモラトリアム傾向の高低と進路との関連の分析を，対数線形モデルで考えると，説明変数は「モラトリアム傾向の高低」と「進路」，従属変数は表 15-7 のクロス表のセル度数です．もし，「モラトリアム傾向の高低」と「進路」の交互作用を表すパラメタが必要ないとなれば，これら2つの変数は独立であると考えることができます．反対に，「モラトリアム傾向の高低」と「進路」の交互作用を表すパラメタは必要であるとなれば，これら2つの変数は独立ではなく関連があるという結論になります．

15.4 節の残差分析は，この交互作用パラメタが，各セルにおいてどのような効果をもたらしているかを分析していることに相当します．

chapter 16 比率に関する統計的推測

　1つの質的変数が，成功－失敗，陽性－陰性のように2つのカテゴリからなっていて，その成功率や陽性率を他の変数から予測するような場合は，比率の分析として扱うことができます．本章では，比率を分析する方法について説明します．

　まず，1群の比率に関する推測を行い，その後，2群，多群の比率に関する推測について説明します．その際，対応のある群の場合と対応のない群の場合を考えます．対応のない2群の比率は，臨床群と対照群の比率のように，医療系においてよく出てきます．コホート研究や，オッズ比などの用語も，これに絡んで出てくることが多いので，ここで説明します．

　新薬の開発などでは，新しい薬が従来の薬と同程度の効果をもてば，開発する意義があるとされることがあります．そのような検証法として，比率の非劣性の検討がありますので，これについても紹介します．

1 1群の比率に関する推測

　過去のデータから，合格率が6割と推定される資格試験があるとします．その資格試験に対して，特別な指導法を考案し，25名の受検者に実施したところ，25名中19名が合格しました．合格率は19/25 = 0.76です（**表16-1**）．このデータをもとに，この群の母集団における合格率は0.6より高いといえるかどうかを検討します．

　この特別な指導を受ける受検者の母集団の合格率が$\pi_0 = 0.6$であると仮定します．合格率が0.6の試験を，25名の受検者が受検したときの合格者数を確率変数として，合格

表16-1　合格者データ

	合格	不合格	計
度数	19	6	25
Pr	0.76	0.24	1.00

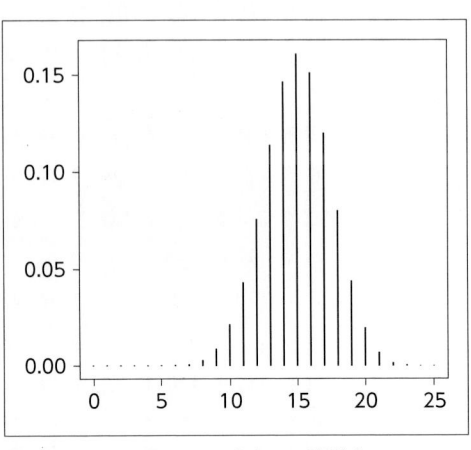

図16-1　$n = 25$, $p = 0.6$の二項分布

表16-2 合格者データの分析結果

	Pr	X^2	p	95%L	95%U
二項検定	0.76		.151	0.55	0.91
近似検定		2.04	.153	0.54	0.90

者数の確率をグラフで表すと，図16-1のようになります．この確率分布を二項分布 (binomial distribution) といいます．いま，$\pi_0 = 0.6$ ですから，合格者数としては $25 \cdot 0.6 = 15$ 付近の確率が大きく，そこから離れるにしたがって確率が小さくなっています．合格者5名以下とか，反対に25名全員合格などという可能性はほとんど0であることが分かります．

図16-1の確率分布は，帰無仮説を「$H_0 : \pi_0 = 0.6$」としたときの，「合格者数」という検定統計量の分布としてとらえることができます．したがって，図16-1の分布の両側に棄却域を設定して，標本の合格者数が棄却域に入れば帰無仮説を棄却し，$\pi_0 \neq 0.6$ と判断します．このような検定法を二項検定 (binomial test) といいます．

表16-2に二項検定の結果を示します．p値は0.151と統計的に有意ではなく，帰無仮説は保持されます．95%信頼区間も [0.55, 0.91] で，0.6を含んでいます．これらの結果から，母集団における合格率は，0.6より大きいとはいえないという結論が導かれます．

コンピュータが発達していない時代，総数 n（いまの例では25名）が大きいときの二項確率を計算するのは大変な作業でした．そこで，簡便に有意確率を推定する方法が考案されました．総数 n が大きく，比率 p がおよそ0.1〜0.9の範囲にあるとき，二項分布は，平均 np，標準誤差 $\sqrt{p(1-p)/n}$ の正規分布で近似されることが知られています．したがって，次式の z は標準正規分布に従います．

$$z = \frac{x - np}{\sqrt{p(1-p)/n}} \tag{16.1}$$

そこで，この z の分布を利用して，有意確率を求めることを考えます．また，z を利用して，母比率の信頼区間も，次のように推定することができます．

$L = p - z_0 \cdot SE$
$U = p + z_0 \cdot SE$

ここで，z_0 は標準正規分布における上側 $100(1 - \alpha/2)$ % 点に対応する値で，95%信頼区間の場合は1.96，90%信頼区間の場合は1.645という値になります．SE は16.1式の分母です．

表16-2には，表16-1のデータにこの近似検定を適用した結果も示してあります．表中の X^2 は16.1式の z を2乗したもので，自由度1のカイ2乗分布に従う統計量です．結果をみると，二項検定とほとんど同じ結果になっていることが分かります．

表16-3 2×2表のデータ構造

		変数2 1	0	計
変数1	1	n_{11}	n_{10}	$n_{1\cdot}$
	0	n_{01}	n_{00}	$n_{0\cdot}$
	計	$n_{\cdot 1}$	$n_{\cdot 0}$	n

表16-4 入学希望データ

		子ども 希望	不希望	計
親	希望	25	8	33
	不希望	21	21	42
	計	46	29	75

2 対応のある2群の比率に関する推測

まず一般に，2群の比率のもととなるデータは，2つの変数がともに2値なので，**表16-3**に示すように，2×2表にまとめることができます．比率を考える場合は，成功－失敗または陽性－陰性のように，一方を正反応，他方を負反応ととらえることも多いので，正反応を1，負反応を0などと符号化します．

さて，対応のある比率の具体例を考えます．オープンキャンパスに参加した親子に対し，その学校に入学したい（させたい）と思うかどうかを調査し，親と子どもでその比率に差があるかどうか検討します．親子の組からデータを得ていますから，対応のある2群の比率になります．

表16-4にデータを示します．75組の親子のうち，子どもを入学させたいと思う親は33名，入学したいと思う子どもは46名という結果になっています．標本比率は，

$$p_1 = n_{1\cdot}/n = 33/75 = 0.44$$
$$p_2 = n_{\cdot 1}/n = 46/75 = 0.61$$

となります．

対応のある2群の場合，標本比率の差 $p_1 - p_2$ は，平均が $\pi_1 - \pi_2$，標準誤差が次式で計算される正規分布に従うことが知られています．

$$SE = \sqrt{SE_1^2 + SE_2^2 - 2\phi SE_1 SE_2} \tag{16.2}$$

ただし，それぞれの群の標準誤差は，

$$SE_1 = \sqrt{\frac{p_1(1-p_1)}{n}}$$

$$SE_2 = \sqrt{\frac{p_2(1-p_2)}{n}}$$

で，ϕ はファイ係数です．

16.2式で示される，対応のある2群の比率の差の標準誤差は，11.1節の，対応のある2群の平均値の差の標準誤差と同じ構造をしています．これは，比率は1－0データの平均値であることを考えれば納得がいきます．なお，16.2式は，**表16-3**の記号を使って次のように書くこともできます．

表 16-5　入学希望データの分析結果

	Pr	Δ Pr	X^2	p	95%L	95%U
親	0.44	−0.17	4.97	.026	−0.31	−0.04
子ども	0.61					

$$SE = \frac{1}{n}\sqrt{n_{10} + n_{01} - \frac{(n_{10}-n_{01})^2}{n}}$$

　帰無仮説「$H_0：\pi_1 = \pi_2$」の検定（マクネマーの検定）と信頼区間の推定を行った結果を**表 16-5**に示します．$X^2 = 4.97$ は統計的に有意であり，また，95% 信頼区間は［−0.31，−0.04］となって負の領域に位置していることから，子どもが入学したいと思う割合のほうが，親が入学させたいと思う割合よりも大きいという結論が導かれます．

3　対応のある多群の比率に関する推測

　看護系学科に入学した学生において，高校時代までに，福祉系，教育系，心理系の 3 つの系統を進路として考えたことがあったかどうかを調査し，それらの比率を比較することを考えます．同じ学生が 3 つの系統についてそれぞれ回答しますので，対応のある多群の比率の比較になります．

　表 16-6にデータを示します．合計 112 名の学生のうち，各系統を進路として考えたことがあると答えた回答者数と比率は，福祉系 81 名（0.72），教育系 47 名（0.42），心理系 68 名（0.61）です．

　対応のある多群の比率が母集団において等しいかどうかを検定するには，コクランの Q 検定（Cochran's Q test）を用います．**表 16-7**に結果を示します．有意確率をみると .000 で統計的に有意であり，3 つの比率がみな同じではないと考えられます．

　そこで，3 つの系統から 2 つの系統を選んで，比率の差の信頼区間を推定し，どの系統間に差があるかを考えることにします．3 つの系統から 2 つの系統を選ぶ場合，3 通りの組み合わせが可能ですので，14.3 節でも行ったように，ボンフェロニの方法を用いて，100（1 − 0.05/3）= 98.3% 信頼区間を推定し，全体での有意水準を 5% 以下におさえるようにします．

　表 16-7の下の表をみると，福祉系と教育系，教育系と心理系の間に差があるといえる

表 16-6　希望職種データ（$n = 112$）

	あり	なし	Pr
福祉系	81	31	0.72
教育系	47	65	0.42
心理系	68	44	0.61

表 16-7　希望職種データの分析結果

Q	df	p
22.075	2	.000

	Δ Pr	98.3%L	98.3%U
福祉系−教育系	0.30	0.15	0.46
福祉系−心理系	0.12	−0.01	0.25
教育系−心理系	−0.19	−0.35	−0.03

ことが分かります．これらの結果から，福祉系，心理系に比べ，教育系を進路に考えた割合が小さいという結論が導かれます．

4 前向き研究，後ろ向き研究，横断研究

ある因子の有無によって，何らかの結果の生起確率に違いがあるかどうかを検討したい場合を考えます．ここでは，小学校を卒業するまでに，身近にいつも疾病者がいたかどうかと，その子どもが将来初めて就職するとき医療系の職業に就くかどうかとの関連を検討することにします．なお，本人は健常であり，身近な者とは，祖父母，親，きょうだいなどで，同居もしくは近くに在住している者とします．

前向き研究

関心があるのは，疾病者あり群と疾病者なし群における，将来医療職に就く割合の比較です．そこで，小学校を卒業したばかりの子どもたちと保護者に協力してもらって，疾病者あり群と，疾病者なし群を作ります．そして12年後に，その子どもたちが医療系の職業に就いたか（もしくはその過程であるか）を調査します．

このように，因子とする変数（疾病者の有無）をまず調査し，その集団を追跡して，後日，結果変数（医療職に就いたか）を観測するという研究デザインを，前向き研究（prospective study）またはコホート研究（cohort study）といいます．追跡中に観測時点を複数設ける場合は，縦断研究（longitudinal study）ということもあります．

図16-2a は，前向き研究のイメージを表したものです．因子のある群とない群を構成し，それぞれ追跡して，後日，結果を観測する様子を表現しています．

表16-8 に，身近に疾病者がいたかどうかと，医療系の職業に就くかどうかの関連性を

図16-2 前向き研究，後向き研究，横断研究のイメージ

表16-8 身近に疾病者がいた経験と医療職就労との関連データ

a 前向き研究

疾病者	医療職 1	医療職 0	計
1	30	45	75
0	15	60	75

b 後ろ向き研究

疾病者	医療職 1	医療職 0
1	25	12
0	50	64
計	75	76

c 横断研究

疾病者	医療職希望 1	医療職希望 0	計
1	18	12	30
0	30	90	120
計	48	102	150

検討したデータの例を示します．表16-8aは，前向き研究を行った場合の表です．小学校を卒業したばかりの子どもたちから，75名からなる疾病者あり群と，同じく75名からなる疾病者なし群を構成し，12年後に，医療職に就いたかどうかを調べました．すると，疾病者あり群では75名中30名が医療職に就いており，疾病者なし群では75名中15名が医療職に就いているという結果になりました．

前向き研究は，因子をもつ群ともたない群を構成して追跡調査を行うため，因果関係の検討に大変有効ですが，研究が長期にわたるため，研究参加者および研究者の脱落や移動などの問題があります．また，発症率が小さい疾患の因子を探る場合は，研究参加者数を大きくとる必要があり，経費の問題も生じてきます．

後ろ向き研究

結果が生起している群と生起していない群をつくり，関心のある因子をもっていたかどうかを過去にさかのぼって確認する研究デザインを，後ろ向き研究（retrospective study）またはケース・コントロール研究（case–control study）といいます．いまの例では，現在医療職に就いている人と医療職に就いていない人において，小学校を卒業するまでに，身近にいつも疾病者がいたかどうかを聞きます．なお，ケース・コントロール研究といったときの「ケース」は医療職に就いている人，「コントロール」は，医療職に就いていないこと以外はケースと同じような人を意味します．

図16-2bが，ケース・コントロール研究のイメージです．結果が生起している群と生起していない群を構成し，それぞれの群において，因子の有無を過去にさかのぼって確認している様子を表現しています．

表16-8bは，身近に疾病者がいたかどうかと，医療系の職業に就くかどうかの関連性を検討するために，後ろ向き研究を行った場合のデータです．医療職に就いている者75名と医療職に就いていない者76名でそれぞれ群を構成し，小学校卒業までに身近にいつも疾病者がいたかどうかを尋ねました．結果は，医療職群では75名中25名が疾病者がいたと回答し，非医療職群では76名中12名が疾病者がいたと回答しています．

ケース・コントロール研究は，因子を特定して追跡調査を行ったわけではありませんから，研究結果から直接因果関係を主張することはできません．できるのはせいぜい，その因子が原因ではないかという予想を立てることくらいです．しかし，ケース・コントロール研究は，結果をみてからデータを収集しますので，発症率が小さい疾患と関連する因子の探索などにおいて，有効に活用できます．発症率が小さい疾患の患者を多数集めるのは，発症するかしないかを将来観測する前向き研究では大変困難ですが，後ろ向き研究では発症患者をまず集めるようにするからです．

横断研究

追跡調査を行ったり，過去にデータをさかのぼったりするのではなく，因子の有無と結果に関する情報を一時点で収集する研究デザインもあります．横断研究（cross-sectional study）とか断面研究といわれる方法です．横断研究では，小学校を卒業したばかりの子どもたちに，身近に疾病者がいたかと，将来医療系の職業に就きたいかの希望を尋ねます．

図16-2cが，横断研究のイメージです．ある一時点において，因子の有無と結果の生起の両方を，同時に確認している様子を表現しています．

表16-8cは，小学校を卒業したばかりの子どもたち150名に，これまで身近に疾病者がいたかどうかと，将来医療職に就きたいと思うかどうかを調査したデータです．表をみると，疾病者がいた子どもは30名で，そのうち18名が医療職を希望しており，また，疾病者がいなかった子どもは120名で，そのうち30名が医療職を希望していて，150名のうち合計48名が医療職を希望しているという結果になっています．

横断研究では，その時点における変数間の関連は分かりますが，将来どうなるかという因果関係までは予測しません．小学校卒業時点での進路希望は，その後変わりうるからです．また，高校3年生を対象に，小学校を卒業するまでに身近にいつも疾病者がいたかどうかと，将来医療系の職業に就きたいかの希望を調査したとしても，進路はある程度固まっているかもしれませんが，高校を中退した者や，高校に入学しなかった者などを対象者に含めることができず，標本にバイアスがかかる可能性は否めません．

5 リスク差，リスク比，オッズ比

前向き研究，後ろ向き研究，横断研究で得られたデータから，ある因子の有無によって，結果の生起確率に違いがあるかどうかを検討するためには，因子と結果との関連を表す指標が必要です．前章でみたファイ係数もそのような指標の1つですが，2つの変数に，因子と結果という役割分担がある場合には，それを考慮した指標を考えるのが適切です．本節では，そのような指標についてみていきます．なお，前向き研究，後ろ向き研究，横断研究における比率の構造を表16-9に示しておきます．以下の説明でも，適宜参照します．

リスク差

結果変数の正反応率をリスク（risk）といいます．いまの例では，医療職に就いたかどうかが結果なので，「リスク」は医療職に就いた割合です．なお，医療職に就くことがリスクだといっているわけではなく，慣例に従ってこの用語を用いているだけですので，ご了解下さい．

因子あり群と因子なし群の正反応の比率の差をリスク差（risk difference）といいます．いまの例では，疾病者あり群（1）と疾病者なし群（0）において，将来医療職に就いた割合の差がリスク差です．

表16-9 対応のない2群の比率の構造

a 前向き研究

因子		結果 1	結果 0	計
因子	1	a_1	$1-a_1$	1
	0	a_0	$1-a_0$	1

b 後ろ向き研究

因子		結果 1	結果 0
因子	1	b_1	b_0
	0	$1-b_1$	$1-b_0$
計		1	1

c 横断研究

因子		結果 1	結果 0	計
因子	1	c_{11}	c_{10}	$c_{11}+c_{10}$
	0	c_{01}	c_{00}	$c_{01}+c_{00}$
計		$c_{11}+c_{01}$	$c_{10}+c_{00}$	1

前向き研究の場合，疾病者あり群において医療職に就いた割合は $a_1 = n_{11}/n_1.$ (**表16-3**)，疾病者なし群において医療職に就いた割合は $a_0 = n_{01}/n_0.$ ですから，リスク差は，

$$リスク差_P = a_1 - a_0 = n_{11}/n_1. - n_{01}/n_0.$$

となります．添え字の P は prospective の P を意味しています．リスク差は -1 から $+1$ の値になり，リスク差が負のとき，因子なし群のほうがリスクが大きく，リスク差が 0 のとき，因子あり群と因子なし群のリスクは同じで，リスク差が正のとき，因子あり群のほうがリスクが大きくなります．

後ろ向き研究の b_1 は，医療職に就いている群において身近に疾病者がいた割合ですから，疾病者あり群において医療職に就いた割合とは異なります．同様に，$1-b_1$ は医療職に就いている群において身近に疾病者がいなかった割合ですから，疾病者なし群において医療職に就いた割合ではありません．つまり，後ろ向き研究ではリスクは算出できず，リスク差も計算できません．

横断研究では，形式的にはリスク差を求めることができます．

$$リスク差_C = c_{11}/c_1. - c_{01}/c_0. = n_{11}/n_1. - n_{01}/n_0.$$

添え字の C は cross-sectional の C です．ただし，先にも述べたように，横断研究では変数間の関連は分かるものの因果の予測はできませんから，リスク差が実際の正反応率の差とは異なる可能性があります．小学校卒業時点で，将来医療職に就きたいかの希望を聞いても，実際に医療職に就くとはかぎりません．横断研究で得られるリスク差は，あくまでも測定時点での関連性を反映した値であることに注意が必要です．

リスク比

リスク差は分かりやすい指標ですが，比率の大きさそのものの情報を失っているという問題があります．例えば，2群のリスクが0.52と0.50の場合と，0.03と0.01の場合を考えると，どちらの場合もリスク差は0.02です．しかし，前者では，リスクがどちらも5割程度でほぼ同じと考えられるのに対し，後者では，因子あり群のリスク0.03は，因子なし群のリスク0.01の3倍もあります．発症率が小さい変数においてこの違いは大きな意味をもちます．

そこで，正反応率の違いを表す指標として，因子あり群と因子なし群の正反応率の比を考えます．これをリスク比（risk ratio）または相対リスク（relative risk）といいます．リスク比は0以上の値になり，リスク比が1未満のとき，因子なし群のほうがリスクが大きく，リスク比が1のとき，因子あり群と因子なし群のリスクは同じで，リスク比が1より大きいとき，因子あり群のほうがリスクが大きいことを表します．

リスクを用いますから，やはり後ろ向き研究ではリスク比を計算することはできません．前向き研究と横断研究におけるリスク比は次のように計算されます．ただし，リスク差の場合と同じように，横断研究におけるリスク比は，あくまで測定時点での関連性を反映した値であることに注意が必要です．

$$\text{リスク比}_P = a_1/a_0 = \frac{n_{11}/n_{1\cdot}}{n_{01}/n_{0\cdot}}$$

$$\text{リスク比}_C = \frac{c_{11}/c_{1\cdot}}{c_{01}/c_{0\cdot}} = \frac{n_{11}/n_{1\cdot}}{n_{01}/n_{0\cdot}}$$

オッズ比

 正反応が生起する確率を，その正反応が生起しない確率で割った値を，オッズ (odds) といいます．そして，異なる2群のオッズの比を，オッズ比 (odds ratio) といいます．

 前向き研究の場合，正反応は医療職に就いたことです．したがって，因子あり群におけるオッズは $a_1/(1-a_1)$ になります．同様に，因子なし群におけるオッズは $a_0/(1-a_0)$ です．これより，前向き研究におけるオッズ比は，

$$\text{オッズ比}_P = \frac{a_1/(1-a_1)}{a_0/(1-a_0)} = \frac{n_{11}n_{00}}{n_{10}n_{01}} \tag{16.3}$$

となります．16.3式の最右辺の分子と分母は，ファイ係数を求める15.5式の分子の第1項と第2項に相当します．したがって，ファイ係数が正になるとき，オッズ比は1より大きくなり，ファイ係数が0になるとき，オッズ比は1になり，ファイ係数が負になるとき，オッズ比は1未満になります．つまり，因子の有無と結果の生起に正の関連があるとき，オッズ比は1より大きくなり，因子の有無と結果の生起に関連がないとき，オッズ比は1になり，因子の有無と結果の生起に負の関連があるとき，オッズ比は1より小さくなります．

 後ろ向き研究の場合，正反応は身近に疾病者がいたことです．したがって，医療職に就いた群におけるオッズは $b_1/(1-b_1)$，医療職に就かなかった群におけるオッズは $b_0/(1-b_0)$ です．これより，後ろ向き研究におけるオッズ比は次のようになります．

$$\text{オッズ比}_R = \frac{b_1/(1-b_1)}{b_0/(1-b_0)} = \frac{n_{11}n_{00}}{n_{10}n_{01}} \tag{16.4}$$

 添え字の R は retrospective の R です．
 横断研究の場合は，因子，結果のどちらでも正反応率を考えることができますが，どちらで考えてもオッズ比は次のようになります．

$$\text{オッズ比}_C = \frac{c_{11}/c_{10}}{c_{01}/c_{00}} = \frac{n_{11}n_{00}}{n_{10}n_{01}} \tag{16.5}$$

 16.3〜16.5式を見比べると，最右辺はいずれも同じになっています．このことから，同じ母集団から抽出されたデータであれば，前向き研究でも後ろ向き研究でも横断研究でも，オッズ比の値は同じになることが確認されます．
 また，結果の正反応率がきわめて小さい場合には，

$$\frac{a_1/(1-a_1)}{a_0/(1-a_0)} = \frac{a_1}{a_0} \cdot \underbrace{\left(\frac{1-a_0}{1-a_1}\right)}_{\simeq 1} \simeq \frac{a_1}{a_0}$$

となって，オッズ比はリスク比に近い値になることが分かります．

　以上から，ある因子の有無によって何らかの結果の生起確率に違いがあるかどうかを検討したい場合，そしてとくにその正反応率が小さいと予想される場合は，まず後ろ向き研究を行って，オッズ比を用いて関連要因の抽出を行うのがよいことが示唆されます．前向き研究はコストがかかりますし，横断研究では適切な標本抽出が困難な場合も多いからです．後ろ向き研究を行って，因子の目星をつけた後に前向き研究を行って，リスク比をより正確に推定すればよいのです．

6 対応のない2群の比率に関する推測

　小学校を卒業するまでに，身近にいつも疾病者がいたかどうかと，その子が将来初めて就職するとき医療系の職業に就くかどうかとの関連性を検討します．各子どもは，身近に疾病者がいた群といない群のいずれかに属しますから，対応のない2群の比率になります．なお，ここでは，前向き研究，後ろ向き研究，横断研究の3種類の研究を行った場合をそれぞれ考えます．

　表16-10 に，**表16-8** のデータを分析した結果を示します．前向き研究ではリスク差，リスク比，オッズ比のいずれも計算できますので，それぞれの結果を示してあります．後ろ向き研究ではオッズ比しか計算できませんので，オッズ比のみの分析結果を示します．横断研究では，関連性の検討に留まりますが，リスク差，リスク比，オッズ比の分析結果を示します．

表16-10　身近に疾病者がいた経験と医療職就労との関連の分析結果

a　前向き研究

	estimate	p	95%L	95%U
リスク差	0.20	.013	0.04	0.36
リスク比	2.00	.012	1.18	3.40
オッズ比	2.67	.012	1.28	5.54

b　後ろ向き研究

	estimate	p	95%L	95%U
オッズ比	2.67	.014	1.22	5.83

c　横断研究

	estimate	p	95%L	95%U
リスク差	0.35	.001	0.14	0.56
リスク比	2.40	.000	1.57	3.67
オッズ比	4.50	.000	1.94	10.41

リスク差 $a_1 - a_0$ は，平均が $\pi_1 - \pi_0$，標準誤差が次式で計算される正規分布に近似的に従うことが知られていますので，これを利用して統計的検定や信頼区間の推定を行います．

$$SE_D = \sqrt{\frac{p_1(1-p_1)}{n_1.} + \frac{p_0(1-p_0)}{n_0.}} = \sqrt{\frac{n_{11}n_{10}}{n_1.^3} + \frac{n_{01}n_{00}}{n_0.^3}}$$

リスク比はそのままでは近似分布を導くことが困難です．そこで，リスク比の対数をとり，その近似分布を導きます．対数リスク比 $\log(a_1/a_0)$ は，平均が $\log(\pi_1/\pi_0)$，標準誤差が次式で計算される正規分布に近似的に従います．これを利用して統計的検定や信頼区間の推定を行います．対数リスク比の信頼区間をまず推定し，それを逆変換してリスク比の信頼区間にします．

$$SE_{LR} = \sqrt{\frac{1}{n_{11}} - \frac{1}{n_1.} + \frac{1}{n_{01}} - \frac{1}{n_0.}}$$

オッズ比もそのままでは近似分布を導くことが困難です．そこで，やはりオッズ比の対数をとり，その近似分布を導きます．対数オッズ比 $\log(n_{11}n_{00}/n_{10}n_{01})$ は，平均が $\log(\pi_{11}\pi_{00}/\pi_{10}\pi_{01})$，標準誤差が次式で計算される正規分布に近似的に従います．これを利用して統計的検定や信頼区間の推定を行います．

$$SE_{LO} = \sqrt{\frac{1}{n_{11}} + \frac{1}{n_{10}} + \frac{1}{n_{01}} + \frac{1}{n_{00}}}$$

表16-10 をみると，前向き研究におけるリスク差は 0.20 で，統計的に有意であり，95% 信頼区間も [0.04, 0.36] となっています．リスク比は 2.0 で，やはり統計的に有意であり，疾病者あり群のほうが疾病者なし群に比べ，医療職に就いた割合が 2 倍であることがわかります．オッズ比も 2.67 と 1 より大きく，統計的に有意です．これらの結果から，小学校を卒業するまでに身近に疾病者がいた子どものほうが，そうでない子どもに比べ，将来医療職に就く割合が高いという結論が導かれます．

後ろ向き研究の結果をみると，オッズ比は 2.67 となっていて，前向き研究と同じ値です．実は，**表16-8** のデータは，前向き研究と後ろ向き研究で同じ母集団からデータをとってきてあります．それゆえ，これらのオッズ比が一致したのです．

後ろ向き研究でオッズ比が大きいことから，身近に疾病者がいた経験は，将来医療職に就くことと関連する因子の 1 つであることが示唆されます．

横断研究の結果をみると，リスク差は 0.35，リスク比は 2.40，オッズ比は 4.50 と，前向き研究や後ろ向き研究の結果よりも強い関連性が示されています．これは，医療職に就きたいかどうかが，小学校卒業時点での希望調査であり，身近に疾病者がいる子どものほうが医療職を意識する可能性が大きいと考えられるということで説明できます．しかしその後，他の職業にも関心をもったり，また，身近に疾病者がいなかった子どものなかでも医療職を目指す子どもが出てきたりして，就職時点での関連性は変わってきます．前向き研究や後ろ向き研究では，その結果をとらえています．

表16-11 リハビリ法間の効果比較データ

	効果あり	効果なし	計
簡便法	109	41	150
従来法	105	45	150

表16-12 リハビリ法間の効果比較データの分析結果

	Pr	Δ Pr	X^2	p	lower	upper
簡便法	0.73	0.03	0.15	.702	−0.08	0.14
従来法	0.70				−0.07	0.12

上段：95%CI, 下段：90%CI.

7 比率の非劣性の検証

　対応のない2群の比率の比較をする場合，一方の群の比率が他方の群の比率と同等であるとか，遜色ないということをいいたいこともあります．例えば，リハビリ法で，従来法と，より簡単にできるように改良した簡便法がある場合，簡便法の効果が従来法と同等であれば，新しい方法として採用する価値があります．

　平均値の非劣性の検証（11.3節）と同じように，比率に関しても信頼区間を利用して非劣性の検証を行うことができます．**表11-7**の手続きにおいて，平均を比率に読み替えれば，比率の非劣性の検証になります．ただし，非劣性マージンΔの大きさについては，Δ = 0.1やΔ = 0.12が提案されています．

　従来のリハビリ法と簡便法の効果を比較したデータを**表16-11**に示します．それぞれの方法に研究参加者を150名ずつ無作為に割り付けて効果をみたところ，簡便法では109名，従来法では105名が効果ありと判定されました．

　分析結果を**表16-12**に示します．標本比率の差は0.73 − 0.70 = 0.03となっており，簡便法のほうがわずかに大きくなっています．95%信頼区間の下限は−0.08で−Δを超えていますから非劣性がいえます．しかし，90%信頼区間の下限は−0.07で0を超えていませんから，同等以上はいえません．この結果から，簡便法の効果は，従来法に劣りはしないと主張することはできると判断されます．データのうえでは，簡便法のほうが効果ありとなっているので，同等性くらいまでいえそうな気がしますが，分析結果から積極的にいえるのは非劣性止まりであるということに，統計分析を行う必要性が感じられます．

8 対応のない多群の比率に関する推測

　ある疾患の流行に，複数の地域で差があるかどうかを検討する場合を考えます．地域が複数あるので，対応のない多群の比率になります．

　表16-13に，A区，B区，C区の学童において，ある疾患に罹った子どもと罹らなかった子どもの数のデータを示します．罹患率は，A区35%，B区17%，C区42%です．

　対応のない多群の比率を構成するデータは，行数が群の数，列数が2（あり，なし）の

表 16-13 地域と罹患者データ

地域	あり	なし	Pr
A区	12	22	0.35
B区	8	38	0.17
C区	26	36	0.42

表 16-14 地域と罹患者の関連の分析結果

X^2	df	p
7.44	2	.024

	Δ Pr	98.3%L	98.3%U
A区 − B区	0.18	−0.08	0.44
A区 − C区	0.07	−0.34	0.20
B区 − C区	−0.25	−0.47	−0.03

クロス表と考えられますから，統計的検定には，15.3節の独立性の検定を用います．結果を表16-14に示します．カイ2乗値は統計的に有意であり，3つの地区の罹患率には差があると考えられます．

そこで，A−B，A−C，B−Cと，2地区間の比較を3通り行うことにします．16.3節と同様にボンフェロニの方法を用いて，全体の有意水準を5%以下におさえます．表16-14の下の表にその結果を示します．表をみると，B区とC区の罹患率の差の信頼区間だけが0を含まず，負の領域に位置しています．この結果から，B区の罹患率とC区の罹患率に差があり，C区の罹患率のほうが大きいという結論が導かれます．

Column: ロジスティック回帰分析

本文では，比率の違いを議論する独立変数に，「小学校を卒業するまでに身近にいつも疾病者がいたか」のような，質的変数を想定していましたが，量的変数を独立変数にして，その量的変数の値によって，何らかの比率が変わることを分析したい場合も考えられます．例えば，職場で感じるストレスの程度と，うつ症状の有無の関連を分析する場合などです．

このように，独立変数に量的変数，従属変数に2値変数をおいて分析する方法として，ロジスティック回帰分析（logistic regression analysis）があります．図16-3にロジスティック回帰の様子を示します．ロジスティック回帰分析では，ストレスの程度に応じて，うつ症状を示す者の割合は0から1に変化すると考え，その割合の変化を最もよく表すS字カーブを推定します．そして，独立変数の影響があるかどうかを検討します．

なお，従属変数が2値ではなく，多値型の質的変数の場合は，多項ロジスティック回帰分析（multinomial logistic regression analyisis）といわれる方法が用いられます．

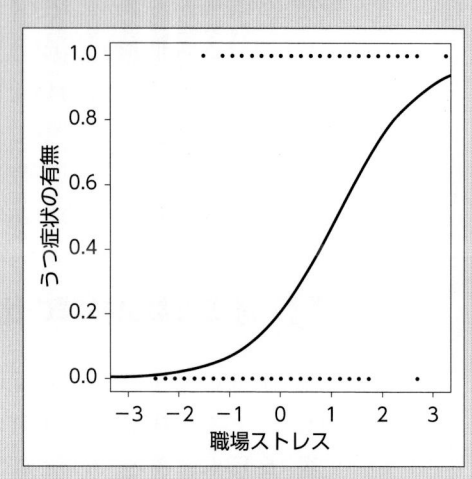

図 16-3 ロジスティック回帰分析のイメージ
黒丸は散布図を表す．

chapter 17 多変量データ解析の準備

　多数の変数からなるデータを多変量データといいます．本章では，多変量データを分析する多変量データ解析法について理解するための，前準備を行います．まず，データ行列と変数ベクトルというものについて説明します．行列とかベクトルとか，小難しい単語が出てきますが，多変量データ解析をビジュアルにとらえるための便利な道具くらいに考えていただけるとよいと思います．

　多数の変数間の関連を検討するにあたっては，他の変数の成分を除いて考えるということがよくなされます．そこで次に，成分の除去，具体的には 6.4 節でみた偏相関について，変数ベクトルを用いてその性質を理解します．

　さまざまな多変量データ解析法の基本となる分析が，1 つの説明変数（独立変数）から 1 つの基準変数（従属変数）を予測する，単回帰分析です．そこで，本章の後半では，単回帰分析を中心に，回帰分析の基礎を理解します．

　本章以降では，X, x, $\boldsymbol{x}$ などの記号が混在して出てきます．いちおう，項目や変数，座標点を表すときは大文字，データや値を表すとき，また式を書くときは小文字，変数ベクトルを表すときは小文字ボールド体という使い分けをしていますが，必ずしも区分が明確でない場合があります．表記法の細かい違いはあまり気にしないで読んで下さい．

　なお，本章はやや難しい内容を含んでいるかもしれません．難しいと感じたら適当に飛ばして，とにかく最後まで読んで下さい．そして，先の章に進んで下さい．それを何回か繰り返していると，なんとなく分かってくると思います．

1 データ行列

　行方向に各個体，列方向に各変数をとり，四角形にデータを並べた数値の配列を，データ行列（data matrix）といいます．表 17-1 の a-1 の表は，小学 1～5 年生 1 名ずつの，靴のサイズと算数能力テスト得点のデータです．標本サイズは 5，変数の数は 3 ですから，行列のサイズとしては 5×3 と小さいですが，これでも立派な多変量データです．

　データ行列という場合，行番号や変数名はデータ行列には含めません．いまの例では，5 行 3 列の，15 個のデータの並びを指して，データ行列といいます．

　多変量データ解析法を理解する際は，中心化データや標準化データを用いたほうが説明がシンプルになります．中心化データは，各データからその変数の平均を引いたデータです（5.3 節）．それゆえ，中心化データの平均は 0，標準偏差や共分散，相関係数は，もとの変数と同じ値になります．

　標準化データは，各データからその変数の平均を引いたものを，その変数の標準偏差で

表 17-1　素データ，中心化データ，標準化データと記述統計量

a-1　素データ

番号	学年	靴サイズ	算数
1	1	17	23
2	2	18	23
3	3	23	38
4	4	22	64
5	5	24	57

a-2　中心化データ

学年	靴サイズ	算数
−2	−3.8	−18
−1	−2.8	−18
0	2.2	−3
1	1.2	23
2	3.2	16

a-3　標準化データ

学年	靴サイズ	算数
−1.26	−1.22	−0.95
−0.63	−0.90	−0.95
0	0.71	−0.16
0.63	0.39	1.21
1.26	1.03	0.84

b　平均・標準偏差

	学年	靴サイズ	算数
M	3.0	20.8	41.0
SD	1.58	3.11	18.99

	学年	靴サイズ	算数
M	0	0	0
SD	1.58	3.11	18.99

	学年	靴サイズ	算数
M	0	0	0
SD	1	1	1

c　共分散（対角成分は分散）

	学年	靴サイズ	算数
学年	2.50	4.50	27.25
靴サイズ	4.50	9.70	47.75
算数	27.25	47.75	360.50

	学年	靴サイズ	算数
学年	2.50	4.50	27.25
靴サイズ	4.50	9.70	47.75
算数	27.25	47.75	360.50

	学年	靴サイズ	算数
学年	1	.91	.91
靴サイズ	.91	1	.81
算数	.91	.81	1

d　相関係数

	学年	靴サイズ	算数
学年	1	.91	.91
靴サイズ	.91	1	.81
算数	.91	.81	1

	学年	靴サイズ	算数
学年	1	.91	.91
靴サイズ	.91	1	.81
算数	.91	.81	1

	学年	靴サイズ	算数
学年	1	.91	.91
靴サイズ	.91	1	.81
算数	.91	.81	1

割ったデータです（5.5節）．標準化データの平均は0，標準偏差は1になります．標準化データの共分散は，もとの変数の相関係数です（6.3節）．

表 17-1 には，素データ（a-1），中心化データ（a-2），標準化データ（a-3）と，それらの平均と標準偏差（b），共分散（c），相関係数（d）も示してあります．中心化データおよび標準化データの平均，標準偏差，共分散，相関係数が，いま述べた値になっていることが確認されます．

多変量データ解析法を説明するにあたっては，多くの場合，データは中心化されていることを前提とします．それゆえ，多変量データ解析法の説明においては，単にデータといって中心化データのことを指す場合が多くあります．本書でも，以降そのような用語の使い方をすることがありますので注意して下さい．

2　変数ベクトル

変数ベクトル

1つの変数についてのデータ行列を，変数ベクトル（random vector）といいます．つまり，変数ベクトルは，1つの変数についての各個体のデータを並べたものです．なお，前述したように，ここでいうデータは中心化データです．例えば，靴のサイズベクトルは，(−3.8，−2.8，2.2，1.2，3.2) というベクトルになります．変数 X の変数ベクトルを記号で表すときは，小文字ボールド体を用いて $\boldsymbol{x}$ などと表します．

```
                P = (−3.8, −2.8, 2.2, 1.2, 3.2)
              ↗
             
            
           
          
    O = (0, 0, 0, 0, 0)
```

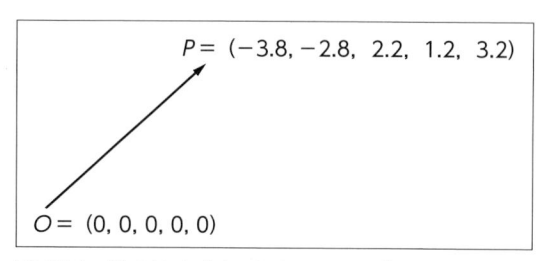

図 17-1　靴のサイズベクトルのイメージ

　ベクトルは矢印を使って視覚的にイメージすることができます．矢印ですから，長さと方向という2つの性質をもっています．

　図 17-1 は，靴のサイズベクトルのイメージです．矢印の始点を O，終点を P とすると，O は $(0, 0, 0, 0, 0)$ という点です．これに対し P は，$(-3.8, -2.8, 2.2, 1.2, 3.2)$ という点になっています．

　まず点 P を解釈すると，座標は5名の靴のサイズの中心化データですから，点 P は，各個体が平均からどれだけずれているかという，靴のサイズの個体差を表す点と解釈できます．

　次に点 O ですが，点 O の座標は5名とも0で，個体差がない状態に相当します．つまり，点 O は，個体差がない状態を表す点です．

　靴のサイズベクトルは，点 O から点 P に向かう矢印ですから，個体差がないという状態からみて，靴のサイズの個体差はどのようなところに位置するかを指し示していると考えることができます．このように，変数ベクトルは，その変数の個体差が，個体差がない状態からみて，どのようなところに位置しているかを表すものだと理解することができます．

🕊 変数ベクトルの長さ

　いま，2つの点の座標を

$$X = \begin{bmatrix} x_1 \\ x_2 \\ \vdots \\ x_n \end{bmatrix}, \quad Y = \begin{bmatrix} y_1 \\ y_2 \\ \vdots \\ y_n \end{bmatrix}$$

とすると，X-Y 間の距離は，

$$|XY| = \sqrt{(x_1 - y_1)^2 + (x_2 - y_2)^2 + \cdots + (x_n - y_n)^2}$$

で求められます．これを用いて，靴のサイズベクトルの長さを求めてみます．ベクトルの長さは始点 O と終点 P の間の距離ですから，始点の座標がすべて0であることに注意すると，

$$|OP| = \sqrt{(-3.8)^2 + (-2.8)^2 + 2.2^2 + 1.2^2 + 3.2^2} = 6.22 = 3.11\sqrt{5-1}$$

と計算することができます．この式の最右辺は，靴のサイズ変数の標準偏差 (3.11) に，「標本サイズ-1」(5-1) の平方根を掛けたかたちになっています．

一般に，変数ベクトルの長さと，その変数の標準偏差には，

$$|x| = s_x \sqrt{n-1} \tag{17.1}$$

という関係があります．つまり，変数ベクトルの長さは，その変数のデータの散らばり（標準偏差）の大きさを反映しているということです．

先にみたように，変数ベクトルは個体差を表すものであり，個体差が大きいほどデータは散らばることを考えると，変数ベクトルの長さが標準偏差を反映するのも納得がいきます．もし，変数ベクトルの長さが0に近ければ，それは点Pが点Oに近い状態であり，個体差がほとんどないということになります．個体差がほとんどないデータの散らばりは小さく，標準偏差は0に近くなります．17.1式はこれらの関係を端的に表しています．

変数ベクトルのなす角

先に，ベクトルには長さと方向という2つの性質があるといいました．長さについては検討したので，次に方向について考えてみます．ベクトルが1つだけではよく分かりませんから，2つのベクトルの方向を考えることにします．図17-2に，2つのベクトルの方向を検討するイメージを描きます．

2つのベクトル x, y があるとします．そして，2つのベクトルの内積というものを次式のように定義します．

$$x \cdot y = x_1 y_1 + x_2 y_2 + \cdots + x_n y_n$$

これを用いて，靴のサイズベクトルと算数能力ベクトルの内積を計算すると，次のようになります．

$$\begin{aligned} x \cdot y &= (-3.8)(-18) + (-2.8)(-18) + (2.2)(-3) + (1.2)(23) + (3.2)(16) \\ &= 191 \\ &= 47.75 \cdot (5-1) \end{aligned}$$

最右辺は，2つの変数の共分散（47.75）に，「標本サイズ−1」（5−1）を掛けたかたちになっています．

一般に，2つの変数ベクトル x, y の内積と共分散には，

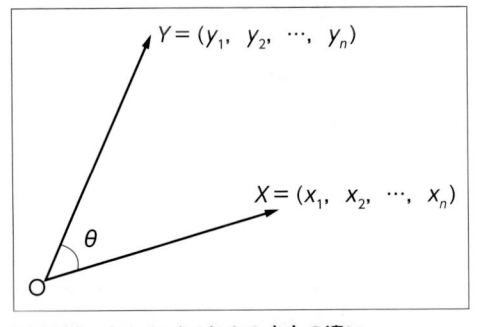

図17-2 2つのベクトルの方向の違い

$$\boldsymbol{x} \cdot \boldsymbol{y} = s_{xy} \cdot (n-1) \tag{17.2}$$

という関係があります．つまり，2つの変数ベクトルの内積は，それらの変数の共分散を反映するということです．

標準偏差と共分散が出てきたら，次にくるのは相関係数ではないかと予想されます．実際，2つの変数ベクトルのなす角を θ とすると，θ と相関係数には次のような関係があります．

$$\cos\theta = \frac{\boldsymbol{x} \cdot \boldsymbol{y}}{|\boldsymbol{x}||\boldsymbol{y}|} = \frac{s_{xy}}{s_x s_y} = r_{xy} \tag{17.3}$$

cos はコサイン関数といわれるもので，θ が $0°$ のとき 1，$60°$ のとき 0.5，$90°$ のとき 0，$180°$ のとき -1 という値になります．これは，相関係数が $-1 \sim +1$ の値になるのと一致しています．つまり，2つの変数ベクトルのなす角は，相関係数に対応します．

$\theta = 0°$ は，2つのベクトルがまったく同じ方向を向いて重なっている状態です．これは，2つの変数の個体差がまったく同じ様相を呈しているということです．つまり，一方が高ければ他方も高く，一方が低ければ他方も低いという関係が完全に成立しており，相関係数が 1 の状態になります．

相関係数の値と，2つの変数ベクトルのなす角との関係を，**図 17-3** に示します．人間科学において弱い相関があると考えるのは $r=0.3$ くらいからですが，変数ベクトルの方向でみると，$r=0.3$ では，似たような方向を向いているとはとてもいえないような状態であることが分かります．

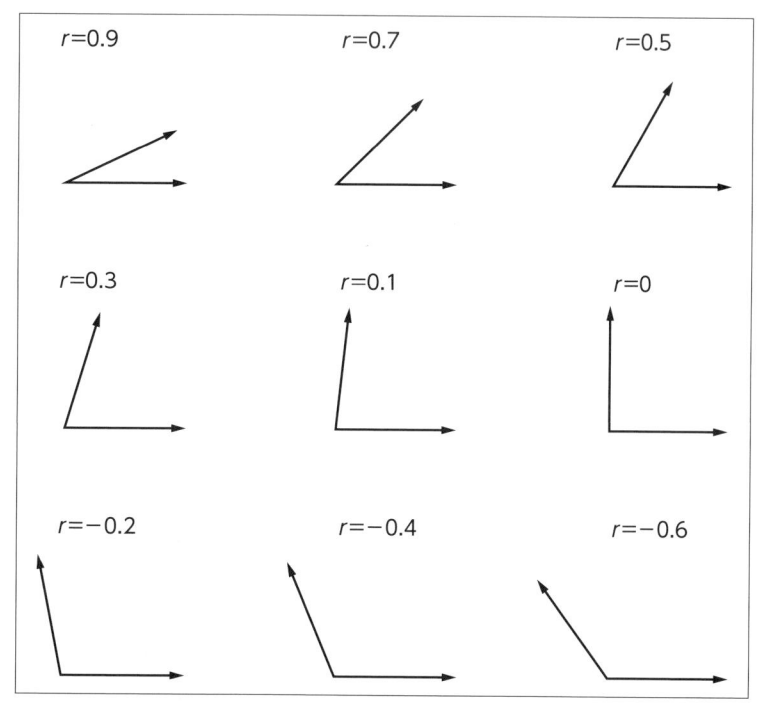

図 17-3　相関係数と変数ベクトルのなす角の関係

$r=0$ は $\theta=90°$ に対応します．この状態では，左右方向にどれだけ変化しても，上下方向にはまったく変化しないように，一方の変数の値が高かろうが低かろうが，他方の変数の高低とは相関しません．それゆえ，$\theta=90°$ は無相関の状態となるのです．

ベクトルのなす角が 90° であるとき，すなわち，2つのベクトルが直角に交わっているとき，2つのベクトルは直交している（orthogonal）といわれます．これに対し，2つのベクトルが斜めに交わっているとき，それらのベクトルは斜交している（oblique）といわれます．因子分析において，直交回転とか斜交回転とかいわれるものがありますが(21.3節)，それは，因子間の相関を無相関にするか，相関ありにするかということを意味します．

3 成分の除去

ベクトルの分解

図 17-4 は，p というベクトルを，x, y という，直交する2つのベクトルに分解している様子を表したものです．式で書くと以下のようになります．

$$\begin{array}{ccccc} \begin{bmatrix} 4 \\ 3 \end{bmatrix} & = & \begin{bmatrix} 4 \\ 0 \end{bmatrix} & + & \begin{bmatrix} 0 \\ 3 \end{bmatrix} \\ p & = & x & + & y \end{array}$$

x と y が直交していることは，2つのベクトルの内積 $x \cdot y$ が 0 になることで確かめられます．17.3式より，2つのベクトルの内積 $x \cdot y$ が 0 のとき，$\cos\theta=0$ となり，$\theta=90°$ が確認されるからです．いまの場合，x と y の内積は，

$$x \cdot y = 4 \cdot 0 + 0 \cdot 3 = 0$$

となり，確かに，x と y は直交しています．

偏相関係数と変数ベクトル

ベクトルを分解することを変数ベクトルで考えると，変数 P から変数 Y の成分を除去すると，変数 Y とは無相関な変数 X が得られる，ということがイメージできます．ある

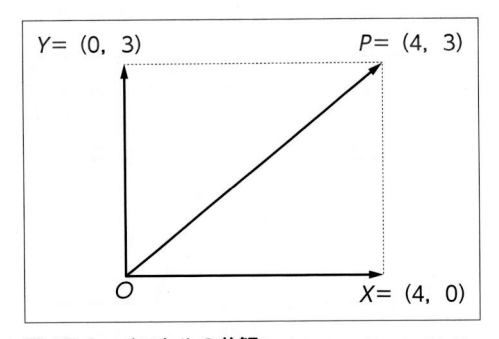

図 17-4 ベクトルの分解

変数から他の変数の成分を除去するということは，6.4節でみた偏相関の考え方です．そこで，変数ベクトルを用いて偏相関を理解してみます．

変数Xから変数Zの成分を除去したものを変数$X|Z$と書くことにします．**図17-5**は，変数Xと変数Yから変数Zの成分を除去して，変数$X|Z$，変数$Y|Z$を構成している様子を描いたものです．**表17-1**のデータで考えると，変数Xが靴のサイズ，変数Yが算数能力，変数Zが学年です．

靴のサイズおよび算数能力から学年の成分を除去したときの偏相関係数を求めるには，まず，靴のサイズベクトルおよび算数能力ベクトルから，学年ベクトルの成分を除去したベクトルを作ります．それらのベクトルは，変数Xおよび変数Yを，変数Zと直交する平面に垂直に落とし込んだベクトルとして得られます．それが，図の変数$X|Z$，変数$Y|Z$というベクトルです．すると，この変数$X|Z$，変数$Y|Z$という2つのベクトルのなす角$\theta_{XY|Z}$のコサインが，靴のサイズと算数能力から学年の成分を除去したときの偏相関係数になります．このデータでは，偏相関係数の値は-0.13になります．

偏相関係数の解釈

図17-5で理解したいことが1つあります．それは，ある変数から何らかの変数の成分を除去して得られた変数の方向は，もとの変数の方向とは違ってくるということです．確かに，Xの方向と$X|Z$の方向は違いますし，Yの方向と$Y|Z$の方向も異なります．変数ベクトルの方向が違うということは，個体差の様相が違うということであり，変数の意味内容が違うということです．偏相関係数をみるにあたっては，変数の意味内容がどう変わっているかを考えて解釈を行う必要があります．

靴のサイズをX，算数能力をY，学年をZとして，靴のサイズと算数能力から学年の成分を除いた変数を$X|Z$，$Y|Z$とすると，それぞれの変数ベクトルは次のようになり，Xと$X|Z$で個体差のパターンが異なっています．Yと$Y|Z$でも同様です．

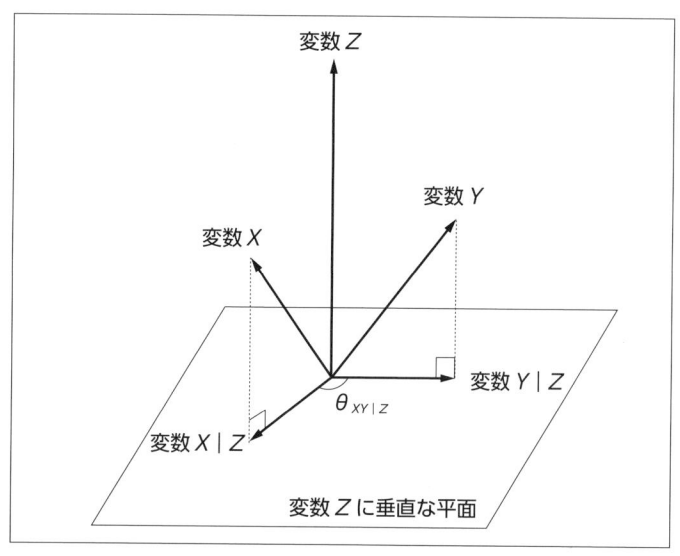

図17-5　変数ベクトルを用いた偏相関係数の理解

$$\begin{bmatrix} -3.8 \\ -2.8 \\ 2.2 \\ 1.2 \\ 3.2 \end{bmatrix} = \begin{bmatrix} -0.2 \\ -1.0 \\ 2.2 \\ -0.6 \\ -0.4 \end{bmatrix} + \begin{bmatrix} -3.6 \\ -1.8 \\ 0 \\ 1.8 \\ 3.6 \end{bmatrix}, \quad \begin{bmatrix} -18 \\ -18 \\ -3 \\ 23 \\ 16 \end{bmatrix} = \begin{bmatrix} 3.8 \\ -7.1 \\ -3.0 \\ 12.1 \\ -5.8 \end{bmatrix} + \begin{bmatrix} -21.8 \\ -10.9 \\ 0 \\ 10.9 \\ 21.8 \end{bmatrix}$$

$$x \quad = \quad x|z \quad + \quad 1.8z \qquad\qquad y \quad = \quad y|z \quad + \quad 10.9z$$

靴のサイズと算数能力から学年の成分を除いた変数の意味を考えて，偏相関係数を解釈してみます．例えば，靴のサイズから学年の成分を除いた変数を，年齢の影響を除いた体格の個体差，算数能力から学年の成分を除いた変数を，年齢の影響を除いた算数能力と考えれば，靴のサイズと算数能力から学年の成分を除去したときの偏相関係数 -0.13 は，年齢の影響による見かけの相関を排した，体格と算数の力との関係をとらえているとみることができます．

このように，変数間の相関に見かけの相関が疑われる場合には，偏相関を考えるのは有効です．いまの例では，年齢という共通な変数と関連があったため，靴のサイズと算数の力の間に見かけの相関が現れていたことが分かります．

これに対し，例えば「同情」と「共感」のように，もともと概念間に類似性や重複がある場合は，一方の変数の成分を他方の変数から除いてしまうと，もはや意味のある変数として理解できなくなってしまう可能性があります．心理学や看護学などの研究で扱う構成概念は，多くの場合，互いに関連しあっています．私たちがその構成概念を理解するときは，他の概念と関連した部分も含めて理解をしています．関連する他の構成概念の成分を除去したら，私たちの理解している構成概念ではなくなってしまう危険性があります．

ある変数から他の変数の成分を除去すれば，もとの変数から意味が変わってくることは十分意識しておく必要があります．偏相関をとったり，他の変数を統制したりすれば，当該変数の「純粋な」部分がみられるとはかぎらないということです．

このあとみていく回帰分析，因子分析，共分散構造分析などにおいて，回帰係数やパス係数，因子負荷などとよばれる値の多くは，他の変数の成分を除去したものとしての値です．つまり，私たちがとらえている構成概念そのものではなく，そこから，他の構成概念の成分を除去したものについての数値になっています．そこで扱われている変数がどのような意味内容になっているか，解釈を誤らないよう，よく注意しなければなりません．多変量データ解析の結果をみるときは，回帰係数やパス係数の値だけでなく，もとの変数間の相関係数もみて，両方を説明できる合理的な解釈を行う必要があります．

4 単回帰分析

さまざまな多変量データ解析法の基本となる分析法が，1つの説明変数から1つの基準変数の値を予測する単回帰分析です．

単回帰モデル

ストレス得点を説明変数，うつ傾向得点を基準変数とし，ストレス得点からうつ傾向得点を予測することを考えます．**表 17-2** に，ストレス得点とうつ傾向得点の平均，標準偏差，共分散行列，相関係数を示します．

ある個体のストレス得点を X，うつ傾向得点を Y とし，ストレス得点からうつ傾向得点を予測するモデルを次のように考えます．

$$y = a + bx + e = \hat{y} + e \tag{17.4}$$

17.4 式は，ストレス得点が x の個体の，うつ傾向得点の予測値 $\hat{y}$ を $a+bx$，また，実測値と予測値とのずれを e とするということを表しています．a, b は定数で，回帰係数（regression coefficient）といわれます．e は残差（residual）または誤差とよばれます．

17.4 式から，ストレス得点とうつ傾向得点の予測値の関係式だけを取り出すと，

$$\hat{y} = a + bx \tag{17.5}$$

となります．これは，a を切片，b を傾きとする直線の式で，この直線を回帰直線といいます．**図 17-6** に，ストレス得点とうつ傾向得点の回帰直線を示します．

回帰係数の統計的推測

よい予測を行うためには，すべての個体において，残差 e をなるべく小さくすることが望まれます．しかし，どう回帰直線を引いても，すべての個体の残差を 0 にすることはできません．そこで，全体的にみて残差が最小になるようにすることを考え，その方法として，残差の 2 乗和を最小にする直線を引くことを考えます．このように回帰分析では，

表 17-2　ストレスとうつ傾向の記述統計量（$n=245$）

変数	M	SD	共分散 X	Y	相関係数 X	Y
X ストレス	22.94	5.25	27.54	21.07	1	.62
Y うつ傾向	20.29	6.49	21.07	42.16	.62	1

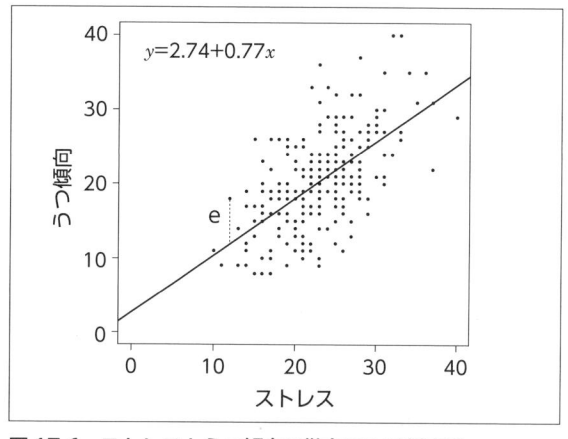

図 17-6　ストレスとうつ傾向の散布図と回帰直線

全体的な残差が最小になるような回帰直線を求め，回帰係数の値を推定します．

単回帰分析において，残差の2乗和が最小になるような回帰係数 a, b は，次のように推定されます．

$$\hat{b} = r\frac{s_y}{s_x} = \frac{s_{xy}}{s_x^2} \tag{17.6}$$

$$\hat{a} = \bar{y} - \hat{b}\bar{x} \tag{17.7}$$

この式に**表17-2**の値を代入すると，ストレス得点からうつ傾向得点を予測する回帰係数の値は，

$$0.62 \cdot \frac{6.49}{5.25} = 0.765 \simeq 0.77$$

$$20.29 - 0.765 \cdot 22.94 = 2.741 \simeq 2.74$$

と推定されます．**図17-6**の回帰直線は，

$$\hat{y} = 2.74 + 0.77x$$

という式で表される直線だということになります．

次に，回帰係数の統計的推測を行ってみます．標本における回帰係数を b，母集団における回帰係数を β とすると，次式で計算される統計量 t は自由度 $n-2$ の t 分布に従います．ただし，n は標本サイズです．

$$t = \frac{b - \beta}{SE}$$

したがって，この t を利用して，「$H_0 : \beta = \beta_0$」の検定や信頼区間の推定を行うことができます．

検定では，多くの場合 $\beta_0 = 0$ として，回帰係数が0かどうかの検定を行います．17.5式において $b=0$ とすると，$\hat{y}=a$ という式になり，説明変数は予測値に何ら影響しないことが分かります．反対に，もし「$H_0 : \beta = 0$」が棄却されれば $\hat{y}=a+bx$ となり，説明変数は基準変数に対して何らかの影響をもっていると考えることができます．

表17-3に，回帰係数の検定と95%信頼区間の推定結果を示します．回帰係数0.77に対する t 値は12.26で統計的に有意です．したがって，帰無仮説「$H_0 : \beta = 0$」を棄却します．また，95%信頼区間は［0.64, 0.89］という範囲です．これらの結果から，スト

表17-3 ストレスとうつ傾向の分析結果

係数	estimate	SE	t	df	p	95%L	95%U	R^2
a	2.74	1.47	1.86	243	.064	−0.16	5.63	.38
b	0.77	0.06	12.26	243	.000	0.64	0.89	
a^*	0							.38
b^*	0.62	0.05	12.26	243	.000	0.52	0.72	

*：標準回帰係数

レスはうつ傾向に影響するという推論を導きます．

一番下の行の b^* は，説明変数，基準変数ともに標準化した場合の回帰係数，すなわち標準化回帰係数（standardized regression coefficient）です．単に標準回帰係数ということもあります．

5.5節で述べたように，構成概念の測定では，データは標準化されていることが望まれます．したがって，回帰分析でも，通常の回帰係数ではなく，標準回帰係数を解釈する必要があります．なお，単回帰分析の標準回帰係数は，$a^*=0$，$b^*=r$ となります．r は説明変数と基準変数の相関係数です．これらの値は17.6式，17.7式に，$\bar{x}=0$，$\bar{y}=0$，$s_x=1$，$s_y=1$ を代入することにより得られます．

5 回帰分析の基本的理解

回帰直線の性質

回帰直線を表す17.5式に，17.7式の $\hat{a}$ を入れて整理すると，次のようになります．

$$\hat{y}-\bar{y} = \hat{b}(x-\bar{x}) \tag{17.8}$$

17.8式において，x の値を $\bar{x}$，$\hat{y}$ の値を $\bar{y}$ とすれば，両辺はともに0になります．このことは，回帰直線は点 $(\bar{x}, \bar{y})$ を通ることを表しています．つまり，回帰直線は，各変数の平均値を表す点を必ず通るということです．

次に，17.7式や17.4式などを用いて，予測値の平均と残差の平均を求めると，次のようになります．

$$\bar{\hat{y}} = \bar{a}+\hat{b}\bar{x} = \bar{y}-\hat{b}\bar{x}+\hat{b}\bar{x} = \bar{y} \tag{17.9}$$
$$\bar{e} = \bar{y}-\bar{\hat{y}} = \bar{y}-\bar{y} = 0 \tag{17.10}$$

これらの結果から，予測値の平均はもとの基準変数の平均に等しく，残差の平均は0になることが分かります．

17.8式において，$\hat{b}$ の値にはとくに言及していませんでした．これは，各変数の平均値を通る直線であれば，傾きが17.6式のようになっていなくても，予測値の平均は元の基準変数の平均に等しく，残差の平均は0になることを意味しています．各変数の平均値を通る直線のなかで，17.6式の傾きをもった直線だけが残差の2乗和を最小にするものであり，それが回帰直線になります．

回帰係数の解釈

回帰係数 b は回帰直線の傾きです．直線の傾きは，X 方向に1進んだときの，Y 方向の変化分です．したがって，回帰係数 b は，説明変数の値が1だけ異なるとき，基準変数の予測値はどれだけ違ってくるかを表す量と解釈できます．ストレス得点からうつ傾向得点を予測する回帰式において，ストレス得点の回帰係数は0.77でしたから，ストレス得点が1点異なると，うつ傾向得点の予測値は0.77点違ってくるということになります．

回帰係数は，説明変数の値の範囲が1から5だろうと，0から100だろうと，とにか

く説明変数の値が1だけ異なるときの基準変数の予測値の差異です．したがって，説明変数の値の範囲の大きさによって，「1だけ異なる」ことの意味合いが異なってきます．1から5の範囲での1はだいたい1標準偏差（1SD）くらいに相当しますが，0から100の範囲での1は，0.1SDくらいのことでしかないかもしれません．説明変数の値が1SD違うというのは結構な違いですが，0.1SDの違いはそれほど大きな違いではありません．これでは，基準変数に対する説明変数の影響が大きいのか小さいのか，適切に評価することが難しくなってしまいます．

そこで登場するのが標準回帰係数です．標準回帰係数 b^* は，説明変数 X の値が $1s_x$ 異なるとき，基準変数 Y の予測値は何 s_y 違ってくるかを表すもので，これは，標準化されたデータにおける回帰係数として求めることができます．標準化されたデータで値が1だけ異なるということは，元のデータで考えれば，値が1SD異なることに相当するからです．

単回帰分析の場合，b と b^* は，次のような関係にあります．

$$b = b^* \cdot \frac{s_y}{s_x}$$

確かに，ストレス得点とうつ傾向得点の標準偏差，回帰係数，標準回帰係数の間には次式が成り立っています．

$$0.77 = 0.62 \cdot \frac{6.49}{5.25}$$

回帰係数 a は回帰直線の切片で，説明変数 X の値が0のときの基準変数 Y の予測値です．各変数が中心化もしくは標準化されている場合は，a の値は0になります．

構成概念を用いた研究では，通常，標準化データの結果を解釈しますから，a は必然的に0になります．また，回帰分析では多くの場合，基準変数に対する説明変数の影響を検討することに主眼がおかれます．これは，回帰直線の傾きの検討に相当します．したがって，構成概念を扱う研究においては，回帰直線の切片 a について解釈することはあまりなく，多くの場合，傾き b^* の検討をすることになります．

単回帰分析の視覚的理解

単回帰分析を視覚的に理解してみます．変数ベクトルを使って単回帰モデルを表現すると，次のようになります．ただし，データは中心化されているものとし，切片 a は0です．

$$\boldsymbol{y} = b\boldsymbol{x} + \boldsymbol{e} = \hat{\boldsymbol{y}} + \boldsymbol{e} \tag{17.11}$$

変数ベクトルで考えると，予測値ベクトル $\hat{\boldsymbol{y}}$ は，$\boldsymbol{x}$ を b 倍しただけなので，$\boldsymbol{x}$ とまったく同じ方向を向いています．もし b が負の値なら正反対の方向を向きます．また，残差の2乗和を最小にするということは，残差ベクトル $\boldsymbol{e}$ の長さを最小にするということだと理解できます．

図 17-7 に，単回帰分析を変数ベクトルでとらえた図を示します．17.11 式のように，$\boldsymbol{y}$

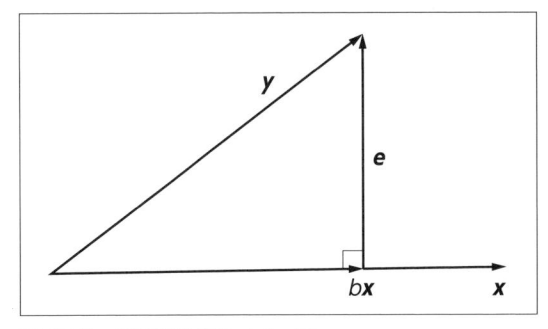

図 17-7　単回帰分析のイメージ

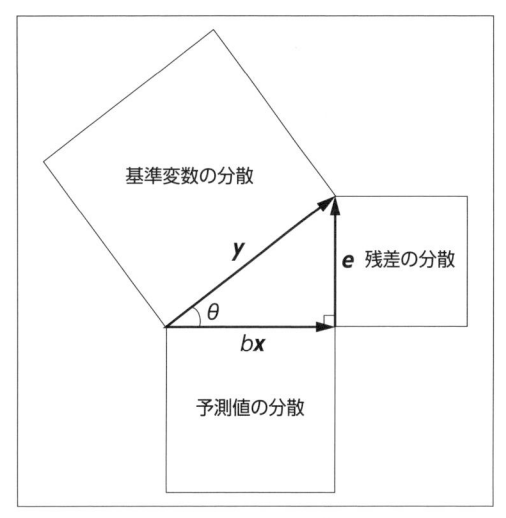

図 17-8　基準変数の分散,予測分散,残差分散の関係

を $b\boldsymbol{x}$ と $\boldsymbol{e}$ に分解するにあたって，$\boldsymbol{e}$ の長さを最小にするには，$b\boldsymbol{x}$ と $\boldsymbol{e}$ が直交するように，$\boldsymbol{y}$ の真下に $b\boldsymbol{x}$ がくるようにすればよいことが直感的に分かります．$b\boldsymbol{x}$ がこれより少しでも長かったり短かったりすると，$\boldsymbol{e}$ は斜めになり $\boldsymbol{e}$ の長さは最小ではなくなります．

変数ベクトルで考えると，回帰分析は，基準変数ベクトル $\boldsymbol{y}$ を，説明変数方向のベクトル $b\boldsymbol{x}$ と，それと直交する残差 $\boldsymbol{e}$ に分解する分析です．$\boldsymbol{e}$ が短く，$b\boldsymbol{x}$ が長いほど，誤差が小さく精度の高い予測ができていることになります．反対に，$\boldsymbol{e}$ が長く $b\boldsymbol{x}$ が短いほど，誤差が大きく精度の低い予測しかできていないことになります．

予測分散，残差分散

変数ベクトルの長さは標準偏差に対応していましたから，長さの2乗は分散に対応します．このことを用いて，基準変数の分散，予測値の分散（予測分散），残差の分散（残差分散）の関係をとらえてみます．図 17-8 に，これら3つの分散の関係を示します．

図 17-8 において，$\boldsymbol{y}$ と $b\boldsymbol{x}$ と $\boldsymbol{e}$ は直角三角形を作っていますから，基準変数の分散，予測値の分散，残差の分散について，次式のように三平方の定理が成立します．

$$s_y^2 = s_{\hat{y}}^2 + s_e^2 \tag{17.12}$$

ここで，分散の値は0以上ですから，基準変数の分散と予測値の分散の関係に注目すると，

$$s_y^2 \geqq s_{\hat{y}}^2$$

という関係があることが分かります．つまり，予測値の分散は，もとの基準変数の分散に等しいか，それよりも小さい値になります．

分散が小さくなるということは，データの散らばりが小さくなるということです．一方，17.9式にあるように，予測値の平均はもとの基準変数の平均に等しくなります．この2つをあわせて考えると，予測値はもとの基準変数に比べ，平均のほうに集まることが分か

ります．これを平均への回帰といいます．回帰分析ではこの回帰効果がみられるため，「回帰分析」という名前がつけられています．

決定係数，重相関係数

　予測が完璧で，どの個体についても基準変数の値と予測値が一致すれば，予測値の分散は基準変数の分散に等しくなります．反対に，$b=0$ となり予測がまったく機能していない状態では，各個体の予測値は，すべて「基準変数の平均値」という同一の値になり，予測値の分散は 0 になります．このことから，予測値の分散の大きさを用いて予測の精度を考えることができます．

　基準変数の分散の大きさに対する予測値の分散の大きさの割合を決定係数（coefficient of determination）または分散説明率といい，R^2 で表します．決定係数は 0 〜 1 の値をとり，1 に近いほど予測の精度が高いことを表します．

　決定係数の正の平方根 R は，基準変数の標準偏差の大きさに対する予測値の標準偏差の大きさの割合ですが，これは，図 17-8 の，基準変数ベクトルと予測値ベクトルのなす角 θ のコサインで，基準変数と予測値の相関係数です．これを重相関係数（multiple correlation coefficient）といいます．回帰分析では，y の真下に bx がくるように b をとっていることを考えると，基準変数ベクトルと予測値ベクトルのなす角は 0 〜 90°の範囲になります．したがって，重相関係数も 0 〜 1 の値になります．

　人間科学において，弱い相関関係を認めるのが相関係数 0.3 くらいからであったことを考えると，重相関係数も 0.3 くらい，決定係数で考えれば $0.3^2 ≒ 0.1$ くらいから何らかの予測ができていると考えるのが通例です．

　決定係数と重相関係数を式で書くと次のようになります．

$$R^2 = \frac{s_{\hat{y}}^2}{s_y^2} \tag{17.13}$$

$$R = \frac{s_{\hat{y}}}{s_y} \tag{17.14}$$

　データを標準化してもしなくても，変数間の相関関係は変わりません．つまり，変数ベクトルの方向は変わりません．このことは，データを標準化した場合としない場合で，決定係数や重相関係数の値は変わらないことを意味します．構成概念を扱う研究においてはデータを標準化することが求められますが，それを行っても変数間の相関関係や予測の精度は変わらないということは，構成概念を用いた研究をするにあたってはきわめて重要なことです．データを定数倍したり定数を加えただけで相関関係や予測の精度が変わってしまっては，おいそれと標準化なんてできないからです．

予測の標準誤差

　決定係数を用いると，予測値の分散や残差の分散は，次のように書くことができます．

表 17-4 説明変数，予測値，基準変数，残差間の相関

	X	$\hat{Y}$	Y	e
X	1			
$\hat{Y}$	±1	1		
Y	r	$\|r\|$	1	
e	0	0	$\sqrt{1-r^2}$	1

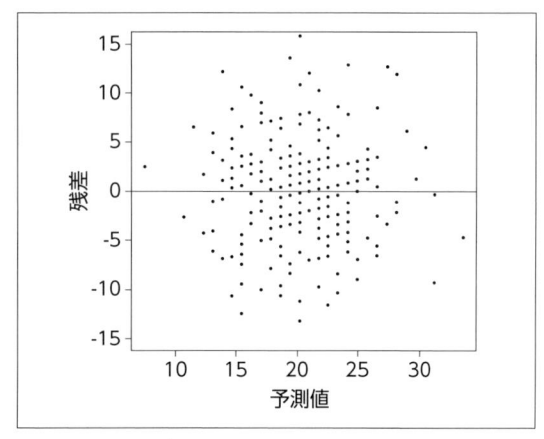

図 17-9 残差プロット

$$s_{\hat{y}}^2 = R^2 s_y^2$$
$$s_e^2 = (1-R^2)\, s_y^2$$

また，残差の標準偏差は，

$$s_e = s_y\sqrt{1-R^2} \tag{17.15}$$

となります．この値は，予測の標準誤差 (standard error of prediction) または残差標準誤差 (residual standard error) などとよばれます．

なお，次式で示すように，単回帰分析では，重相関係数は説明変数と基準変数の相関係数の絶対値に一致します．ストレス得点からうつ傾向得点を予測する単回帰分析の重相関係数は 0.618，決定係数は 0.618^2=0.38 となります．

$$R = \frac{s_{\hat{y}}}{s_y} = \frac{|\hat{b}|s_x}{s_y} = |r| \cdot \frac{s_y}{s_x} \cdot \frac{s_x}{s_y} = |r|$$

変数間の相関

単回帰分析において，説明変数，予測値，基準変数，残差間の相関係数は**表17-4**のようになります．説明変数ベクトルと予測値ベクトルは同じ軸上にありますから，説明変数と予測値の相関係数は +1 か -1 です．また，説明変数および予測値と基準変数との相関係数は，ベクトルの向きに注意して，r および $|r|$ です．

説明変数ベクトルおよび予測値ベクトルは，残差ベクトルと直交していますから，説明変数および予測値と残差との相関はともに 0 です．

残差と基準変数との相関は $\sqrt{1-r^2}$ で，$r ≒ ±1$ でないかぎり 0 に近い値にはなりません．このことは，予測の精度が低ければ，基準変数の大部分の成分は残差に残っていることを示しています．

残差プロット

横軸に予測値，縦軸に残差をとった散布図を残差プロット (residual plot) といいます．

予測値と残差の相関係数は0ですから，図17-9のように，無相関の状態の散布図が描かれます．

　残差プロットにおいて，曲線的な散布図になるなど，何らかの傾向が見出される場合は，回帰直線ではなく，説明変数を2乗した変数も投入するなど，回帰曲線を用いて予測することが考えられます．

Column

相関関係に基づく分析法と類似度に基づく分析法

　本文で説明した多変量データ解析の前準備は，主として変数間の相関関係に基づく分析法の前準備です．重回帰分析や因子分析，構造方程式モデリングなどが相当します．これに対し，変数間や個体間の類似度（または非類似度）に基づく多変量データ解析法というものがあります．クラスター分析や多次元尺度構成法などです．

　変数間の相関関係に基づく分析では，すべての変数において，データは得点可能範囲に広く分布していることが求められます．つまり，すべての変数において，値の高い個体もいれば，値の低い個体もいるという状況が考えられています．一方，類似度に基づく分析では，必ずしもデータが得点可能範囲に広く分布していることは求められません．データのばらつきが小さい変数や個体が含まれていても，それを類似度が高い（非類似度が低い）と評価して分析を行います．

　相関関係に基づく分析では，例えば回帰分析であれば，説明変数の値の高低が基準変数の値の高低を予測しうるかどうかを検討します．また，因子分析では，相関関係の高い変数どうしを，共通の因子に関連する変数の群としてまとめたりします．ほぼ全員が正答できたり，多くの人が答えられないような項目は，得点分布が狭く，相関係数が小さくなるのが普通です．したがって，因子分析を行うと，これらの項目は因子としてまとめることができず，脱落してしまいます．

　一方，類似度に基づく分析では，易しい項目どうし，また難しい項目どうしの距離は近くなりますから，易しい項目の群や難しい項目の群としてまとめることができます．類似度に基づく分析では，データの出現パターンが似通っている程度を距離に置き換え，変数や個体を分類したり，位置関係を図で示したりします．データの出現パターンが似ていれば距離は近くなりますので，ほぼ全員が正答できる易しい項目の群や，反対に，多くの人が答えられない難しい項目の群などを作ることができるのです．

　類似度に基づいて変数や個体の群を作る分析法として，クラスター分析（cluster analysis）があります．小規模なデータを分析する場合は，階層的クラスター分析という方法を用いて，群のまとまりを段階的に構成するのが一般的です．大規模なデータの場合は，あらかじめ群の数を指定した非階層的クラスター分析を行います．

　類似度に基づいて，変数や個体の位置関係を示す図を作成する分析法として，多次元尺度構成法（multidimentional scaling：MDS）があります．多次元尺度構成法のうち，非対称多次元尺度構成法といわれる方法は，一方からみた他方との類似度データと，他方からみた一方との類似度データが異なる場合の分析法です．例えば，こちらは親友と思っているのに相手はそうは思っていないという，距離感に違いがある場合の関係を分析する際に用います．

chapter 18 重回帰分析

　本章では，複数の説明変数から1つの基準変数を予測する重回帰分析について説明します．変数はすべて量的変数です．
　まず，重回帰モデルと統計的推測について説明します．次に，予測の精度や変数間の相関についてみていきます．複数の説明変数がある場合は，どれだけの説明変数でどの程度の予測ができているかという，効率のようなものを考える必要が出てきます．これについても検討します．
　17.3節でみたように，成分の除去があると変数の意味が変質します．重回帰分析の回帰係数は，他の説明変数の成分を除去した偏回帰係数ですので，解釈に気をつける必要があります．そこで，偏回帰係数をどのように解釈したらよいか，相関係数と比較しながら考えていきます．
　最後に，重回帰分析の説明変数に求められる要件について考えます．説明変数間の相関が高いと多重共線性が生じ，分析結果の解釈が困難になります．どういう説明変数が望ましいのかなどについてみていきます．

1 重回帰分析

重回帰モデル

　ストレス得点と失敗恐怖得点を説明変数，うつ傾向得点を基準変数とし，ストレス得点と失敗恐怖得点からうつ傾向得点を予測することを考えます．表18-1に平均，標準偏差，共分散行列，相関係数行列を示します．なお，表18-1には，18.4節で用いる就労形態変数についても掲載しています．
　ストレス得点ベクトルを x_1，失敗恐怖得点ベクトルを x_2，うつ傾向得点ベクトルを y とすると，ストレス得点と失敗恐怖得点からうつ傾向得点を予測する重回帰モデルは，次のようになります．ただし，各変数は中心化してあるものとし，切片は省略しています．

$$y = b_1 x_1 + b_2 x_2 + e = \hat{y} + e \tag{18.1}$$
$$\hat{y} = b_1 x_1 + b_2 x_2$$

　予測値ベクトル $\hat{y}$ は，x_1 および x_2 をそれぞれ伸縮して足したものですから，x_1 と x_2 を含む平面上にあり，どう頑張ってもその平面から抜け出すことはできません．したがって，残差 e の2乗和を最小にする，すなわち，残差ベクトル e の長さを最小にするには，x_1 と x_2 を含む平面と e が直交するように，y の真下に $\hat{y}$ がくるようにすればよいことが分かります．

表 18-1 ストレス・失敗恐怖・うつ傾向・就労形態の記述統計量（$n = 245$）

		M	SD	共分散				相関係数			
				X_1	X_2	Y	X_0	X_1	X_2	Y	X_0
X_1	ストレス	22.94	5.25	27.54				1			
X_2	失敗恐怖	4.05	1.17	2.48	1.37			.40	1		
Y	うつ傾向	20.29	6.49	21.07	2.37	42.16		.62	.31	1	
X_0	就労形態	0.5	0.5	0.08	0.06	0.08	0.25	.03	.10	.02	1

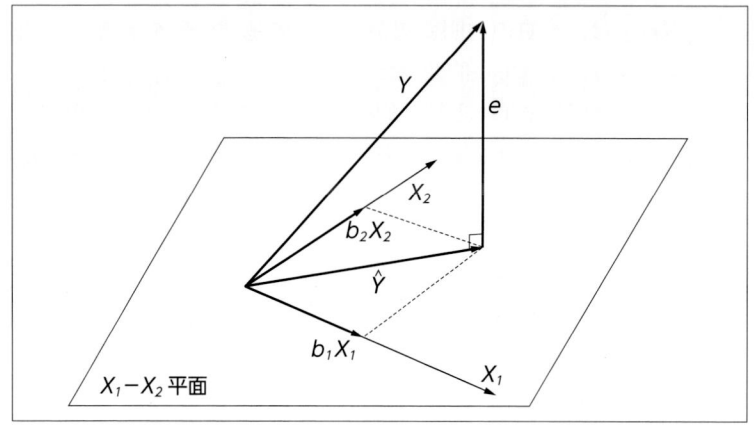

図 18-1 重回帰分析のイメージ

図 18-1 にその様子を示します．$\hat{y}$ が y の真下から少しでもずれると，e は斜めになって，長さが最小でなくなります．重回帰分析では，$\hat{y}$ が y の真下にくるような，ちょうどよい b_1 や b_2 の値を推定します．

偏回帰係数の統計的推測

b_1 や b_2 など，重回帰分析における回帰係数を偏回帰係数（partial regression coefficient）といいます．データが標準化されている場合は，標準偏回帰係数（standardized partial regression coefficient）とよばれます．

標本における，i 番目の説明変数の偏回帰係数を b_i，母集団における偏回帰係数を β_i とすると，17.4 節の単回帰分析と同様に，次式の t は，自由度 $n-1-p$ の t 分布に従います．ただし，n は標本サイズ，p は説明変数の数，SE_i は b_i の標準誤差です．

$$t = \frac{b_i - \beta_i}{SE_i}$$

したがって，この t を利用して，「$H_0 : \beta_i = \beta_{i0}$」の検定や信頼区間の推定を行うことができます．

表 18-2 に，偏回帰係数の検定と 95% 信頼区間の推定結果を示します．比較のため，ストレスからうつ傾向を予測した単回帰分析の結果も載せてあります．表 18-2 をみると，ストレス得点の標準偏回帰係数 b_1^* は 0.59 と大きい一方，失敗恐怖得点の標準偏回帰係数 b_2^* は 0.08 で 0 に近い値です．したがって，うつ傾向の予測には，ストレスは有効だ

表 18-2 ストレス，失敗恐怖からうつ傾向を予測する分析の結果

係数	estimate	SE	t	df	p	95%L	95%U	R^2 (R^{*2})
b_1	0.73	0.07	10.69	242	.000	0.59	0.86	.39 (.38)
b_2	0.42	0.31	1.36	242	.174	−0.19	1.02	
b_1^*	0.59	0.06	10.69	242	.000	0.48	0.70	.39 (.38)
b_2^*	0.08	0.06	1.36	242	.174	−0.03	0.18	

ストレスからうつ傾向を予測

係数	estimate	SE	t	df	p	95%L	95%U	R^2 (R^{*2})
b_0	0.77	0.06	12.26	243	.000	0.64	0.89	.38 (.38)
b_0^*	0.62	0.05	12.26	243	.000	0.52	0.72	.38 (.38)

＊：標準偏回帰係数．

が失敗恐怖は有効ではないと解釈されます．

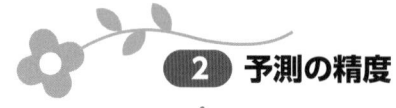

2 予測の精度

決定係数

重回帰分析においても，基準変数の分散，予測値の分散，残差の分散の間には17.12式が成立します．このことは，図 18-1 において，Y, $\hat{Y}$, e で直角三角形を構成していることから理解できます．したがって，重回帰分析においても，決定係数 R^2，重相関係数 R，さらに予測の標準誤差を 17.13 式〜 17.15 式と同様に定義できます．すなわち，

$$R^2 = \frac{s_{\hat{y}}^2}{s_y^2}, \quad R = \frac{s_{\hat{y}}}{s_y}, \quad s_e = s_y\sqrt{1-R^2}$$

とします．なお，予測の標準誤差については，決定係数 R^2 ではなく，あとで説明する自由度調整済み決定係数を用いて値を計算する場合もあります．

ストレス得点と失敗恐怖得点からうつ傾向得点を予測する重回帰分析の決定係数は 0.39 で，単回帰分析の場合の決定係数 0.38 よりわずかですが大きくなり，予測の精度は少し上がっています．

重回帰分析の決定係数には，説明変数どうしがすべて無相関であれば，決定係数は標準偏回帰係数の 2 乗和に一致するという性質があります．これより，説明変数間の相関が無相関に近ければ，標準偏回帰係数の大きさで，基準変数に対する各説明変数の影響度を比較することができると考えられます．標準偏回帰係数が大きい説明変数ほど，決定係数を大きくする効果をもっているからです．

また，重回帰分析の決定係数には，説明変数の数を増やすと，値は変わらないか大きくなるという性質があります．これは，実質的には基準変数と関連がない変数でも，説明変数に加えれば予測の精度は高くなり，低くなることはないということを意味しています．

自由度調整済み決定係数

実質的には基準変数と関連がない変数でも，説明変数に加えれば予測の精度が高くなるというのは，どこか不合理な感じがします．そこで，どれだけの数の説明変数で，どの程度の予測を行っているのかという，説明変数の数も考慮した決定係数が考えられています．それが，自由度調整済み決定係数（adjusted coefficient of determination）です．

自由度調整済み決定係数 R^{*2} は次式で求められます．n は標本サイズ，p は説明変数の数，R^2 は決定係数です．

$$R^{*2} = \frac{(n-1)R^2 - p}{(n-1) - p} = R^2 - \frac{p}{n-1-p}(1-R^2) \tag{18.2}$$

決定係数 R^2 が 1 でないかぎり，自由度調整済み決定係数 R^{*2} は R^2 より小さくなります．また，予測に有効でない説明変数を加えると，R^{*2} は小さくなります．したがって，自由度調整済み決定係数を検討することにより，予測に有効ではない説明変数を除外することができます．

いまの例では，ストレス得点からうつ傾向得点を予測する単回帰分析と，さらに失敗恐怖得点も加えた重回帰分析の自由度調整済み決定係数はともに 0.38 で，失敗恐怖という変数を加えても，それに見合うような予測精度の向上はみられず，説明変数を増やした効果はないと考えることができます．

変数間の相関

各説明変数，予測値，基準変数，残差間の相関を表 18-3 に示します．表 18-3 において，sgn( ) はカッコのなかの値の符号を表す記号です．例えば，b_1 が 0.3 なら sgn(b_1) は +，b_1 が -0.2 なら sgn(b_1) は − という具合です．

1 つめの説明変数 X_1 と，基準変数 Y との相関が r_{1y} であるのに対し，X_1 と予測値 $\hat{Y}$ との相関係数は sgn(b_1) r_{1y}/R であり，偏回帰係数 b_1 の符号がからんできます．このことは，X_1 と Y の相関と，X_1 と $\hat{Y}$ の相関の符号が異なる可能性があることを示しています．つまり，ある説明変数と基準変数との関係について，相関係数の符号と偏回帰係数の符号が異なることがあるということです．この点については，18.3 節であらためて検討します．

残差ベクトルは，説明変数が含まれる平面と直交していますから，残差と，各説明変数および予測値との相関はすべて 0 になります．基準変数とその予測値との相関は重相関係数ですから R で表されます．基準変数と残差の相関は，単回帰分析の場合と同様に，

表 18-3 説明変数，予測値，基準変数，残差間の相関

	X_1	X_2	$\hat{Y}$	Y	e
X_1	1				
X_2	r_{12}	1			
$\hat{Y}$	sgn(b_1)r_{1y}/R	sgn(b_2)r_{2y}/R	1		
Y	r_{1y}	r_{2y}	R	1	
e	0	0	0	$\sqrt{1-R^2}$	1

$\sqrt{1-R^2}$ になります．やはり，予測の精度が低ければ，基準変数の大部分の要素は誤差に残ることになります．

3 偏回帰係数の理解

偏回帰係数の視覚的理解

偏回帰係数を理解するために，まず偏回帰係数を視覚的にとらえてみます．図 18-2 は，重回帰分析のイメージを表す図 18-1 に，単回帰分析のベクトルも描き加えた図です．$b_0 X_1$ と e_0 が単回帰分析の予測値と残差です．

図 18-3 は，図 18-2 の X_1–X_2 平面だけを取り出したものです．ただし，いくつかの要素を描き加えています．具体的には，X_1 に直交する成分 $X_2 | X_1$ と，それを伸縮した $b_2 X_2 | X_1$ を加えています．図 18-3 を用いて，偏回帰係数 b_2 について考えます．

説明変数 X_1 の回帰係数は，単回帰分析では b_0 ですが，重回帰分析では b_1 と小さくなっており，基準変数 Y に対する X_1 の影響度は，重回帰分析のほうが小さく見積もられています．これは，X_1 と X_2 に正の相関があり，X_1 と X_2 が斜めに交わっているため，X_1 方向に $b_0 X_1$ まで行かなくても，$b_1 X_1$ まで行っておけば，あとは X_2 方向の移動で $\hat{Y}$ に到達

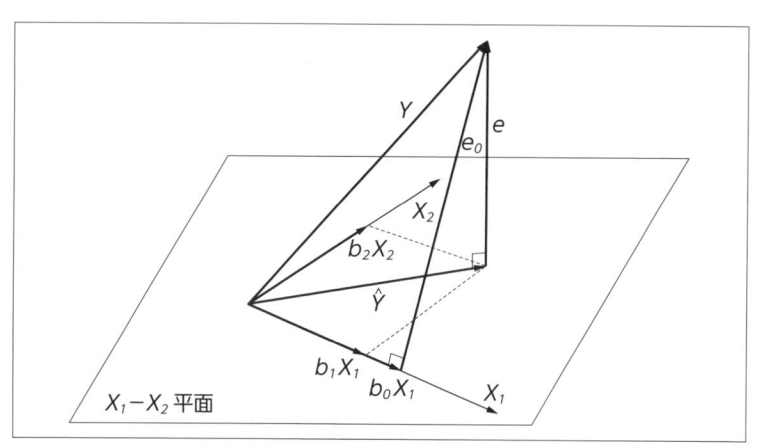

図 18-2　単回帰分析と重回帰分析の重ね合わせ

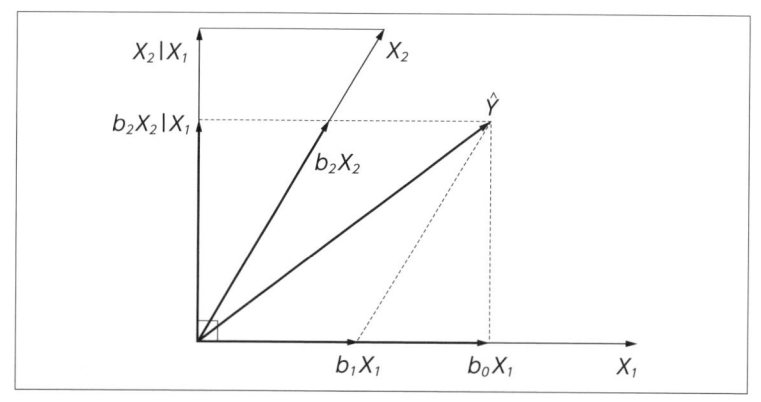

図 18-3　変数を追加したことによる説明力の増加分のイメージ

できることによります．

しかし，X_1にしてみれば，X_2に手伝ってもらわなくても，単独でb_0X_1までは行くことができます．$\hat{Y}$に到達するために足りないのは，X_1と直交する方向の成分だけです．

すると，重回帰分析においてX_2を加えることの効果は，b_2X_2そのものではなく，そのうちのX_1と直交する方向の成分ということになります．それが$b_2X_2 \mid X_1$です．$X_2 \mid X_1$はX_1と直交していますから，$X_2 \mid X_1$は，X_2からX_1の成分を除いた変数です．そして，b_2はそうした変数$X_2 \mid X_1$の回帰係数であり，X_2そのものではなく，X_2からX_1の成分を除いた変数の影響度を表していると考えることができます．

同様に，X_1とX_2を入れ替えて考えれば，b_1は，X_1からX_2の成分を除いた変数の影響度となります．このように，重回帰分析における偏回帰係数は，他の説明変数の成分を除いたときの，基準変数に対するその変数の影響度を表すものだと考えることができます．

なお，X_1とX_2が最初から直交していれば，X_2と$X_2 \mid X_1$は等しくなります．つまり，説明変数が互いに無相関であれば，偏回帰係数は，単回帰分析の回帰係数のように，その変数そのものの影響度と考えることができます．説明変数間の相関が，無相関とまではいかなくとも無相関に近い状態であれば，各説明変数について単回帰分析のような解釈を行うことができるということです．

偏回帰係数の解釈

他の説明変数の成分を除いた変数の回帰係数，すなわち，偏回帰係数の解釈は2通りあります．

1つめは，他の説明変数の成分を除去した変数の値が1だけ異なるときの，予測値の変化分という解釈です．例えば，ストレスから失敗恐怖の成分を除いた変数を考えます．**表18-1**をみると，ストレスと失敗恐怖の相関係数は0.40ですから，共有する部分があります．ストレスから失敗恐怖の成分を差し引いたものを，仮に「結果の正否とは無関係に感じるストレス」とすると，そういったストレスが1だけ違うとうつ傾向の予測値は0.73点だけ違ってくるというのが，偏回帰係数の1つめの解釈です．単回帰係数は0.77であり，0.73よりも大きい値でしたから，結果の正否が問われる状況では，ストレスがうつ傾向を予測する程度はいくぶん大きくなると推察することができます．

偏回帰係数の2つめの解釈は，他の説明変数の値は同じで，その変数の値が1だけ異なるときの，予測値の変化分という解釈です．こちらの解釈だと，失敗恐怖得点が同じなら，ストレス得点が1点異なるとうつ傾向の予測値は0.73点違ってくるというようになります．

1つめの解釈と2つめの解釈のどちらを用いるかは，文脈や分かりやすさで判断します．なお，すべての変数を標準化したときの偏回帰係数である標準偏回帰係数についても，このような2通りの解釈ができます．

相関係数と偏回帰係数

偏回帰係数が表しているのは，他の変数の成分を除いた説明変数と基準変数との関連ですから，もとの説明変数と基準変数との関連とは異なります．したがって，18.2節の変

表18-4 きょうだいおよび親からのサポートと精神的健康度との関連

	相関係数			標準偏回帰係数
	きょうだい	親	健康度	
きょうだい	1	.38	.66	0.77
親	.38	1	.02	−0.27

　数間の相関のところでみたように，偏回帰係数と相関係数の符号が違ってくることがあります．具体例を用いてこの現象を解釈してみます．

　表18-4は，大学生における，きょうだいからのソーシャルサポート（以下，きょうだいサポート），および親からのソーシャルサポート（親サポート）と，その学生の精神的健康度との関連を分析した結果です．

　きょうだいサポートと親サポートの相関係数は0.38であり，弱い相関があります．きょうだいサポートと精神的健康度の相関は0.66と高い一方，親サポートと精神的健康度との相関は0.02と正の値ですがほぼ無相関です．

　しかし，標準偏回帰係数をみると，きょうだいサポートは0.77，親サポートは−0.27と負の値になっており，きょうだいからのサポートが高いと精神的健康度は高く，反対に，親からのサポートが高いと精神的健康度は低いと予測される結果になっています．これは，親が手を出さないほど，子どもは健全であるということを表しているのでしょうか？

　偏回帰係数は，他の変数の成分を除去した変数の影響を表すものでした．そこで，親サポートから，きょうだいサポートの成分を除去してみます．サポートするということではどちらも同じ要素をもっていると考えられますので，親サポートからこれを除去すると，残った成分は，例えば，親の不安感や，子どもへの依存度のように考えることができます．自分が不安だから助ける，子どもに関わりたいから助けるという具合です．そのような成分が，子どもの精神的健康度に対して負に作用することは納得がいきます．また，親サポートが，サポートという側面と，親の不安感や子どもへの依存度という側面の両方をもっているとすると，両方の効果が相殺されて，親サポートと精神的健康度の相関係数が無相関になることも理解できます．

　以上からいえることは，重回帰分析の結果を解釈するときは，必ず相関係数もみる必要があるということです．重回帰分析のほうが相関分析より高度な分析だから，重回帰分析のほうが正しいとか優れているとかいうことはありません．どちらの結果も説明できるような，合理的な解釈が求められます．それができなければ，データのもつ情報を適切に抽出したことにはならないのです．

4　説明変数の要件

多重共線性

　表18-4の分析結果に対しては，相関係数も偏回帰係数も説明できるような解釈を考えることができましたが，実際の分析では，双方を合理的に解釈することが困難な場合があ

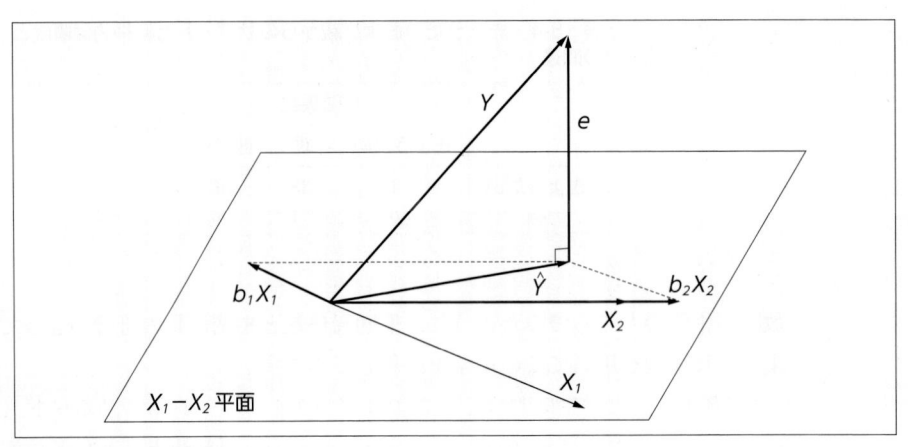

図 18-4　多重共線性のイメージ

ります．また，偏回帰係数の大きさが異常に大きかったり，そのわりには標準誤差が大きく統計的に有意にならないということも起こります．

　そのようなときは，多重共線性（multicollinearity）を疑います．多重共線性とは，ある説明変数の値を，他の説明変数を使ってかなりの程度予測できてしまう状態のことをいいます．説明変数間の相関が高いときによく起こりますが，そうでない場合でも，複数の説明変数で，ある説明変数をよく説明できてしまい，多重共線性が生じることがあります．

　図 18-4 に多重共線性のイメージを示します．説明変数 X_1 も X_2 も，基準変数 Y と正の相関がありますが，X_1 と X_2 の相関が高すぎるため，X_1 と X_2 の角度が狭くなっています．それによって，Y の予測値 $\hat{Y}$ は，X_1 と X_2 の間に入らず外側に出てしまっています．そのため，$b_1 X_1$ は X_1 とは逆方向になり，b_1 は負の値になっています．また，$b_2 X_2$ は X_2 よりも長くなるので，b_2 は 1 より大きい値になります．このようになっているときの偏回帰係数 b_1，b_2 の解釈はとても困難になります．

　多重共線性があるときに標準誤差が大きくなるのは，次のように考えると分かりやすいかもしれません．1 枚の紙を半分に折り，折り目を垂直にして紙を少し開いて立てるとき，開く角度が狭過ぎると紙は倒れてしまいます．足元が不安定だからです．これと同じように，X_1 と X_2 の間の角が狭いと X_1–X_2 平面はとても不安定な平面になります．したがって，その平面上で働く偏回帰係数も不安定になり，標準誤差が大きくなってしまうのです．

　説明変数間に多重共線性が生じているかどうかを判断する指標として提案されているものに，許容度（tolerance）があります．許容度は，各説明変数に対して計算されるもので，当該説明変数を他の説明変数から予測したときの決定係数を 1 から引いた値です．許容度は 0〜1 の値をとります．当該説明変数が他の説明変数で予測できてしまうほど，許容度の値は 0 に近くなります．反対に，当該説明変数が他の変数では説明できないほど，許容度は 1 に近くなります．したがって，許容度が 0 に近い説明変数があるときは，多重共線性を疑い，当該変数を分析から除外します．

　ストレスと失敗恐怖からうつ傾向を予測する分析において，ストレスの許容度は $1 - 0.40^2 = 0.84$，失敗恐怖の許容度も $1 - 0.40^2 = 0.84$ です．許容度はいずれも 0.84 と大きいですから，多重共線性は生じていないと考えられます．

多重共線性が生じているかどうかを判断する指標として，許容度の逆数をとった VIF（variance inflation factor）というものもあります．VIF は 1 以上の値をとります．いまの例では，1/0.84 = 1.19 という値になります．

VIF は許容度と逆で，値が大きいときに多重共線性を疑います．どの程度大きいときに多重共線性を疑うかということについて，統一的な基準値はありません．5 という人もいれば，10 という人もいます．しかし，5 以下でも多重共線性を考えたほうがよいようなデータもありますので，安易に 5 や 10 という値で判断するのは避けるべきと考えられます．

変数間の相関関係

重回帰分析では，説明変数から基準変数を予測しますから，説明変数と基準変数との関連は強いことが期待されます．一方で，説明変数間の相関が高いと多重共線性の問題が生じたり，偏回帰係数の解釈が難しくなったりします．したがって，重回帰分析の変数には，各説明変数は基準変数と相関が高いが，説明変数どうしはなるべく無相関であることが望まれます．

変数選択

多数の説明変数があるときに，分析を繰り返して予測に有効な説明変数だけに絞り込んでいく分析法を，ステップワイズ法（step-wise method）といいます．決定係数や尤度比統計量の変化の大きさなどに基づいて，どの変数を追加または削除するかを決めていきます．ストレスと失敗恐怖からうつ傾向を予測する分析でステップワイズ分析を行うと，偏回帰係数の値が 0 に近い失敗恐怖は削除されます．

2 値変数

就労形態について，正規雇用であれば 1，非正規雇用であれば 0 のように，2 つの状態の違いを 2 つの数値で表す 2 値変数は，名義尺度でもあり，順序尺度でもあり，間隔尺度でもあります．値の違い，順序の違い，値の間隔が，2 つの状態の違いを表すからです．

間隔尺度の変数は量的変数ですから，2 値変数も重回帰分析に用いることができます．ただし，重回帰分析においては，2 値変数は説明変数だけに用いるのが普通です．2 値変数を基準変数に用いる分析は，ロジスティック回帰分析といわれる方法になります（16 章コラム）．

ストレスと就労形態という 2 つの説明変数からうつ傾向を予測する重回帰モデルを立て，偏回帰係数を推定したところ，次のような結果が得られたとします．ただし，X_1 はストレス得点，X_0 は就労形態です．

$$\hat{y} = 2.71 + 0.76x_1 + 0.07x_0 \tag{18.3}$$

就労形態は，正規雇用（$X_0 = 1$）か，非正規雇用（$X_0 = 0$）のいずれかですから，これらの値を 18.3 式に代入すると，

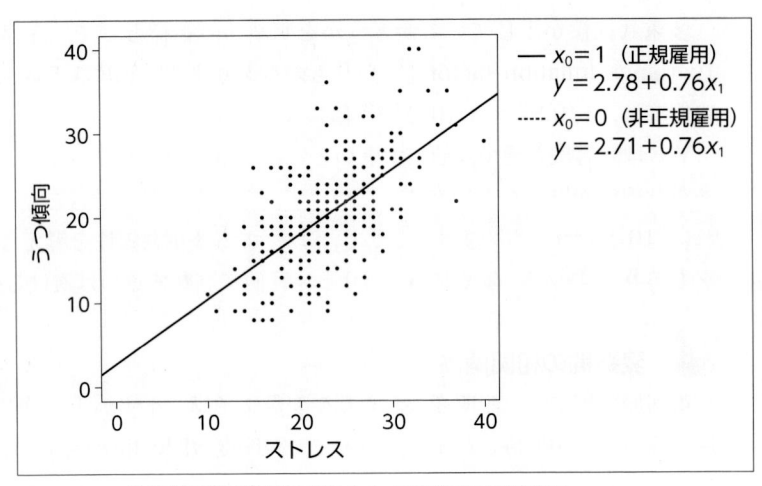

図18-5 2値変数を説明変数に加えたときの群別の回帰直線

$$\hat{y} = 2.78 + 0.76x_1, \quad x_0 = 1 \text{（正規雇用）}$$
$$\hat{y} = 2.71 + 0.76x_1, \quad x_0 = 0 \text{（非正規雇用）}$$

となります．この2つの回帰直線は，切片の値が違うだけで，傾きは同じです．図18-5にその様子を示します．切片の値が異なるといっても，いまの場合はわずかな大きさですから，2群の回帰直線はほとんど重なっています．つまり，正規雇用群でも非正規雇用群でも，ストレス得点から予測されるうつ傾向得点はほぼ同じになります．

調整変数

正規雇用群と非正規雇用群を比べた場合，うつ傾向に対するストレスの影響度は異なるかもしれません．つまり，正規雇用群と非正規雇用群とで，ストレスからうつ傾向を予測する回帰モデルの，傾きを表す回帰係数の値は違うかもしれません．このように，群の違いによって回帰係数が変わるとき，その群の違いを表す変数を調整変数（moderator

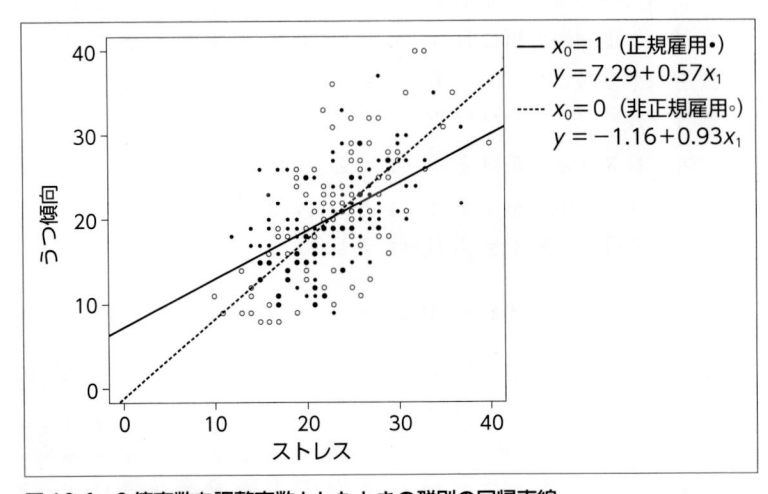

図18-6 2値変数を調整変数としたときの群別の回帰直線

variable）といいます．

　正規雇用群，非正規雇用群別に，ストレスからうつ傾向を予測する回帰モデルの回帰係数を推定すると次のようになります．また，回帰直線を**図 18-6** に示します．この分析では，就労形態が調整変数となっています．

$$\hat{y} = 7.29 + 0.57x_1, \quad x_0 = 1 \text{（正規雇用）} \tag{18.4}$$
$$\hat{y} = -1.16 + 0.93x_1, \quad x_0 = 0 \text{（非正規雇用）} \tag{18.5}$$

　ストレスの回帰係数は，正規雇用群 0.57，非正規雇用群 0.93 で，非正規雇用群のほうが大きく，非正規群において，うつ傾向に対するストレスの影響度がより大きいことが示されています．また，18.3 式の 0.76 という回帰係数の値は，両群の平均的な値であったことが分かります．

　なお，調整変数を想定することは，構造方程式モデリングにおいては，多母集団分析を行うことに相当します（22 章）．

交互作用

　調整変数は，その変数の値（すなわち群）の違いによって，基準変数に対する説明変数の影響の仕方が異なることを表す変数であり，この効果は，12.4 節や 15.6 節でみた交互作用効果と同様です．したがって，調整変数が 2 値変数（量的変数）の場合は，交互作用変数として重回帰モデルに組み入れることができます．

　ストレス（X_1），就労形態（X_0），ストレスと就労形態の交互作用（$X_1 X_0$）という 3 つの説明変数から，うつ傾向を予測する重回帰モデルを立て，その偏回帰係数を推定すると次のようになります．$X_1 X_0$ は 2 つの変数を掛け算した変数です．

$$\hat{y} = -1.16 + 0.93x_1 + 8.45x_0 - 0.36x_1 x_0 \tag{18.6}$$

　18.6 式において，$X_0 = 1$ とすると 18.4 式と同じになり，これは正規雇用群における回帰式を表します．同様に，18.6 式において，$X_0 = 0$ とすると 18.5 式と同じになり，これは非正規雇用群における回帰式を表します．

　このように，調整変数は交互作用を検討している，逆にいえば，交互作用は調整変数の効果であるということができます．2 値変数を調整変数として用いるべきところを，18.3 式のように 1 つの説明変数として用いてしまうと，本来ある群別の重要な違いを見落とす可能性がありますので注意が必要です．

Column: 主成分得点を説明変数に用いた重回帰分析

　18.3 節において，きょうだいからのソーシャルサポートと，親からのソーシャルサポートから，その学生の精神的健康度を予測する分析について検討したとき，きょうだいサポートと親サポートに共通する，サポートという要素があると考えました．そして，親サポートから，このサポートの部分を除いた成分と，精神的健康度との関連を考えました．

　しかし，ソーシャルサポートと精神的健康度との関連を検討するのであれば，きょうだいサポート変数と親サポート変数から，新たに「サポート変数」と「親ときょうだいの違い変数」を合成し，合成した変数と精神的健康度との関連を検討するという分析を行うことも考えられます．

　このように，既存の変数に含まれるおもな成分をまとめ，新たな変数を合成する分析を，主成分分析（principal component analysis）といいます．

　きょうだいサポートと親サポートから，「サポート変数」と「親ときょうだいの違い変数」を合成するイメージを図 18-7，図 18-8 に示します．図 18-7 は散布図，図 18-8 は変数ベクトルを用いたイメージです．

　「サポート変数」は，きょうだいサポートと親サポートの特徴，すなわち家族から得られるサポートの個体差をもっともよく反映する変数で，これを第 1 主成分といいます．「親ときょうだいの違い変数」は，第 1 主成分と直交し，きょうだいサポートと親サポートの特徴を 2 番目によく反映する変数で，第 2 主成分とよばれます．このように主成分分析では，主成分は互いに直交し無相関になります．一般に，p 個の変数を主成分分析したときは，第 p 主成分まで構成することができ，しかもそれらは互いに直交します．したがって，主成分得点を説明変数として重回帰分析を行えば，基準変数に対するそれぞれの主成分の影響度を，説明変数間の相関を気にすることなく，容易に解釈することができます．

　きょうだいサポートと親サポートから，第 1 主成分，第 2 主成分を合成し，それらを説明変数，精神的健康度を基準変数として重回帰分析を行うと，標準偏回帰係数は，第 1 主成分 0.48，第 2 主成分 −0.58 となります．この結果から，親やきょうだいからのサポートが多いと精神的健康度が高く，また，親よりもきょうだいの役割が大きいほど精神的健康度が高いということが分かります．

　このように，主成分を用いた重回帰分析は，相関関係の大きい説明変数の効果の違いを検討する方法として，有効な手段の 1 つになると考えられます．

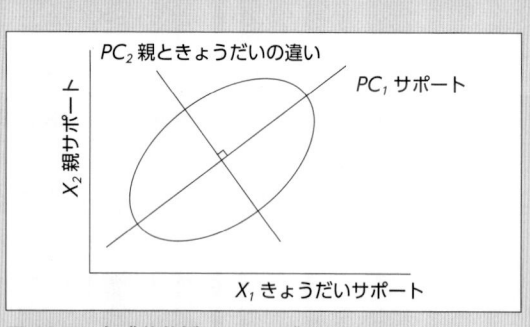

図 18-7　主成分分析のイメージ

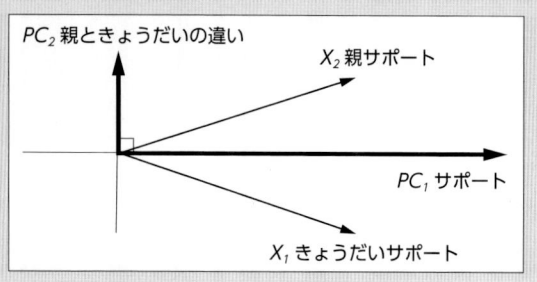

図 18-8　主成分分析のベクトル表現

chapter 19 構造方程式モデリングの基礎

　構造方程式モデリング（structural equation modeling：SEM）は，多数の変数間の関連を記述するのに用いられる分析手法です．本章では，構造方程式モデリング，とくに共分散構造分析について，基礎的な解説をします．通常の構造方程式モデリングで扱う変数は量的変数です．本章でも量的変数を念頭に置いた説明を行います．

　まず，構造方程式モデリングの基本論理を説明します．すなわち，構造方程式や共分散構造がどういうものかについて説明します．続いて，重回帰モデルやパスモデルを用いて，構造方程式モデリングにおける基本的な概念について理解します．

1 構造方程式モデリングの基本論理

パス図

　1.2節で述べたように，変数間の関係には，国語ができる子どもは算数もできるというような相関関係と，ストレスの程度がうつ傾向にどれだけ影響するかという予測（説明）関係があります．これらの関係を図で表したものをパス図（path diagram）といいます．図19-1に，相関関係および予測（説明）関係のパス図を示します．

　パス図では，観測変数を四角で囲み，相関関係を双方向矢印，予測（説明）関係を単方向矢印で表します．誤差は丸で囲むこともあれば，丸は省略されることもあります．

　構造方程式モデリングでは，予測（説明）関係の係数を，（偏）回帰係数とはいわずに，パス係数（path coefficient）といいます．相関係数はパス係数に含めません．パス図において，相関係数やパス係数は，矢印のそばに書き入れます．

　1つの変数を予測する説明変数が複数あるとき，すなわち，ある基準変数に対して重回帰モデルが構成されているとき，パス係数と呼び名は変わってもそれが偏回帰係数であることに違いはありませんから，パス係数の解釈は偏回帰係数の解釈と同様に行います．つまり，他の説明変数の成分を除去した当該変数の値が1だけ異なるときの，予測値の変化分などと解釈します．

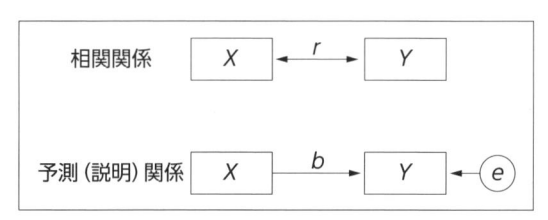

図 19-1　相関関係および予測（説明）関係を表すパス図

構造方程式

構造方程式モデリングでは，変数間の関連を構造方程式（structural equation）で書き表します．構造方程式とは，変数間の関係を，パス係数，分散，共分散などを用いて表現した方程式の総体のことです．例えば，変数 X から変数 Y を予測する単回帰モデルの構造方程式は，次のようになります．

構造方程式

$$予測式 : y = bx + e \tag{19.1}$$
$$分散 : V(x) = v_x \tag{19.2}$$
$$V(e) = ev \tag{19.3}$$

19.1 式は，変数 X から変数 Y を予測する回帰式で，b は回帰係数，e は誤差です．19.2 式は変数 X の分散，19.3 式は誤差 e の分散を表す式です．変数 Y は，19.1 式によって X, e, b を使って生成されますから，変数 Y の分散を表す式は必要ありません．

構造方程式モデリングでは，構造方程式にあるパス係数，分散，共分散などの値を推定します．変数 X から変数 Y を予測するモデルのパラメタ（推定の対象となる値）は，以下の3つです．

パラメタ

パス係数：b
分散：v_x, ev

共分散構造

構造方程式に従って，変数の分散および変数間の共分散をパラメタで表現したものを，それぞれ分散構造（variance structure），共分散構造（covariance structure）といいます．分散は，同じ変数どうしの共分散と考えられますので，共分散構造とひとくくりに言い表すこともあります．

観測変数 X, Y があるときの母共分散行列，標本共分散行列，共分散構造行列を表 19-1 に示します．このように構造方程式モデリングでは，母集団，標本，モデルの3つの共分散行列を考えます．母共分散行列は母集団のものなので未知です．標本共分散行列はデータから計算できます．共分散構造行列は，構造方程式にしたがってパラメタで記述されます．

変数 X の分散構造 $V(x)$ は，19.2 式にあるように，v_x というパラメタで書かれます．

表 19-1　3つの共分散行列

	母共分散行列 X	Y	標本共分散行列 X	Y	共分散構造行列 X	Y
X	σ_x^2	σ_{xy}	s_x^2	s_{xy}	$V(x)$	$C(x,y)$
Y	σ_{xy}	σ_y^2	s_{xy}	s_y^2	$C(x,y)$	$V(y)$

同様に，変数 X と変数 Y の共分散構造，変数 Y の分散構造を，上記のパラメタを使って書くと以下のようになります．

$$C(x, y) = bv_x$$
$$V(y) = b^2 v_x + ev$$

構造方程式モデリングによる分析

パラメタを使って共分散行列が構造化されましたので，パラメタの値を推定します．母共分散行列の値を再現するようにパラメタの値を求めるのが理想的ですが，残念ながら母共分散行列の値は分かりません．そこで，母共分散行列の推定値である標本共分散行列を再現するように，パラメタの値を推定します．変数 X から変数 Y を予測するモデルの場合は，次の連立方程式を解くことになります．

$$\begin{cases} s_x^2 = v_x \\ s_{xy} = bv_x \\ s_y^2 = b^2 v_x + ev \end{cases}$$

これを，いま推定すべきパラメタである b，v_x，ev について解くと，

$$\begin{cases} b = \dfrac{s_{xy}}{s_x^2} = r\dfrac{s_y}{s_x} \\ v_x = s_x^2 \\ ev = s_y^2(1 - r^2) \end{cases}$$

という解が得られます．回帰係数 b の解が，17.6 式と一致していることが確認されます．

回帰モデルでは，標本共分散行列を完全に再現できるパラメタ値を推定することができます．しかし一般には，パラメタ数が不足して（20.1 節），標本共分散行列を完全に再現することができません．そのような場合は，共分散構造行列ができるだけ標本相関係数行列に近くなるようにパラメタの値を推定します．つまり，標本相関係数行列と共分散構造行列のずれを最小にするように，パラメタの値を推定します．推定法としては最尤法などが用いられます．

構造方程式モデリングと共分散構造分析

構造方程式によって構造化されるものが共分散行列だけである場合，その分析は共分散構造分析 (covariance structure analysis) ともいわれます．構造方程式モデリングはもっと広い概念で，平均や歪度（3次の積率）など，共分散以外のデータの特性を構造化することも含んでいます．しかし，構造方程式モデリングを用いている多くの研究が共分散構造分析を行っているため，構造方程式モデリング（SEM）と共分散構造分析は，同義の用語として理解されることが多いようです．

2 重回帰モデル

ストレス（X_1），失敗恐怖（X_2）の2つの説明変数から，うつ傾向（Y）の値を予測する重回帰モデルを考えます．構造方程式およびパラメタは次のようになります．重回帰モデルの構造方程式は，予測式（重回帰式），説明変数の分散，誤差の分散，説明変数間の共分散で構成されます．説明変数が多数ある場合は，すべての説明変数間の共分散を仮定します．

あとは単回帰モデルと同様に，共分散構造行列を構成し，標本共分散行列をできるだけ再現するようなパラメタの値を推定します．

構造方程式

予測式：$y = b_1 x_1 + b_2 x_2 + e$

分散：$V(x_1) = v_1$

$V(x_2) = v_2$

$V(e) = ev$

共分散：$C(x_1, x_2) = c_{12}$

パラメタ

パス係数：b_1, b_2

分散：v_1, v_2, ev

共分散：c_{12}

非標準化解，標準化解

18章と同じデータをこのモデルで分析した結果を**図19-2**に示します．個々の係数のカッコの外の値は，標本共分散行列を構造化したときの解で，非標準化解（unstandardized solution）といいます．カッコの中の値は，標準化データの共分散行列，すなわち標本相関係数行列を構造化したときの解で，標準化解（standardized solution）といいます．これらは，偏回帰係数と標準偏回帰係数に相当し，**図19-2**の値は**表18-2**の値に一致しています．

重回帰分析の場合と同様に，構造方程式モデリングにおいても，構成概念を用いた研究

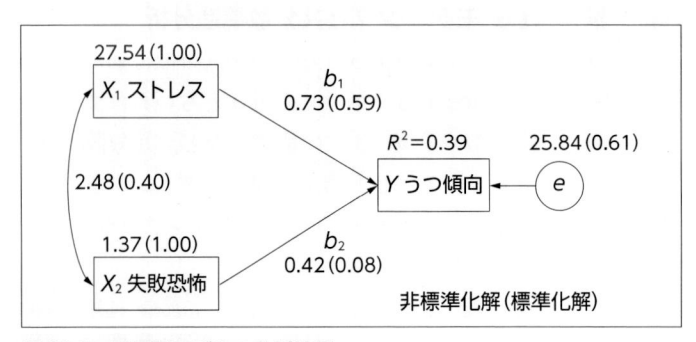

```
         27.54(1.00)
         ┌─────────┐         b₁
         │ X₁ ストレス │────── 0.73(0.59) ──┐
         └─────────┘                      │    R²=0.39    25.84(0.61)
              │                           ↓  ┌────────┐
           2.48(0.40)                       │ Y うつ傾向 │←── (e)
              │                           ↑  └────────┘
         ┌─────────┐                      │
         │ X₂ 失敗恐怖 │────── 0.42(0.08) ──┘
         └─────────┘         b₂
         1.37(1.00)
                              非標準化解（標準化解）
```

図19-2 重回帰モデルの分析結果

では，結果の解釈として標準化解を用います．ただし，変数間の関連を複数の集団間で比較する多母集団分析などにおいては，非標準化解と標準化解の両方を使って結果の解釈を行います．

3 パス解析

観測変数について構造方程式を立ててパラメタの推定を行う分析を，パス解析（path analysis）ということがあります．パス解析の特徴は，扱う変数が観測変数と誤差のみであり，潜在変数を用いないことです．パス解析は構造方程式モデリングの1種であり，重回帰分析を含みます．

パスモデル

ストレス（X_1），失敗恐怖（X_2），ソーシャルサポート（X_3），うつ傾向（X_4）という4つの変数の平均，標準偏差，共分散行列，相関係数行列を**表 19-2** に示します．本節でも18章と同じデータを用いることにします．

表 19-2 の相関係数行列をみると，ストレスが高いとうつ傾向が高く（$r = .62$，以下同様），ソーシャルサポートが少ないとうつ傾向が高い（$-.51$）という関連を考えることができます．また，失敗恐怖が強いとストレスが高く（.40），ソーシャルサポートが少ないとストレスが高い（$-.34$）という傾向も考えられます．これらを組み合わせると，失敗恐怖が強いとストレスが高く，それでうつ傾向が高いというように，失敗恐怖とうつ傾向との相関（.31）も説明することができそうです．

そこで，いま述べた変数の関連を記述するモデルを立てることにします．構造方程式および推定すべきパラメタは次のようになります．なお本書では，例えば b_{12} は，基準変数 X_1 に対する説明変数 X_2 のパス係数を表すことにします．別の説明の仕方をすれば，b_{12} は変数 X_1 に向けた変数 X_2 からの矢印のパス係数ということです．このように指定しておくと，同じ予測式に含まれるパス係数の添え字は同じ値からはじまることになり，分析結果が見やすくなります．

構造方程式

予測式：$x_1 = b_{12}x_2 + b_{13}x_3 + e_1$

$x_4 = b_{41}x_1 + b_{43}x_3 + e_4$

分散：$V(x_2) = v_2$

表 19-2　ストレス，失敗恐怖，ソーシャルサポート，うつ傾向の記述統計量（$n = 245$）

	変数	M	SD	共分散 X_1	X_2	X_3	X_4	相関係数 X_1	X_2	X_3	X_4
X_1	ストレス	22.94	5.25	27.54				1			
X_2	失敗恐怖	4.05	1.17	2.48	1.37			.40	1		
X_3	ソーシャルサポート	18.42	4.96	-8.79	-0.15	24.60		$-.34$	$-.03$	1	
X_4	うつ傾向	20.29	6.49	21.07	2.37	-16.31	42.16	.62	.31	$-.51$	1

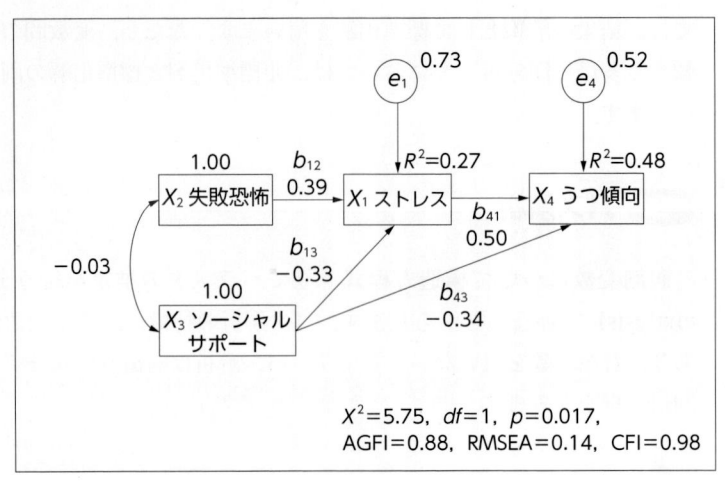

図 19-3　パスモデルの分析結果（標準化解）

$$V(x_3) = v_3$$
$$V(e_1) = ev_1$$
$$V(e_4) = ev_4$$
$$共分散：C(x_2, x_3) = c_{23}$$

パラメタ
　　パス係数：$b_{12}, b_{13}, b_{41}, b_{43}$
　　　　分散：v_2, v_3, ev_1, ev_4
　　　共分散：c_{23}

予測式をみると，ストレス（X_1）は失敗恐怖（X_2）とソーシャルサポート（X_3）によって説明され，うつ傾向（X_4）はストレス（X_1）とソーシャルサポート（X_3）によって説明されるという構造になっています．

標本共分散行列をできるだけ再現するように，つまり，標本共分散行列とのずれが最小になるように，共分散構造行列のパラメタを推定した結果を図 19-3 に示します．なお，図 19-3 は標準化解の結果です．パス係数の大きさはどれも 0.3 を超えており，ある程度以上の説明力はあると考えられます．

直接効果，間接効果

図 19-3 をみると，ソーシャルサポートからうつ傾向への影響は，直接のパスと，ストレスを経由する間接のパスがあることが分かります．前者を直接効果（direct effect），後者を間接効果（indirect effect）といいます．また，直接効果とすべての間接効果を合計したものを総合効果（total effect）といいます．それぞれの効果の程度は，パス係数およびパス係数の積で表されます．

図 19-3 では，直接効果は -0.34，間接効果は $-0.33 \cdot 0.50 = -0.17$，総合効果は $(-0.34) + (-0.17) = -0.51$ となります．ソーシャルサポートが少ないとうつ傾向が高いということには，そのような直接的な関係だけでなく，ソーシャルサポートが少ない状

態ではストレスが高く，それでうつ傾向が高くなるという間接的な関係もあると解釈します．

外生変数，内生変数

図 19-3 をみると，単方向矢印をまったく受けない変数と，単方向矢印を 1 つ以上受けている変数があります．単方向矢印を受けていない変数は，構造方程式において，他の変数によって生成されていない，すなわち，他の変数から予測されていない変数です．このような変数を外生変数（exogenous variable）といいます．

これに対し，単方向矢印を受けている変数は，構造方程式において，予測式で生成されている変数です．このような変数を内生変数（endogenous variable）といいます．

図 19-3 では，失敗恐怖とソーシャルサポートが外生変数，ストレスとうつ傾向が内生変数です．また，誤差も単方向矢印を受けていないので，外生変数ととらえます．

外生変数，内生変数という用語を用いると，構造方程式モデリングで推定するパラメタは，内生変数を構造化するパス係数と，外生変数の分散，共分散ということになります．別の言い方をすれば，構造方程式に書くのは，内生変数を生成する式，外生変数の分散や共分散を表すパラメタということです．

分散説明率

標準化解では，各変数の分散は 1 になります．したがって，ある内生変数の誤差の分散を 1 から引けば，その内生変数の分散説明率（決定係数）を知ることができます．図 19-3 では，ストレスの分散説明率は $1-0.73=0.27$，うつ傾向の分散説明率は $1-0.52=0.48$ となっています．

重回帰分析の場合と同様に，各内生変数の分散説明率が約 0.1 を下回る場合は，予測が機能していない状態ととらえ，モデルを修正することを考えます．

chapter 20 構造方程式モデルの評価

研究仮説に沿って立てたモデルが，必ずしもデータに適合するとはかぎりません．本章では，モデルを評価することについて解説します．

まず，モデルの自由度について説明します．これは，最大何個のパラメタを設定できるかなどを考える際に役立ちます．次に，解が1つに定まるかを議論する識別問題について考えます．続いて，モデルの適合度を表す適合度指標について概観し，モデルの適合度を考える際の注意点について述べます．最後に，不適解についても説明します．

1 モデルの自由度

p 個の観測変数の共分散行列のサイズは $p \times p$ です．しかし，変数 1 と変数 2 の共分散と，変数 2 と変数 1 の共分散は同じものであるということを考えると，$p \times p$ の共分散行列において，独立な共分散（分散含む）の数は $p(p+1)/2$ 個です．例えば，変数が 2 つなら，変数 1 の分散，変数 2 の分散，変数 1 と変数 2 の共分散の 3 つが独立な共分散で，確かに $2 \cdot (2+1)/2 = 3$ となります．

一方，その $p \times p$ の共分散行列を，m 個のパラメタを用いて構造化したら，見かけ上は $p \times p$ の行列を作りますが，その行列を構成している要素の数は m です．

構造方程式モデリング，とくに共分散構造分析は，標本共分散行列と，モデルから構成される共分散構造行列のずれを最小にするようにパラメタの値を推定しますから，m 個のパラメタで，$p(p+1)/2$ 個の共分散の値を再現しようとしていることになります．

ここで，モデルの自由度を次のように定義します．

$$\text{モデルの自由度}(df) = \text{独立な共分散の数}(p(p+1)/2) - \text{パラメタの数}(m) \quad (20.1)$$

例えば，図 19-2 の重回帰モデルの場合は，観測変数の数 p は 3，パラメタの数 m は，パス係数 2 個，分散 3 個，共分散 1 個の合計 6 個なので，自由度は，

$$\frac{3 \cdot (3+1)}{2} - 6 = 6 - 6 = 0$$

と計算されます．また，図 20-1 のパスモデルの場合は，観測変数の数は 4，パラメタの数は，パス係数 4 個，分散 4 個，共分散 1 個の合計 9 個なので，自由度は，

$$\frac{4 \cdot (4+1)}{2} - 9 = 10 - 9 = 1$$

となります．

いまみたように，構造方程式モデルの自由度は，通常 0 以上の整数になります．自由

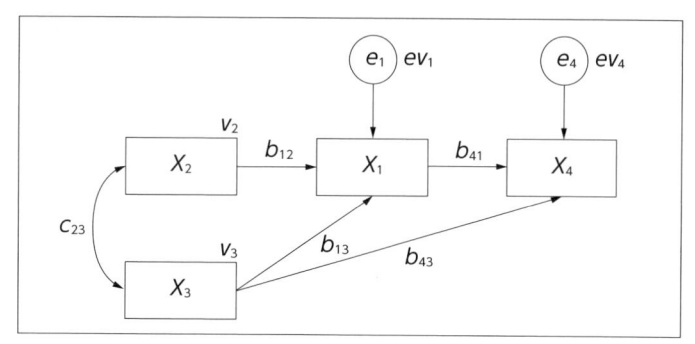

図 20-1　自由度 1 のパスモデル

表 20-1　変数の数と自由度

変数の数（p）	2	3	4	5	6	7	8	9	10
独立な共分散の数（$p(p+1)/2$）	3	6	10	15	21	28	36	45	55
独立モデルの自由度（$p(p-1)/2$）（さらに設定可能なパラメタ数）	1	3	6	10	15	21	28	36	45

度が 0 になるモデルを飽和モデル（saturated model）といいます．飽和モデルは，目一杯の数のパラメタを設定しているモデルです．つまり，$p(p+1)/2$ 個の共分散の値を，それと同じ個数のパラメタを使って再現しようとするモデルです．したがって，もし解が定まるなら，飽和モデルは完全に標本共分散行列を再現します．回帰モデルは，説明変数の数にかかわらず飽和モデルです．すなわち，標本共分散行列を完全に再現する解を得ることができます．

　飽和モデルと対極にあるモデルが独立モデル（independent model）です．独立モデルは，いうなれば最小限のパラメタしか設定しないモデルで，各変数の分散パラメタだけを設定し，パスをまったく引かないモデルです．パスをまったく引かないということは，変数間の共分散構造をすべて 0 にするということです．つまり，独立モデルは，すべての変数は互いに無相関であると考えるモデルです．これは，分割表の分析になぞらえて考えると，変数は互いに独立で連関がないとするモデルに相当します（15.1 節）．独立モデルのパラメタは各観測変数の分散のみなので，自由度は $p(p+1)/2 - p = p(p-1)/2$ となります．

　通常のモデルの自由度は，独立モデルの自由度（$p(p-1)/2$）と，飽和モデルの自由度（0）の間の値になります．パラメタを目一杯設定した飽和モデルの自由度が 0 であることを考えると，通常のモデルの自由度は，そのモデルにあと何個のパラメタを設定できるかを表す値であると考えることができます．

　表 20-1 に，観測変数の数が 10 までの場合における独立な共分散の数と，独立モデルの自由度，すなわち，独立モデルにさらに設定できるパラメタの数を示します．観測変数の数が多くなると，設定できるパラメタ数が急激に増加することが分かります．

　自由度の計算方法を知っておくと，自分の書いた構造方程式が有効なものであるかを判断することができます．例えば，変数が 4 個なのに 11 個以上のパラメタを設定していたら，飽和モデルを超えて自由度がマイナスになり，有効なモデルではなくなります．また，統

計ソフトの出力する自由度の値をみて，自分の考えているモデルと異なっていないか確認することもできます．

2 識別問題

　自由度がマイナスの値になるモデルは，解が1つに定まりません．例えていうなら，$x+y=1$ は，1という1つの値を，x と y という2つのパラメタで推定しますから，自由度は $1-2=-1$ です．そして，この式を満たす解は，$x=1, y=0$ や，$x=3, y=-2$ など無数にあり，1つに定まりません．このように，自由度がマイナスの値になる状況では，パラメタの値を1つに定めることができないのです．

　構造方程式モデリングでは，独立な共分散の数よりもパラメタの数が多いとき，このような状況になります．構造方程式モデリングの解が1つに定まらないとき，そのモデルは識別されないといわれます．これに対し，解が1つに定まるとき，そのモデルは識別されるといいます．構造方程式モデリングでは通常，識別されるモデルを作り，パラメタの値を推定します．

　図20-2に識別されないモデルの例を示します．楕円で表示された変数 f は潜在変数で，図20-2のモデルは，1つの潜在変数（構成概念）をたった2つの観測変数（項目）だけで測定しようとするモデルです．潜在変数 f の分散は1と固定しています（21.2節）．観測変数の数は2ですから，独立な共分散の数は $2\cdot(2+1)/2=3$ です．これに対し，パラメタの数は，2つのパス係数と2つの誤差分散の合計4個で，自由度は $3-4=-1$ となり，識別されないモデルになります．

　自由度が0以上の値であることは，モデルが識別される必要条件になりますが，自由度が0以上でもモデルが識別されない場合があります．例えば，$x+y=1$，$2x+2y=2$，$3x+3y=3$ と，見かけ上は3つの式があっても，これらの式は，実質的には $x+y=1$ という1つの式に帰着しますので，解が1つに定まりません．これはモデルが識別されない状況です．しかし，このモデルの自由度は $3-2=1$ と計算されます．

　モデルが識別されないということは，逆にいえばどの解も解として同等に成立するということです．この性質を利用して，探索的因子分析（21.3節）では，初期解を回転して，解釈しやすい回転解を求めるということをしています．

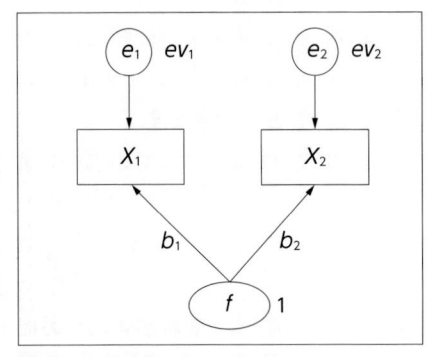

図20-2　識別されないモデル

3 適合度指標

モデルが識別されたとしても，それがデータのもっている情報をよくとらえたモデルであるかどうかは分かりません．そこで次に，モデルがデータに適合しているかどうかを評価することについて考えます．

モデルがデータに適合しているかどうかを考えるにあたって，適合度を示す指標があれば便利です．実際，モデルの適合度を評価する指標が複数提案されています．複数提案されているのは，適合しているということをどうとらえるかという，とらえかたの違いによります．以下，いくつかの指標についてみていきます．

GFI

共分散構造分析では，標本共分散行列と共分散構造行列のずれが最小になるようにパラメータを推定しますから，モデルの評価は，このずれの大きさで評価するのが妥当だと考えられます．標本共分散行列を $\mathbf{S}$，共分散構造行列を $\mathbf{V}$，その逆行列を $\mathbf{V}^{-1}$ とします．もし，共分散構造行列が標本共分散行列を完全に再現しているなら，

$$\mathbf{V}^{-1}\mathbf{S} = \mathbf{S}^{-1}\mathbf{S} = \mathbf{I}$$

が成立します．ここで，$\mathbf{I}$ は単位行列で，対角要素が 1，非対角要素が 0 の行列です．

こうなることに着目した適合度の指標に，GFI（goodness of fit index）があります．GFI は以下のように計算されます．

$$\text{GFI} = 1 - \frac{\text{tr}\left[(\mathbf{V}^{-1}\mathbf{S} - \mathbf{I})^2\right]}{\text{tr}\left[(\mathbf{V}^{-1}\mathbf{S})^2\right]} \tag{20.2}$$

ただし，tr は対角要素の和を計算する関数です．共分散構造行列が標本共分散行列を完全に再現するとき，20.2 式の右辺の第 2 項の分子は 0 になりますから，GFI は 1 になります．共分散構造行列が標本共分散行列を完全には再現しないとき，GFI は 1 より小さい値になります．

AGFI

GFI は，パラメータを増やすと値が大きくなるという性質をもっています．これは，重回帰分析において，説明変数を増やすと，それがどんなに役に立たないものでも決定係数が大きくなることと類似しています（18.2 節）．この問題を解消するために，決定係数に対して自由度調整済み決定係数が考えられたように，GFI についても，パラメータ数を考慮した AGFI（adjusted GFI）が考えられています．AGFI は次のように計算されます．

$$\text{AGFI} = \frac{[p(p+1)/2]\text{GFI} - m}{p(p+1)/2 - m} = \text{GFI} - \frac{m}{p(p+1)/2 - m}(1 - \text{GFI}) \tag{20.3}$$

20.3 式は 18.2 式とよく似た形をしており，有効でないパラメータが追加されたとき，AGFI は小さくなります．

X^2 統計量

共分散構造行列が標本共分散行列を完全に再現するとき，次式で計算される L の値は 0 になり，共分散構造行列が標本共分散行列を完全には再現しないとき，L は 0 より大きい値になります．

$$L = \mathrm{tr}[\mathbf{V}^{-1}\mathbf{S}] - \log|\mathbf{V}^{-1}\mathbf{S}| - p \tag{20.4}$$

20.4 式の L に $(n-1)$ を掛けた統計量 X^2 は，近似的にカイ 2 乗分布に従うことが知られています．その自由度は，モデルの自由度 df の値です．

$$X^2 = (n-1)L \tag{20.5}$$

このことを利用して，モデルの適合度について，カイ 2 乗検定を行うことができます．帰無仮説は「$H_0: \mathbf{V} = \mathbf{S}$」となります．この検定は，通常の統計的検定とは異なり，帰無仮説が保持されるとき，モデルはデータに適合していると考え，帰無仮説が棄却されるとき，モデルはデータに適合していないと考えます．しかし，これは統計的検定の本来的な使い方ではありませんし，やはり統計的検定ですから，標本サイズが大きければ検定統計量も大きくなり，有意になってしまうという重大な欠陥をもっています．したがって，この検定は，モデルの適合度の評価にはあまり用いられません．

NFI

パスを一切引かない独立モデルに比べ，仮説に沿って構成したモデルにおいて $\mathbf{V}$ と $\mathbf{S}$ のずれがどれくらい小さくなっているかを評価する指標が NFI (normed fit index) です．NFI は次のように計算されます．

$$\mathrm{NFI} = \frac{L_0 - L}{L_0} \tag{20.6}$$

ただし，L_0 は独立モデルにおける 20.4 式の値です．NFI を改良したものに TLI (NNFI と書かれることもあります)，CFI (comparative fit index) などがあります．CFI は，モデルの自由度を考慮したうえで，$\mathbf{V}$ と $\mathbf{S}$ のずれの改善度を評価する指標です．

RMSEA

20.1 節で述べたように，モデルの自由度は，あと何個のパラメタを設定できるかという値です．逆にいえば，$\mathbf{V}$ と $\mathbf{S}$ のずれを 0 にするまでに必要なパラメタの数です．そこで，あと自由度 1 個あたりどれくらいのずれを解消すればよいかという値を考え，その小ささをもってモデルのよさの指標にすることを考えます．

パラメタを 1 つ追加することによりずれがかなり解消されれば，モデルにさらにパラメタを追加する必要があります．反対に，パラメタを 1 つ追加しても解消されるずれがほとんど残っていなければ，パラメタを追加する効果はほとんどなく，いまあるモデルで十分だと考えることができます．

このような性質をもった適合度指標として，RMSEA (root mean square error of approximation) があります．RMSEA は次のように計算されます．

$$\text{RMSEA} = \sqrt{\max\left(\frac{L}{df} - \frac{1}{n-1},\ 0\right)} \tag{20.7}$$

AIC

2つのモデル A，B があり，モデル B はモデル A の下位モデルになっている，すなわち，モデル B に含まれるパラメタはすべてモデル A にも含まれ，モデル A にはさらに他のパラメタもあるような場合に，モデル A とモデル B の適合度を比較する指標として AIC (Akaike's information criterion) があります．AIC は次のように計算されます．

$$\text{AIC} = X^2 - 2df = (n-1)L - 2df \tag{20.8}$$

AIC の値が小さいモデルのほうが，データに対する適合がよいモデルです．ただし，AIC は，標本サイズが大きくなると，パラメタ数が大きいモデルをよいモデルとする傾向があります．これを補正した指標として，BIC，CAIC などが提案されています．

適合度指標の目安

モデルがデータによく適合していると考えられる目安とされているのは，GFI，AGFI は 0.9 以上，NFI，TLI，CFI は 0.95 以上，RMSEA は 0.05 以下といったところです．

実際にモデルの適合度の評価を行ったとき，ある指標は目安を満たしているのに，別の指標は目安を満たしていないということが起こりえます．点推定（10.1 節）の場合と同じように，いろいろなよいモデルの考え方を採用しているので，このように結果が食い違うことが起きるのです．そのような場合は，モデルの解釈可能性などを考え，総合的に判断します．ある指標の値は最良でなくても，他の指標の値がよければ，そのモデルを採用するということはありうることです．

なお，AIC は相対評価の指標なので，目安となる基準値は存在しません．比較するモデル間で値の小さいほうを選択するようにします．

4 適合度に関するいくつかの注意点

適合度と説明力

設定したモデルが，データにおける変数間の関連をよく説明しているなら，そのモデルの適合度指標は高い値になります．しかし，適合度指標の値が高いからといって，そのモデルが変数間の関連をよく説明しているとはかぎりません．適合度が高いことは，そのモデルの説明力が高いことの必要条件にすぎないのです．

例えば，重回帰モデルの適合度は必ず 1 です．決定係数がどんなに小さくても，100%データに適合します．決定係数が小さければ，基準変数に対する説明変数の説明力はほとんどなく，大部分は誤差として残ります．それでもモデルの適合度は 1 になるのです．

説明力を表すのはパス係数ですから，モデルを作るときは，適合度だけでなく，パス係数も大きいモデルを作ることが必要です．

有意なパス

構造方程式モデリングによる分析結果はパス図で表示するのが一般的です．その際，有意なパスのみを残して，有意でないパスを省略している文献を時々みかけますが，これは読者に誤解を与える可能性があります．統計的有意性は標本サイズによってももたらされますから，パス係数の値が小さくても統計的に有意になるからです．

パス係数の値が小さく，実質的な説明力のないパスでも，矢印で示されると何か関連があるようにみえてしまいます．しかし，実際にはそのパスはほとんど有効ではないので，ないものとして考えるのが適切です．もしパス図において，何らかのパスを省略するのであれば，統計的に有意であろうとなかろうと，値が小さい（0に近い）パスを省略するのが適切と考えられます．

誤差間相関

適合度指標の値を高くするために，誤差間に相関パスを引いているモデルを時々みかけますが，明確な理由がないかぎり，これも不適切といわざるをえません．誤差間に相関を引いて適合度を上げても，モデルの説明力は基本的に変わらないからです．

図 20-3 は，表 19-2 のデータについて，X_3 から他の 3 変数（X_1, X_2, X_4）を予測するモデルの分析結果です．図 20-3a は誤差間相関を引かないモデル，図 20-3b は誤差間相関を引いたモデルです．適合度指標をみると，a 図の適合度は低い一方，b 図の適合度は 1 で完全にデータに適合しています．しかし，各基準変数の決定係数やパス係数は a 図と b 図で同じで，とくに X_2 へのパス係数はほとんど 0 で，予測はまったく成立していないことが確認されます．

つまり，適合度が上昇したといっても，それは誤差間に相関関係が残っていることを示したことによるものであって，X_3 から他の 3 変数を予測する説明力が上昇したわけでは

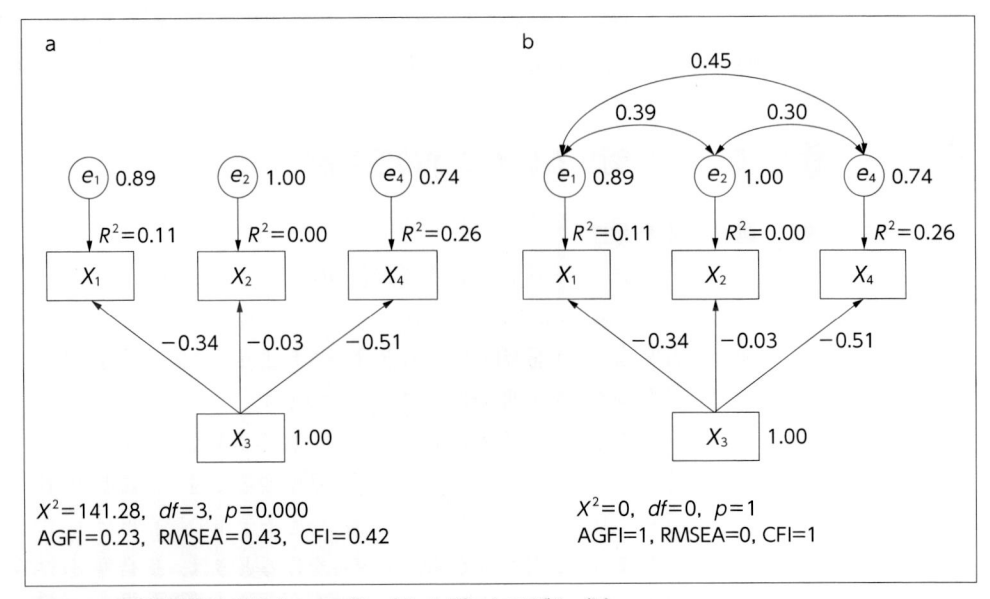

図 20-3 誤差間相関を引かないモデル（a）と引いたモデル（b）

ないのです．研究者がやるべきは，誤差間に残った相関を説明する新たな変数を探すことであって，誤差間に相関を引いて適合度を高めることではありません．モデルが支持されなければその理由を考え，新たなモデルを探るのが研究者のやるべきことなのです．

ただし，誤差間に相関パスを引く明確な理由があれば，誤差間にパスを引くことは妥当です．例えば，教養科目，専門科目，その他の科目という，3つの科目に対する学習意欲を各個体で測定し，何らかのパーソナリティ要因との関連をみるような場合，3つの学習意欲のデータには，パーソナリティ要因以外に，被験者内要因による相関があると考えられます．このような場合に，図 20-3b のように誤差間に相関を引くのは妥当と考えられます．

このように，一律に誤差間相関パスを引いてはいけないというわけではありません．どのような誤差間相関は合理的で，どのような誤差間相関は不適切であるか，研究者にはこうしたことを考える力が求められます．

同値モデル

パス図は異なるのに，適合度指標の値はまったく同じというモデルが複数存在することがあります．このようなモデルを同値モデル（equivalent model）といいます．同値モデルにおいては，適合度指標の値はまったく同じですから，適合度の観点からモデルを比較することはできません．変数間の関連性を考えて，どのモデルを採用すべきかを判断します．

例えば，図 20-4 のパス図は，図 19-3 のモデルの同値モデルです．図 20-4 では，うつ傾向からストレス，ストレスから失敗恐怖に向かってパスが引かれています．つまり，うつ傾向が高いとストレスが高く，ストレスが高いと失敗恐怖が高いという説明関係になっています．これに対し，図 19-3 は，失敗恐怖が高いとストレスが高く，ストレスが高いとうつ傾向が高いという説明関係です．これら2つのモデルは，表している内容はまったく違うのに，適合度指標の値はまったく一緒になっています．現実的な解釈としては，図 19-3 のほうが納得できそうです．したがって，この2つのモデルであれば，図 19-3 のモデルを選択するのが適切と考えられます．

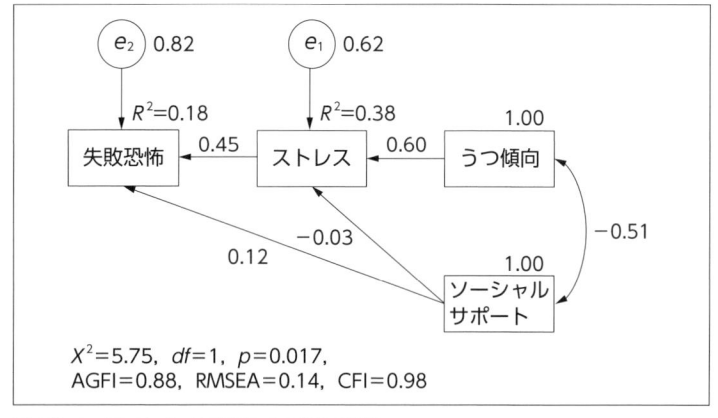

図 20-4　図 19-3 のモデルの同値モデル

（X^2=5.75, df=1, p=0.017, AGFI=0.88, RMSEA=0.14, CFI=0.98）

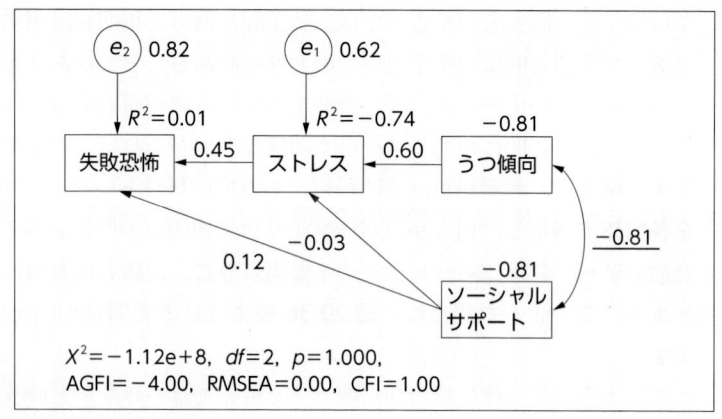

図 20-5　不適解の例

5 不適解

　モデルが不適切な場合などには，分散がマイナスになったり，相関係数が ±1 を超えるなど，本来ありえないパラメタの推定値が得られることがあります．このような解を不適解といいます．

　図 20-5 に不適解の例を示します．図 20-5 のパス図は，図 20-4 のパス図において，ソーシャルサポート（X_3）とうつ傾向（X_4）の相関係数を −0.81 と固定したモデルです．このように，相関係数の値を固定することは実際の分析では普通しませんが，ここでは不適解を示すためにそれを行っています．図 20-4 でこの値は −0.51 と推定されていますから，−0.81 とすると，だいぶずれが生じます．それでも何とか共分散構造行列と標本共分散行列のずれを最小にしようとして，X_3 と X_4 の分散の推定値がマイナスになっています．X_1 の決定係数もマイナスになっていますし，適合度指標も，カイ 2 乗値（X^2）がマイナスになるなど，おかしな値になっています．

　分散や決定係数がおかしな値になるのに対し，パス係数の値は図 20-4 と同じになっています．パス係数だけをみると，図 20-5 のモデルも解釈可能のように思うかもしれませんが，分散や決定係数が負の値になることは理屈としてありえず，データを説明するモデルとして成立しません．したがって，このモデルはただちに不採用にします．

　不適解が生じる原因としては，外れ値が混入していて標本共分散に問題があるというデータ側の要因，データに対するモデルの適合が非常に悪いというモデル側の要因，共分散行列と相関係数行列を取り違えて分析しているという技術的な要因など，さまざまな要因が考えられます．

　不適解が得られた場合には，外れ値が混入していないかデータをチェックするとともに，モデルは適切か，分析手続きは正しいかなどの確認を行います．

chapter 21 因子分析

　構成概念の測定では，構成概念を表す観測不可能な潜在変数を，その構成概念が反映されていると考える観測可能な観測変数（項目）を通して，間接的に測定します．本章では，潜在変数の測定理論となる因子分析を，構造方程式モデリングの観点からとらえます．

　まず，因子分析の基本モデルについて説明し，構造方程式モデリングを用いて，確認的因子分析を理解します．次に，尺度開発でよく用いられる探索的因子分析について説明します．個々の研究で因子分析を利用する際の注意点にも触れます．

1 潜在変数の導入

測定方程式

　1.3 節で述べたように，構成概念は間接的に測定されます．構成概念の程度を表す観測不可能な変数を潜在変数 f，構成概念が反映されていると考える観測可能な変数を観測変数 x とすると，観測変数を用いて潜在変数を間接的に測定するモデルは，次のように書くことができます．

$$x = bf + e \tag{21.1}$$

　b はパス係数，e は誤差です．この式は，観測変数は潜在変数と誤差から成り立っているとするもので，このような式を測定方程式（measurement equation）といいます．構造方程式モデリングにおいて，測定方程式は，構造方程式を構成する式の 1 つになります．

　21.1 式を回帰モデルとしてとらえると，潜在変数 f は説明変数，観測変数 x は基準変数となります．したがって，測定方程式をパス図で表すときは，潜在変数から観測変数に矢印を向けてパスを引きます．

因子分析モデル

　通常，構成概念の測定は，複数の観測変数（項目）で行います．1 つの潜在変数 f を p 個の観測変数で測定する測定方程式は次のようになります．このように，複数の項目で 1 つの潜在変数を測定するモデルを 1 因子モデルといいます．

$$\begin{cases} x_1 = b_1 f + e_1 \\ x_2 = b_2 f + e_2 \\ \quad \vdots \\ x_p = b_p f + e_p \end{cases}$$

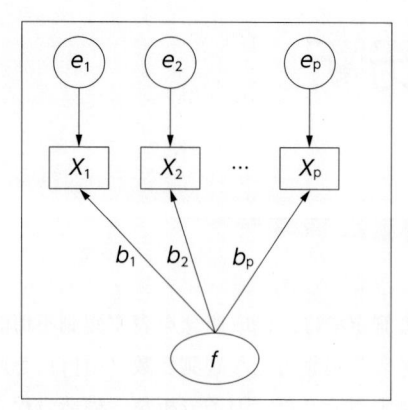

図 21-1　1 因子モデル

　1 因子モデルのパス図は**図 21-1**のようになります．潜在変数は楕円で示します．誤差も潜在変数ですが，丸で表したり，丸を省略したりします．先にも述べたように，パスは潜在変数から観測変数に向けて引きます．

　1 因子モデルでは，各観測変数は共通の潜在変数を測定していると仮定しますが，項目によって潜在変数との関連の程度には差があると考えられます．その違いはパス係数によって表されます．

2　確認的因子分析

　いくつかの観測変数が共通の潜在変数を測定していれば，どの観測変数にも同じ潜在変数が影響していますから，観測変数間の相関係数は大きくなるはずです．一方，共通の潜在変数を測定しているとは考えられない観測変数どうしは，共通に影響される部分がありませんから，観測変数間の相関は無相関になると考えられます．

　このことをデータで確認するのが，確認的因子分析（confirmatory factor analysis）です．確認的因子分析は，因子（潜在変数）と，その因子を測定する観測変数の組をモデル化し，モデルがデータに適合するかどうかを評価する分析手法です．

　例として，7 章で用いた統計分析力尺度の確認的因子分析を行ってみます．**表 21-1**に各項目の内容と，平均，標準偏差，相関係数を示します．**表 21-1**をみると，$X_1 \sim X_5$ は結果の解釈に関することで，統計分析における思考力を測定している項目，$X_6 \sim X_{10}$ は統計分析法の選択や実際に分析を行うことに関することで，統計分析スキルを測定している項目のようにみえます．相関係数をみても，$X_1 \sim X_5$ の項目間，また $X_6 \sim X_{10}$ の項目間で相関が相対的に高く，$X_1 \sim X_5$ と $X_6 \sim X_{10}$ の間では，それほど相関は高くありません．

　そこで，項目 $X_1 \sim X_5$ で 1 つの潜在変数，項目 $X_6 \sim X_{10}$ で別の 1 つの潜在変数を測定しているという 2 因子モデルを仮定し，確認的因子分析を行うことにします．

　構造方程式は次のようになります．また，パス図と分析結果を**図 21-2**に示します．

構造方程式

測定方程式：$x_1 = b_1 f_1 + e_1, \cdots, x_5 = b_5 f_1 + e_5$

$x_6 = b_6 f_2 + e_6, \cdots, x_{10} = b_{10} f_2 + e_{10}$

表 21-1 統計分析力尺度の平均，標準偏差，相関係数

	項目	M	SD
X_1	分析結果全体を説明できるような解釈を導くことができる	3.99	0.92
X_2	分析結果をみていて思わぬ発見をすることがある	3.09	0.96
X_3	分析結果でよく分からない出力があったら，何を意味するものか調べる	4.06	0.85
X_4	結果から自分の仮説が支持されなかったとき，仮説は誤りだったと素直に認めることができる	3.00	1.07
X_5	研究目的を見失わずに分析を進めることができる	2.19	0.93
X_6	1つの分析法がうまく適用できないとき，他の方法を考えることができる	3.04	1.01
X_7	いろいろな分析法を用いたことがある	3.12	0.99
X_8	いろいろな分析法を知っている	2.15	0.89
X_9	パソコンの扱いは得意なほうだ	3.91	0.90
X_{10}	数値で考えるのは得意なほうだ	2.13	0.95

相関係数

	X_1	X_2	X_3	X_4	X_5	X_6	X_7	X_8	X_9	X_{10}
X_1	1	.47	.46	.49	.49	.29	.32	.25	.25	.27
X_2	.47	1	.48	.49	.52	.28	.27	.33	.27	.20
X_3	.46	.48	1	.45	.47	.31	.25	.26	.27	.20
X_4	.49	.49	.45	1	.50	.24	.29	.31	.32	.25
X_5	.49	.52	.47	.50	1	.30	.26	.29	.23	.24
X_6	.29	.28	.31	.24	.30	1	.44	.43	.43	.46
X_7	.32	.27	.25	.29	.26	.44	1	.44	.37	.35
X_8	.25	.33	.26	.31	.29	.43	.44	1	.34	.41
X_9	.25	.27	.27	.32	.23	.43	.37	.34	1	.30
X_{10}	.27	.20	.20	.25	.24	.46	.35	.41	.30	1

$$\text{分散}: V(e_1) = ev_1, \cdots, V(e_{10}) = ev_{10}$$

$$V(f_1) = 1, \quad V(f_2) = 1$$

$$\text{共分散}: C(f_1, f_2) = a_{12}$$

構造方程式をみると，$X_1 \sim X_5$ は f_1 のみを測定し f_2 は測定していません．同様に，$X_6 \sim X_{10}$ は f_2 のみを測定し f_1 は測定していません．この状況をパス図では，f_1 から $X_1 \sim X_5$ へ向かうパスはあるのに対し，$X_6 \sim X_{10}$ へ向かうパスはなく，同様に，f_2 から $X_6 \sim X_{10}$ へ向かうパスはあるのに対し，$X_1 \sim X_5$ へ向かうパスはないというように表現します．

パスを引かないということは，そのパス係数を0と設定することと同じです．例えば，X_1 を測定する測定方程式に f_2 を入れたとしても，そのパス係数を0に設定してしまえば，事実上 f_2 は測定方程式から消えます．確認的因子分析は，どの観測変数がどの潜在変数を測定しているか（または測定していないか）をあらかじめ設定し，そのモデルの適切性を評価する分析法といえます．

構造方程式において，潜在変数の分散構造 $V(f_1)$ および $V(f_2)$ を1と設定しているのは，構成概念の測定では単位を決めることができないことと関係しています．単位を決められないということは，逆にいえば単位をどう変えてもよいということで，そうなると，モデルが識別不能になってしまいます．そこで便宜上，潜在変数の分散を1に固定して，解が1つだけ得られるようにしておくのです．

構造方程式にある共分散は，潜在変数間の共分散です．つまり，2つの潜在変数には相関関係があることを仮定しています．もし，潜在変数間の共分散を仮定しなかったら，そ

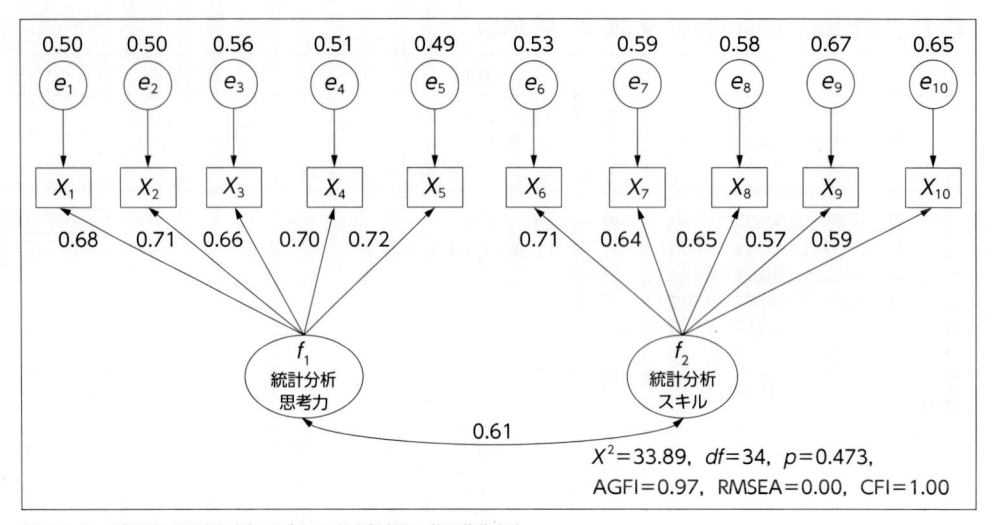

図 21-2　確認的因子分析モデルと分析結果（標準化解）

れらの潜在変数どうしは無相関であると仮定したことになります．

　確認的因子分析も構造方程式モデリングの1つですから，モデルから構成される共分散構造行列と標本共分散行列のずれがなるべく小さくなるように，パラメタの推定を行います．分析結果をみると，適合度指標は，AGFI は 0.97，RMSEA は 0，CFI は 1 となっていますから，モデルはデータによく適合していると考えられます．パス係数も 0.57 ～ 0.72 と中程度以上の値になっており，どの項目も因子をよく測定していると考えられます．したがって，図 21-2 のモデルは，データをよく説明するモデルと判断することができます．

3 探索的因子分析

　確認的因子分析では，因子とその因子を測定する観測変数の組をあらかじめモデル化しますが，それが困難なときもあります．研究の初期段階で，どのような因子を仮定すべきかが明確でなかったり，項目が多量にあって，項目の組の構成に何通りもの可能性が考えられたりする場合などです．

　そのようなときは，各項目はすべての因子と関連するというモデルを立て，因子数や，各因子と関連の強い項目を探索していきます．このような分析を探索的因子分析（exploratory factor analysis）といいます．以下，探索的因子分析の理論を説明しますが，21.4 節の具体例を読んでから本節に戻るという読み方をしてもよいと思います．

探索的因子分析モデル

項目 X_i が q 個の因子と関連するというモデルは次のように書くことができます．

$$x_i = b_{i1}f_1 + b_{i2}f_2 + \cdots + b_{iq}f_q + e_i \tag{21.2}$$

21.2 式において，b_{i1} は因子 f_1 から項目 X_i へ向かうパスのパス係数です．他のパス係

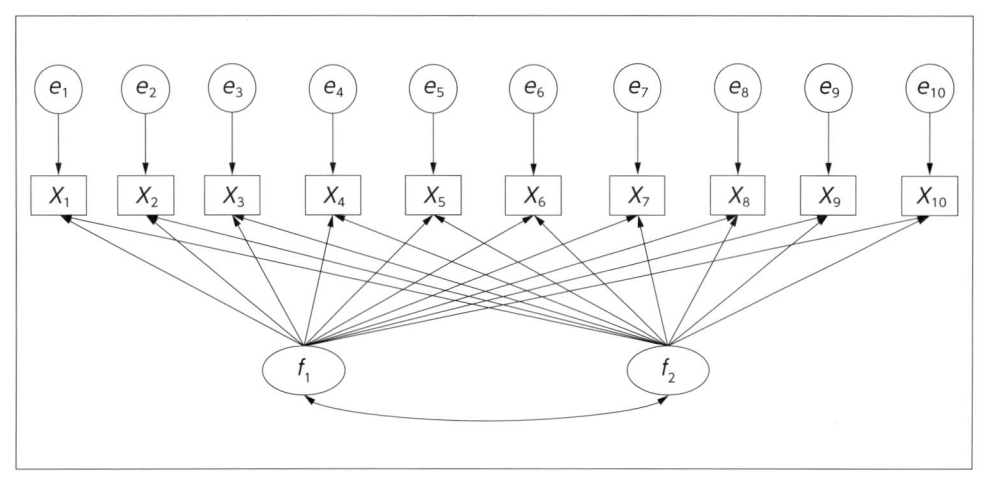

図 21-3　探索的因子分析モデル

数についても同様です．なお，探索的因子分析では，パス係数のことを因子負荷（factor loadings）といいます．

　図 21-3 に，統計分析力尺度の項目に探索的因子分析モデルをあてはめたパス図を示します．10 個の項目に対して，2 個の因子を仮定しています．どの項目にもすべての因子からパスが出ているのが，探索的因子分析モデルの特徴です．

因子数

　探索的因子分析では，そもそも何個の因子を仮定すべきかに悩むことがあります．そのような場合に参考になる基準として，スクリー基準（scree test）があります．スクリー基準を使うには，まずスクリープロットを描きます．スクリープロットとは，相関係数行列の固有値（Eigenvalue）というものを求め，大きいほうから第 1 固有値，第 2 固有値，…として並べ，折れ線グラフにしたものです．

　図 21-4 に，統計分析力データのスクリープロットを示します．横軸が固有値の番号，縦軸が固有値の値です．図 21-4 をみると，第 1 固有値は飛び抜けて大きく，第 2 固有値もまあ大きく，第 3 固有値以降は似たような値で，折れ線が平坦になっていることが分かります．

　スクリー基準では，折れ線が平坦になるところの手前までの固有値の個数を因子数にします．いまの例では，第 3 固有値から平坦になっていますから，その手前の第 2 固有値まで，すなわち，因子数を 2 とするのがよいと考えられます．

　実際の研究でスクリープロットを作成すると，図 21-5 のように，因子数の判断に迷う図が得られることがあります．この場合は，因子数を 2 から 5 まで変えながら，それぞれ探索的因子分析を行い，最も合理的な解釈ができる因子数を採用するという方法が考えられます．図 21-5 の場合，折れ線が平坦になるのは第 3 固有値または第 6 固有値からで，スクリー基準からすると，因子数は 2 または 5 が適当ではないかと思うかもしれませんが，結果の解釈を行ってみると，因子数を 3 や 4 にした場合のほうが，合理的な解釈ができることもよくあります．

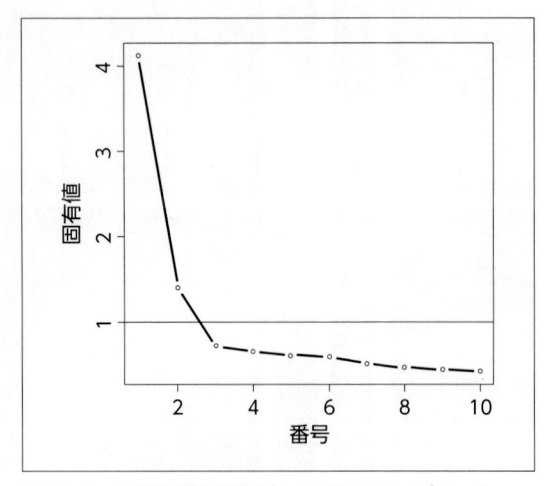

図 21-4　統計分析力尺度データのスクリープロット 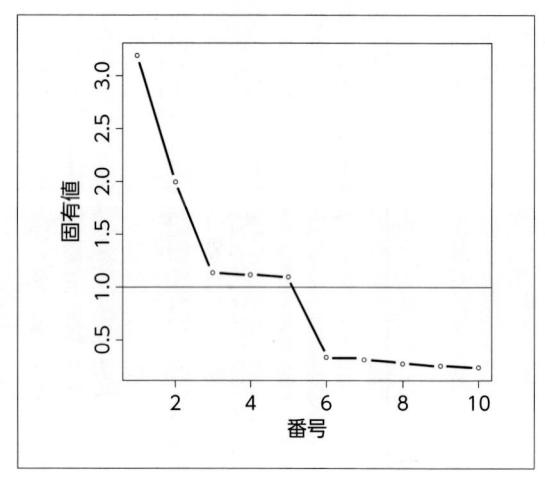　　　図 21-5　スクリープロットの例

因子数の判断には他にもいくつか方法が提案されていますが，実際の研究では，スクリー基準と結果の解釈可能性で，だいたい判断できると思われます．

推定法

探索的因子分析でも，モデルから構成される共分散構造行列が，できるだけ標本共分散行列に近くなるように，パラメタの推定を行います．探索的因子分析で用いられる推定法として，最近では，構造方程式モデリングと同様に最尤法が用いられることも多くなりましたが，他にも，重み付き最小2乗法，主成分法，また，以前から用いられている主因子法などの方法があります．

どの方法がよいかという決まりはとくにありませんが，構成概念の測定を行っている場合は，尺度の測定単位に依存しないという性質を備えている，最尤法や重み付き最小2乗法を用いるのがよいといわれることがあります．

因子の回転

図 21-3 の探索的因子分析モデルは，図 21-2 の確認的因子分析モデルに 10 本のパスを加えたモデルですから，この探索的因子分析モデルの自由度は，確認的因子分析モデルの自由度より 10 小さい値，すなわち，34 − 10 = 24 です．自由度が 0 以上ですから，モデルが識別される必要条件は満たしているのですが，実は，探索的因子分析モデルは識別されないモデルです．つまり，解が無数に存在します．どの解も，共分散構造行列と標本共分散行列のずれを等しく最小にします．

同等な解が無数に存在するのなら，解釈しやすい解を採用しようというアイディアが出てきます．それが因子の回転です．解釈しやすい解とは，各項目がどれか 1 つの因子だけと強く関連し，他の因子との関連は弱くなるような解です．このような構造を，単純構造（simple structure）といいます．因子の回転は，単純構造を目指して行われます．

例えば，国語，社会，数学，理科という 4 教科の成績の背後に 2 つの因子を仮定するとき，全教科の因子負荷が大きい「全般的学力」と，国語・社会にプラス，数学・理科に

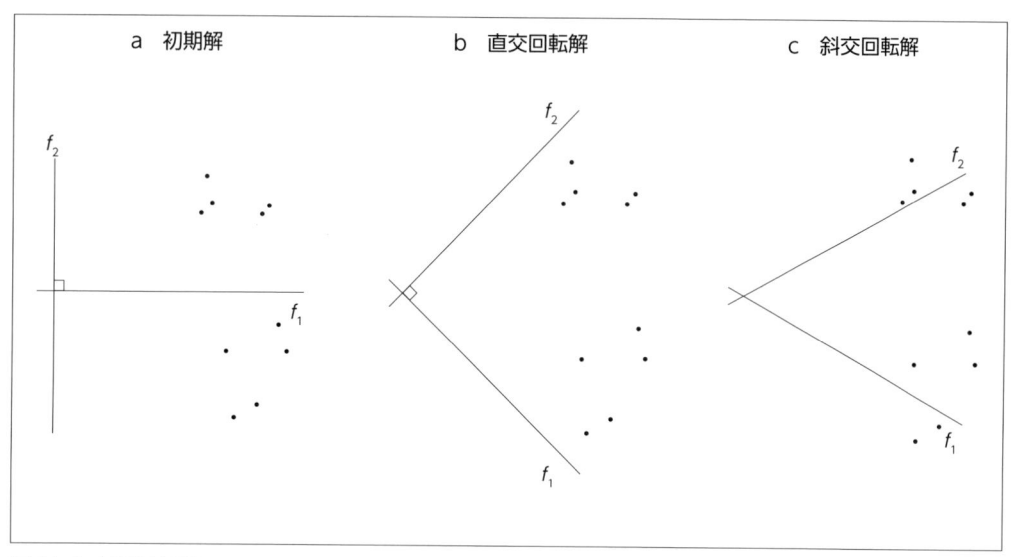

図 21-6　因子の回転

マイナスの負荷をもつ「文系 – 理系の傾向差」という2つの因子を考えるよりも，国語・社会だけにプラスの負荷をもつ「文系学力」と，数学・理科だけにプラスの負荷をもつ「理系学力」という2つの因子を考えたほうが，解釈がしやすくなります．これが単純構造です．

解釈しやすい解を求めるにあたっては，まず初期解を求めます．初期解は，どの項目もできるだけ第1因子（f_1）と関連が大きくなるようにし，次に，どの項目もできるだけ第2因子（f_2）と関連が大きくなるようにし，…として求められた解です．なお，初期解では各因子は互いに無相関であるとします．

図 21-6 に因子の回転の例を示します．これは，10個の項目に対して2つの因子を仮定し，因子負荷を各項目の座標として，項目をプロットした図です．図 21-6a では，どの項目も横軸（f_1）方向の負荷が大きく，縦軸（f_2）方向では大きく2つの固まりに分離しています．これが初期解です．

単純構造は，各項目はどれか1つの因子だけと関連が強くなるような構造ですから，図 21-6a において，項目の位置はそのままにして，各項目ができるだけどれか1つの軸に沿うように軸を回転させれば，単純構造が得られることになります．

このとき，2つの軸を同時に動かして，軸が直角に交わる状態を保って行う回転を直交回転，1つ1つの軸を別々に動かして，軸が斜めに交わることを許す回転を斜交回転といいます．図 21-6b が直交回転，図 21-6c が斜交回転を行った図です．これらの図をみると，2つの軸を別々に回転させる斜交回転のほうが，より単純構造を実現していることが分かります．回転法にはさまざまなものが提案されていますが，研究でよく用いられるのは，直交回転はバリマックス（varimax）回転，斜交回転はプロマックス（promax）回転です．

斜交回転では軸が斜めに交わっていますから，因子間に相関が生じます．それが因子間相関（inter-factor correlation）です．斜交回転をして単純構造が得られても，因子間相関が高ければ，2つの軸は同じような方向を向き，似たような2つの因子となります．

斜交回転をして下位因子を構成することだけが目的ならば，相関の高い因子間の違いをていねいに検討することは意味があると思われます．しかし，下位因子（下位尺度）を重回帰分析やパス解析の説明変数に用いるとすれば，因子間相関が高いと，多重共線性が生じ，誤った推論をしてしまう可能性がありますので，注意が必要です（18.4節）．

4 因子分析表

統計分析力尺度の 10 個の項目に対して，2 つの因子を仮定して探索的因子分析を行った結果を表 21-2 に示します．このような表を因子分析表（factor analysis table）といいます．なお，推定法は重み付き最小 2 乗法，因子の回転はプロマックス回転を用いています．

因子負荷

表 21-2 の f_1 および f_2 の列の .73，−.03 などの値が因子負荷です．これらの値から，項目 X_5 は第 1 因子に負荷が高い項目であることが分かります．他の項目についても同様に考えます．

因子分析表では多くの場合，当該因子に対する因子負荷が一番大きい項目の群ごとに，因子負荷の大きい順に項目を並べます．また，値が大きい因子負荷を太字にすることもよくあります．

因子負荷は 21.2 式のパス係数なので，因子を説明変数，項目を基準変数としたときの（標準）偏回帰係数として解釈することができます．偏回帰係数なので，相関係数のように値が ±1 の範囲に収まるとはかぎりません．因子間相関が高い場合は，因子負荷が ±1 を超えることがあります．

因子負荷を，項目数 × 因子数に配置した数値の並びを因子パターン（factor pattern）

表 21-2　探索的因子分析の結果（重み付き最小 2 乗法，プロマックス回転）

項目	f_1	f_2	共通性
第1因子　統計分析思考力（$\alpha = .82$）			
X_5　研究目的を見失わずに分析を進めることができる	.73	−.03	.51
X_2　分析結果をみていて思わぬ発見をすることがある	.72	−.02	.51
X_4　結果から自分の仮説が支持されなかったとき，仮説は誤りだったと素直に認めることができる	.69	.02	.49
X_1　分析結果全体を説明できるような解釈を導くことができる	.66	.03	.46
X_3　分析結果でよく分からない出力があったら，何を意味するものか調べる	.65	.01	.43
第2因子　統計分析スキル（$\alpha = .77$）			
X_6　1つの分析法がうまく適用できないとき，他の方法を考えることができる	−.05	.75	.52
X_{10}　数値で考えるのは得意なほうだ	−.05	.63	.36
X_8　いろいろな分析法を知っている	.04	.62	.42
X_7　いろいろな分析法を用いたことがある	.03	.61	.40
X_9　パソコンの扱いは得意なほうだ	.08	.52	.32
寄与	2.43	2.00	
寄与率（%）	24	20	
累積寄与率（%）	24	44	
因子間相関		.60	

または因子パターン行列，因子負荷行列などといいます．**表 21-2** においては，.73，.72，…，.52 という 20 個の因子負荷を，10 行 ×2 列に並べた配列が因子パターンです．

共通性

表 21-2 の因子パターンの右にある値は共通性（communality）といわれるものです．共通性は，各項目に対して算出されるもので，各項目の項目分散のうち，すべての因子によって説明される分散の割合のことです．また，項目分散のうち，因子によって説明されない分散の割合，すなわち誤差分散を独自性（uniqueness）といいます．

共通性は，因子を説明変数，項目を基準変数とした回帰モデルの決定係数に相当します．したがって，共通性が大きいほど，その項目は因子でよく説明されていることになります．決定係数ですから，これが 0.1 を下回るような項目は，因子によって説明されていないと判断されることがあります（17.5 節）．

因子分析では通常，各項目のデータを標準化して分析を行いますので，項目分散は 1 です．したがって，共通性と独自性には，「共通性＋独自性＝ 1」という関係があります．共通性も独自性もいずれも分散を表すものなので，0〜1 の値になります．もしこの範囲から外れるとしたら，その解は不適解です．探索的因子分析においては，不適解をヘイウッドケース（Heywood case）ということがあります．

因子分析の解が直交解であれば，共通性は因子負荷の横方向の 2 乗和になります．斜交解の場合はそうはなりません．

図 21-6 において，各項目は初期解の因子負荷を座標にしてプロットされていますから，共通性（直交解の因子負荷の横方向の 2 乗和）は，原点とその項目との距離の 2 乗に相当します．したがって，共通性が大きい項目ほど，原点から遠いところに布置されることになります．すなわち，因子プロットにおいて，共通性が大きく遠くに布置される項目ほど，因子でよく説明されている項目となります．

なお，軸を回転しても各項目と原点の位置関係は変わりませんから，初期解，直交回転解，斜交回転解にかかわらず，共通性は各項目において同じ値になります．

寄与

因子パターンの下にある 2.43，2.00 という値を寄与（contribution）または説明された分散（variance explained）といいます．寄与は，各因子に対して算出されるもので，項目分散のうち，当該因子によって説明される分散の大きさを，全項目について合計した値です．寄与が大きいほど，その因子で全体の項目をよく説明できていることになります．

因子分析の解が直交解であれば，寄与は因子負荷の縦方向の 2 乗和になります．斜交解の場合はそうはなりません．なお，初期解の寄与は固有値に一致しますが，回転解の寄与は，一般に固有値とは異なる値になります．したがって，回転解の結果を示すときに「固有値」として寄与の値を示すのは誤りです．

寄与率

データを標準化していれば各項目の分散は 1 です．したがって，各項目の分散の合計

値は項目数に等しくなります．寄与は，項目分散のうち，当該因子によって説明される分散の大きさを全項目について合計した値でしたので，寄与を項目数で割れば，全体の分散のうちのどれくらいの割合をその因子で説明できているかを知ることができます．このような指標を寄与率 (proportion of contribution) といいます．寄与率が小さい因子は，説明変数としての機能が弱いので，不要な因子と考えられます．

寄与率を第1因子から当該因子まで合計していったものを，累積寄与率 (proportion of cumulative contribution) といいます．最終因子の累積寄与率は，因子全体で項目全体の分散の何割を説明できているかを表しますから，モデル全体の決定係数のようなものと解釈できます．したがって，この値が小さければ，モデルはデータに適合していないと判断することができます．なお，探索的因子分析においても，構造方程式モデリングにおける適合度の評価法を利用して，モデルの適合度を評価することが多くなってきています．

因子間相関

寄与などの欄の下にあるのが因子間相関 (inter-factor correlation) です．因子間相関が大きすぎる場合は，因子を減らすことを考えます．複数の因子がほとんど同じ方向を向いているならば，分けて扱うのは冗長になる可能性があるからです．なお，直交解の場合は因子間相関はすべて0なので，特に書く必要はありません．

因子名

表 21-2 では，項目はきれいに2つの因子に分かれており，それぞれの因子に因子名がつけられています．因子名は，負荷の大きい項目の内容を精査して，概念的に広過ぎも狭過ぎもしない，適切な名前をつけます．表 21-2 では，第1因子を統計分析思考力，第2因子を統計分析スキルと命名しています．

表 21-2 には，それぞれの因子に負荷の大きい5項目ずつを用いて算出したα係数も書いてあります．実際に尺度得点を算出する際には，因子負荷の大きい項目の合計値を尺度得点とするからです．いま，α係数は，第1因子は 0.82，第2因子は 0.77 で，どちらも高い値といえます．

5 因子分析を尺度作成に適用する際の注意点

因子分析は，尺度の構成を確認したり，新しく尺度を開発したりする場合に用いられます．本節では，因子分析を尺度作成に適用する際の注意点について述べます．

項目の取捨選択

因子分析を行う場合，ある程度の理論的枠組みはあったとしても，項目がきれいに因子に分かれないのが普通です．因子負荷が予想より小さかったり，仲間と思っていた項目が他の因子に入ってしまったりすることはよくあります．このようなとき，単純構造を得るためには，項目を削除したり，因子数を変えたり，推定法を変えてみたり，非常に地道な作業が必要になります．

とくに，新しい尺度を開発する場合には，この作業によって多量の項目が削除されることになります．新しい尺度の開発では，最終的に項目数は半分くらいになるという覚悟をもって研究にあたる必要があります．また，多くの場合，そのようにして作られた尺度のほうが，最初から厳選項目だけで構成した尺度よりもよいものになります．

項目の取捨選択は，因子負荷や共通性の値を参照し，項目内容を吟味しながら行います．因子負荷が0.4（または0.35）未満や，共通性が0.1未満など，一定基準以下の項目が削除対象になります．また，複数の因子に負荷の大きい項目も，因子の違いを不明瞭にしますので削除対象となります．

しかし，因子負荷も共通性も，その値は標本変動するものですから，杓子定規に基準を適用するのが必ずしも適切とはいえません．当該因子を測定するものとして必要な内容を含んでいる項目であれば，削除しないほうが測定の妥当性は保たれます．基準を用いるにしろ，項目内容を精査するにしろ，測定したい構成概念を適切にとらえることを目的にする必要があります．

既成の尺度の利用にあたって

因子分析では地道な作業が必要になるといいましたが，既成の尺度を利用する場合は，原形のまま用いるのが原則です．自分が収集したデータで探索的因子分析をして，その結果に基づいて項目を入れ替えるなど，尺度の構成を変えている研究をみかけますが，適切とは思われません．

まず，既成の尺度であれば，行うべきは探索的因子分析ではなく確認的因子分析です．自分の収集したデータに，原尺度の因子構造があてはめられるかを確認するのが最初で，原尺度の因子構造をあてはめられなければ，その尺度は使えないと判断するのが適切です．

尺度の構成を変えるのであれば，自分の収集したデータが，原尺度の開発に使われたデータよりも適切だといえる根拠について，よく考えなければなりません．自分のデータには最適な解でも，より一般のデータに対して通用するかどうかは分かりません．原尺度の開発が大規模な標本を用いて行われているなら，自分のデータで原尺度と異なる結果が示された場合は，まずは自分の収集した標本のほうに問題があると考えるのが妥当といえます．

また，標本は標本誤差を含むものですから，因子分析の結果も標本誤差に影響されています．したがって，個々の研究で最適な解は異なります．そのつど尺度の構成を変更していたら，尺度の共通性が失われ，結果の比較や，研究の蓄積ができなくなります．

さらに，尺度に著作権や版権がある場合，勝手な変更は権利侵害となります．

既成の尺度が対象としている母集団と同様の母集団を対象としている場合は，確認的因子分析を行い，ある程度モデルが適合すれば，原尺度をそのまま用いるのがよいと考えられます．

成人用のものを児童用に修正して流用する場合など，異なる母集団を対象とする場合は，母集団の違いによって項目の意味が変質する可能性があります．そのような場合は，自分のデータで因子分析を行い，その結果にしたがって尺度の構成を変えるということに一定の理由付けは可能になりますが，本来なら，妥当性の確認も含めた児童用の尺度開発を行うべきところです．

因子得点，尺度得点

因子分析をして因子名をつけたら，次に行うのは，その因子名を冠した変数を他の分析に用いることです．このとき，その因子名を冠した変数のデータとしては，尺度得点すなわち当該因子に対する因子負荷が大きい項目の合計得点（または平均得点）がよいでしょうか？それとも，因子分析モデルにある因子得点がよいでしょうか？

因子得点（factor score）は，各個体における，21.2式の潜在変数 $f_1, \cdots, f_q$ の値です．潜在変数の値は観測できませんので，もし因子得点を用いたければ推定値を計算することになります．推定値ですから，本当の値かどうかは分かりませんし，推定法によって値が変わってきます．

また，因子得点は，当該分析のなかで構成される変数です．いうなれば，当該研究だけで通用する得点です．他の研究で同じ因子得点を使うには何かと困難が伴います．まして，研究ごとに項目の入れ替えを行っていたら，なおさら解釈が難しくなります．

これに対し，因子負荷の大きい項目の合計得点や平均得点は，複数の研究をまたいでも同じ意味でとらえることができ，研究間の比較を容易に行うことができます．同じ項目群の合計得点であれば，同等に扱うことができるからです．

したがって，因子名を冠した変数のデータとしては，因子負荷の大きい項目の合計得点や平均得点すなわち尺度得点を用いるのがよいと考えられます．

Column

正答－誤答データの相関係数

正答ならば1，誤答ならば0と採点する項目がいくつかあるとき，項目得点間の相関係数は，15.2節で出てきたファイ係数で推定されます．しかし，観測変数の背後に国語力や数学力などの潜在変数が仮定される場合は，知りたいのは，観測得点間の相関ではなく，その背後にある潜在変数間の相関係数だと考えられます．このように，2値変数の背後に仮定される潜在変数間の相関係数を推定するものを，四分相関係数（しぶんそうかんけいすう，tetrachoric correlation coefficient）またはテトラコリック相関係数といいます．

四分相関係数は，多量の2値変数を因子分析するときなどに用いられます．すべての潜在変数間の四分相関係数を求め，四分相関係数行列を用いて因子分析を行います．観測変数の背後に潜在変数を仮定することが妥当な場合は，ファイ係数を用いて分析するよりも，四分相関係数を用いて分析するほうが，より適切な結果が得られるとされています．

四分相関係数が有効なのは，観測変数の背後に量的な潜在変数が仮定できるときです．したがって，例えば，医療職に従事しているか否かと，小さい頃に身近に入院患者がいたか否かの関連を，四分相関係数で推定するのは適切ではありません．これらの観測変数の背後に，量的な潜在変数を仮定することは難しいからです．

なお，四分相関係数を一般化したものとして多分相関係数（ポリコリック相関係数，polychoric correlation coefficient）があります．多分相関係数は，観測変数が多値で得られている場合に，その背後に仮定される潜在変数間の相関係数です．

chapter 22 構造方程式モデルの拡張

　本章では，より複雑な構造方程式モデルとして，潜在変数間に予測関係を入れたモデルや，複数の母集団から得られたデータを同時に分析する多母集団分析について説明します．

　まず，因子分析モデルの拡張モデルである，2次因子分析モデルと階層因子分析モデルについて説明します．次に，構成概念間の基本的な予測関係をモデル化する多重指標モデルについて説明し，その後でより複雑なモデルに発展させます．構造方程式モデリングを行うにあたって，構造方程式を考えることなく，パス図だけに頼っていると，ときに錯覚に騙されることがあります．そのような例についても紹介します．そして，複数の母集団からのデータを同時に分析し，全体的な適合度を評価したり，母集団間の比較を行う多母集団分析について説明します．

　構成概念を扱う研究では，構成概念間の関係，すなわち，潜在変数間の予測関係を記述することが増えています．扱う変数が多くなり，モデルも複雑になっています．しかし，共分散構造行列と標本共分散行列のずれを最小にするという基本原理はまったく変わりません．モデルの評価に関する考え方や，パス係数の解釈の仕方も，観測変数間の関連を記述するモデルの場合とまったく同様です．どんなにモデルが複雑になっても，モデル全体にわたって合理的な解釈ができるように留意することを忘れてはいけません．

1 下位尺度を構成するモデル

　1つの尺度がいくつかの下位尺度から構成されていることをモデル化するために，下位尺度間の相関関係を説明する新たな因子を仮定する場合があります．本節では，そのような2つのモデルを紹介します．

　表22-1は，看護学生に期待される能力を測定する尺度から，[f_1 基礎的知識]として，X_1 基礎看護学，X_2 解剖生理学，X_3 病理学の3項目，[f_2 ひとの理解]として，X_4 人間学，X_5 心理学，X_6 倫理学の3項目，[f_3 疾患への適切な対応]として，X_7 処置法の適切さ，X_8 手技の良さ，X_9 変化への対応の3項目，[f_4 ひとへの適切な対応]として，X_{10} 応対の適切さ，X_{11} わかりやすい説明，X_{12} 失敗から学ぶ姿勢の3項目からなる，4下位尺度12項目の5段階評定データの記述統計量です．このデータについて，下位因子と全体因子を構成するモデルを考えてみます．

2次因子分析モデル

　2次因子分析モデル（second-order factor analysis model）は，各項目はそれぞれ下位因子を測定し，各下位因子は全体の共通因子を測定するというモデルです．モデルと分

表 22-1　学習領域と実習評価データの記述統計量

項目		M	SD	X_1	X_2	X_3	X_4	X_5	X_6	X_7	X_8	X_9	X_{10}	X_{11}
								相関係数						
X_1	基礎看護学	3.01	0.98	1										
X_2	解剖生理学	3.01	1.03	.28	1									
X_3	病理学	3.00	0.99	.19	.22	1								
X_4	人間学	2.99	1.02	.27	−.01	−.01	1							
X_5	心理学	3.00	1.00	−.01	.02	.03	.20	1						
X_6	倫理学	3.03	1.04	.03	.04	.01	.23	.21	1					
X_7	処置法の適切さ	3.03	0.99	.11	.28	.12	.03	.05	.09	1				
X_8	手技の良さ	3.01	1.01	.07	.06	.08	.04	.23	.04	.21	1			
X_9	変化への対応	3.00	1.01	.08	.09	.09	.02	.02	.07	.23	.24	1		
X_{10}	応対の適切さ	2.99	1.03	.06	.08	.21	.09	.08	.09	.06	.09	.06	1	
X_{11}	わかりやすい説明	2.99	1.00	.07	.09	.01	.08	.08	.29	.05	.03	.04	.17	1
X_{12}	失敗から学ぶ姿勢	2.99	1.01	.07	.10	.07	.08	.10	.11	.07	.11	.22	.22	.24

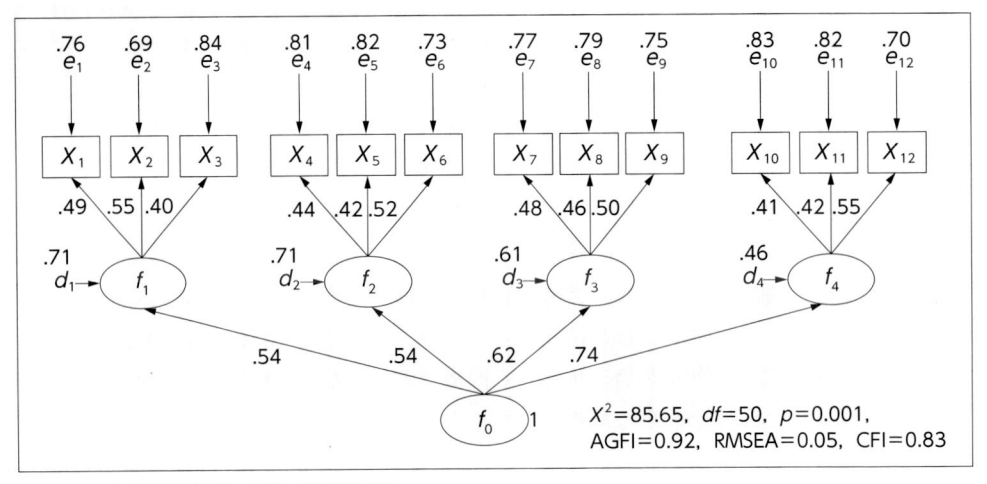

図 22-1　2 次因子分析モデル（標準化解）

$\chi^2=85.65$, $df=50$, $p=0.001$, AGFI=0.92, RMSEA=0.05, CFI=0.83

析結果を**図 22-1** に示します．図が煩雑になるのを避けるため，誤差項の丸は省略しています．モデルをみると，f_1, f_2, f_3, f_4 の各下位因子はそれぞれ3つの項目で測定され，また，f_0 という全体の共通因子は4つの下位因子で測定されていることが分かります．

2次因子分析の測定方程式は，項目 X_i が下位因子 f_j を測定する式と，下位因子 f_j が共通因子 f_0 を測定する式から構成されます．

$$x_i = b_{ij}f_j + e_i \tag{22.1}$$
$$f_j = a_j f_0 + d_j \tag{22.2}$$

22.2 式で示されるように，各下位因子は f_0 で予測される内生変数になりますので，誤差項 d_j がつくようになります．

分析結果をみると，モデルの適合度はよく，また各パス係数も中程度以上の大きさであり，モデルはデータをよく説明しているといえます．この場合の f_0 は，[f_1 基礎的知識][f_2 ひとの理解][f_3 疾患への適切な対応][f_4 ひとへの適切な対応]という4つの潜在変数の共通要素としての，看護学生に期待される能力と考えられます．

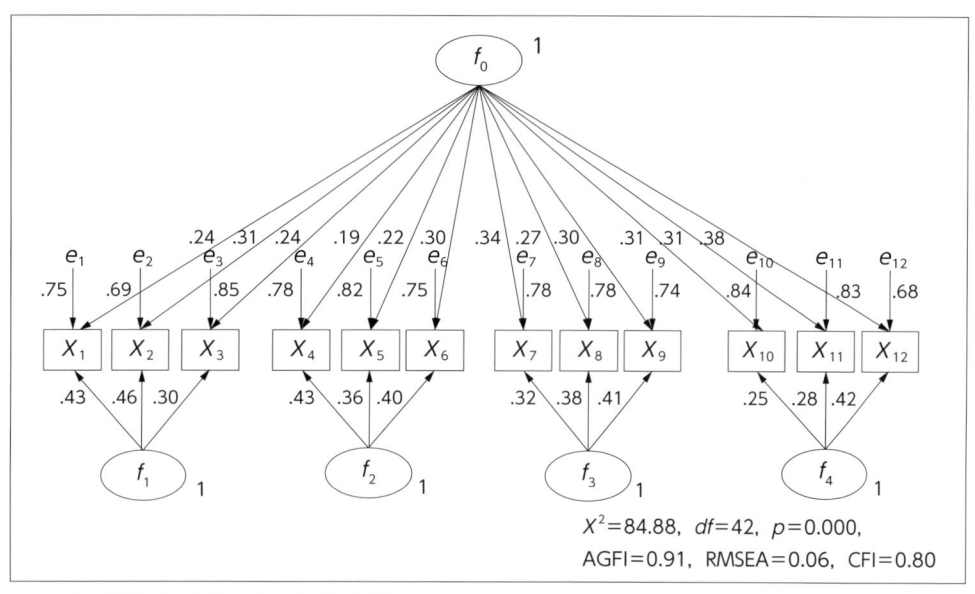

図22-2 階層因子分析モデル（標準化解）

階層因子分析モデル

2次因子分析では下位因子の背後に全体の共通因子を仮定しましたが，各項目の背後に，下位因子と，全体の共通因子の両方を仮定することもできます．そのようなモデルを，階層因子分析モデル（hierarchical factor analysis model）といいます．2次因子分析モデルでは共通因子は下位因子に影響するのに対し，階層因子分析モデルでは共通因子は項目に影響するところが，両モデルの違いになります．

モデルと分析結果を図22-2に示します．モデルをみると，各項目は，共通因子と下位因子の2つの因子で説明されていることが分かります．したがって，階層因子分析モデルの測定方程式は，項目X_iが，共通因子f_0と下位因子f_jで予測される式で構成されます．

$$x_i = b_{i0}f_0 + b_{ij}f_j + e_i \tag{22.3}$$

分析結果をみると，2次因子分析モデルと同様に，階層因子分析モデルもモデルの適合度はよく，また各パス係数もおおむね中程度以上の大きさであり，モデルはデータをよく説明しているといえます．この場合のf_0は，$X_1 \sim X_{12}$という12個の項目の共通要素としての，看護学生に期待される能力と考えられます．

2 構成概念間の予測関係を記述するモデル

多重指標モデル

潜在変数間の予測関係を記述する最も基本的なモデルとして，多重指標モデル（multiple indicator model）があります．多重指標モデルは，図22-3に示すように，それぞれ複数の観測変数で測定される2つの潜在変数間の予測関係を表すモデルです．

図22-3では，X_1, X_2, X_3の3項目で測定される［f_1 基礎的知識］という潜在変数から，

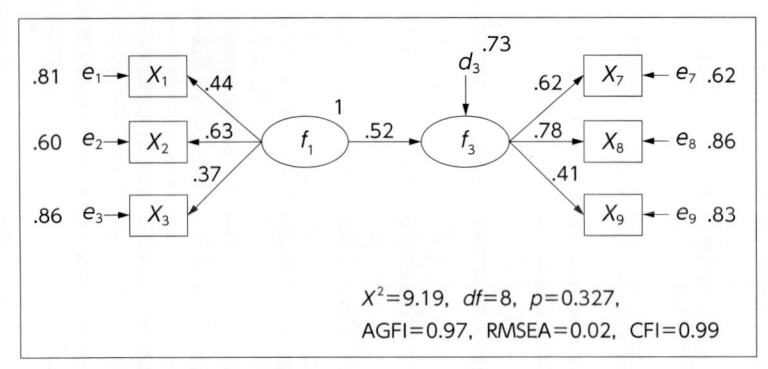

図 22-3　多重指標モデル（標準化解）

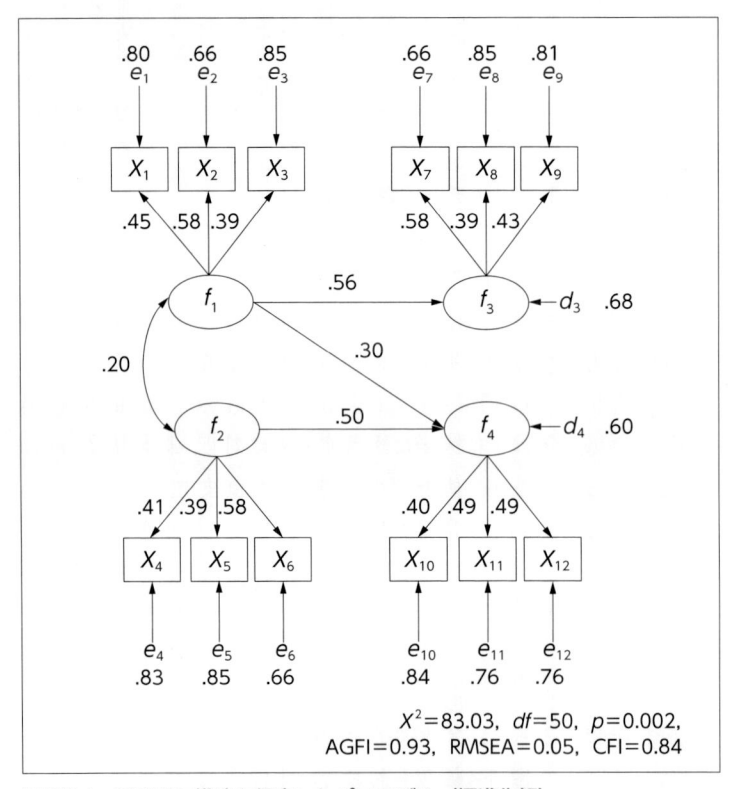

図 22-4　因子間に構造を仮定したパスモデル（標準化解）

X_7, X_8, X_9 の 3 項目で測定される［f_3 疾患への適切な対応］という潜在変数を予測するモデルを立てています．f_1 から f_3 へ向かうパスのパス係数は 0.52 であり，基礎的知識が高いほど疾患への適切な対応ができる傾向があるということが示唆されます．

より一般的な構成概念間の予測モデル

より一般的な潜在変数間の予測関係を示したモデルを図 22-4 に示します．図 22-4 のモデルは，［f_1 基礎的知識］と［f_2 ひとの理解］という 2 つの潜在変数から，［f_3 疾患への適切な対応］と［f_4 ひとへの適切な対応］という 2 つの潜在変数を予測するモデルです．f_1 と f_2 は外生変数，f_3 と f_4 は内生変数になります．モデルの候補としては他のものも考

えられますが，適合度と解釈可能性からこのモデルを採用しています．モデルの適合度はよく，パス係数の値もおおむね中程度の大きさです．したがって，このモデルはデータをよく説明していると考えられます．

潜在変数間のパスをみると，f_1からf_3およびf_4へのパスはありますが，f_2からはf_4へのパスのみで，f_2からf_3へ向かうパスはありません．このことから，基礎的知識は，疾患への適切な対応や，ひとへの適切な対応に影響する一方，ひとの理解は，ひとへの適切な対応には影響するものの，疾患への適切な対応には影響しないということが示されます．逆の見方をすれば，疾患に適切に対応するには基礎的知識が必要である一方，ひとに適切に対応するためには，ひとの理解だけでなく基礎的知識も必要だということになります．

パス図による錯覚

構造方程式モデリングを行っているとき，ある潜在変数から，ある観測変数を予測するモデルを考えたくなることがあるかもしれません．例えば，[f_1 基礎的知識] から「X_7 処置法の適切さ」を予測するなどです．

このモデルのパス図は，図 22-5a のようになります．この図をみると，あたかも X_1，X_2，X_3 の3項目で測定されている f_1 が X_7 を予測しているようにみえます．しかし，このパス図は，図 22-5b と本質的に同じです．b 図は，X_1，X_2，X_3，X_7 の4項目で f_1 を測定している1因子モデルです．本質的に同じというのは，どちらの図でも測定方程式が次のようになるからです．

$x_1 = b_1 f_1 + e_1$
$x_2 = b_2 f_1 + e_2$
$x_3 = b_3 f_1 + e_3$
$x_7 = b_7 f_1 + e_7$

パス図をみると f_1 から X_7 を予測しているようにみえても，実際にはそうはなっていないことは，構造方程式を考えれば分かるのですが，構造方程式を考えず，パス図だけでモデルを考えようとすると，視覚イメージに騙され，このような誤った予測関係を考えてしまう可能性があります．

[f_1 基礎的知識] から「X_7 処置法の適切さ」を予測するには，図 22-6a のように，X_1，X_2，X_3 の合計得点から X_7 を予測する回帰モデルを立てるのが最も単純な方法です．また，

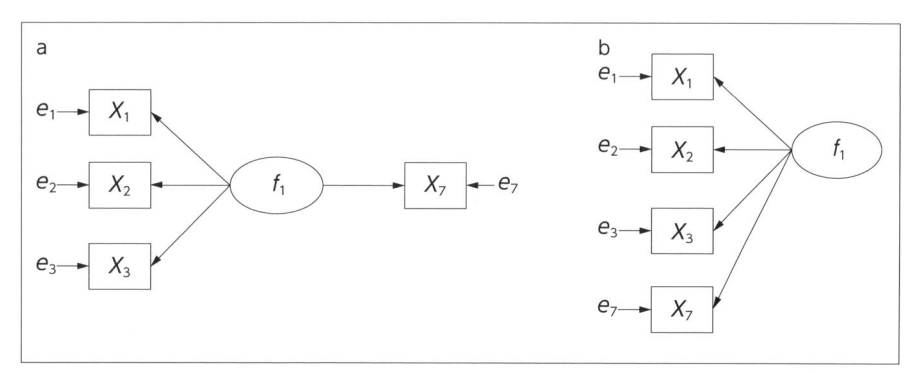

図 22-5　パス図による錯覚

a 合計得点モデル

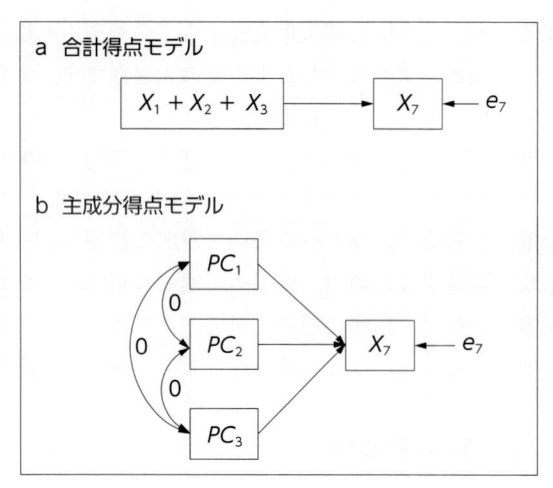

$$X_1 + X_2 + X_3 \rightarrow X_7 \leftarrow e_7$$

b 主成分得点モデル

PC_1, PC_2, PC_3 → X_7 ← e_7（PC 間の相関は 0）

図 22-6　合計得点モデルと主成分得点モデル

図 22-6b のように，X_1, X_2, X_3 を主成分分析して，第 1, 第 2, 第 3 主成分得点を求め，それらを説明変数として，X_7 を予測する方法も考えられます（18 章コラム）．なお，主成分得点間の相関は 0 になることが分かっていますから，説明変数間の相関パスの係数は 0 になります．

3 多母集団分析

19.3 節のパス解析で，ストレス（X_1），失敗恐怖（X_2），ソーシャルサポート（X_3），うつ傾向（X_4）という 4 変数間の関連を検討しましたが，その関連性が集団によって違うことを主張したい場合もあります．例えば，学生と社会人を比較しても異なるでしょうし，社会人でも，正規雇用群と非正規雇用群を比較したら，変数間の関連は違ってくることが予想されます．

このようなとき，最もシンプルなのは，集団ごとに分析する方法です．しかし，この方法だと，集団間でどこが共通し，どこが異なるかを示すことが難しくなる場合があります．集団ごとに分析するので，集団間で，どのパス係数は等しくて，どのパス係数は等しくないかを検討することができないからです．また，とくに潜在変数を仮定した場合は，どの集団でも潜在変数の分散を等しく 1 とするのは合理的ではないと考えられます．

そこで，複数の集団のデータを同時に分析し，パス係数や分散パラメタに制約をつけることのできる，多母集団分析（multiple group analysis）または多母集団同時分析というものが考えられています．適合度の評価も，全体を一括して行います．

正規雇用群，非正規雇用群のそれぞれにおける，ストレス（X_1），失敗恐怖（X_2），ソーシャルサポート（X_3），うつ傾向（X_4）の記述統計量を**表 22-2** に示します．また，正規雇用群と非正規雇用群で同形のモデルを立て，多母集団分析を行った結果を**図 22-7** に示します．**図 22-7** のモデルは，**図 19-3** のモデルを 2 つの群にそれぞれあてはめているので，自由度は 1 + 1 = 2 になります．

多母集団分析の結果は，非標準化解と標準化解の両方を表示します．非標準化解は，各

第22章 構造方程式モデルの拡張

表22-2　多母集団データの記述統計量

a　正規雇用群（$n=122$）

項目	M	SD	共分散 X_1	X_2	X_3	X_4	相関係数 X_1	X_2	X_3	X_4
X_1 ストレス	23.10	5.08	25.78				1			
X_2 失敗恐怖	4.17	1.20	2.12	1.44			.35	1		
X_3 ソーシャルサポート	18.25	4.56	−3.93	.75	20.80		−.17	.14	1	
X_4 うつ傾向	20.44	5.49	14.68	1.81	−9.44	30.12	.53	.27	−.38	1

b　非正規雇用群（$n=123$）

項目	M	SD	共分散 X_1	X_2	X_3	X_4	相関係数 X_1	X_2	X_3	X_4
X_1 ストレス	22.78	5.43	29.47				1			
X_2 失敗恐怖	3.93	1.13	2.82	1.28			.46	1		
X_3 ソーシャルサポート	18.59	5.34	−13.64	−1.02	28.51		−.47	−.17	1	
X_4 うつ傾向	20.13	7.38	27.54	2.92	−23.20	54.41	.69	.35	−.59	1

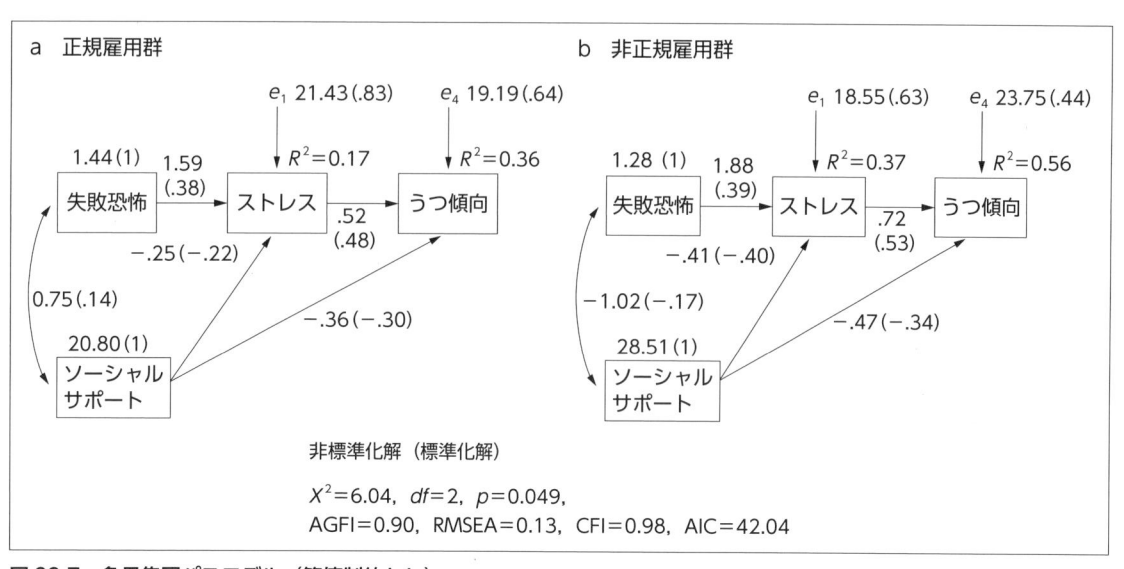

図22-7　多母集団パスモデル（等値制約なし）

a　正規雇用群／b　非正規雇用群
非標準化解（標準化解）
$X^2=6.04$, $df=2$, $p=0.049$,
AGFI=0.90, RMSEA=0.13, CFI=0.98, AIC=42.04

群の標本共分散行列をそのまま分析した値です．例えば，ソーシャルサポートの分散は，正規雇用群は 20.80 ですが，非正規雇用群では 28.51 となっており，非正規雇用群のほうがソーシャルサポート得点の散らばりが大きいことが示されています．

これに対し，標準化解は，群ごとに変数の分散を 1 に標準化したときの解です．標準化解におけるソーシャルサポートの分散は，どちらの群も 1 であり，非正規雇用群のほうがソーシャルサポート得点の散らばりが大きいという情報は失われています．つまり，群間の比較はできなくなっています．その代わり，各変数の分散が 1 に標準化されていますので，測定単位によらない変数間の関連をとらえることができます．

以上のことから，多母集団分析においては，群間の比較をしたいときは非標準化解を参照し，群内で変数間の関連をみたいときは標準化解を参照します．

結果をみると，失敗恐怖からストレスを予測するパスの非標準化パス係数は，正規雇用

表 22-3 等値制約を入れたモデルの適合度

モデル	X^2	df	AGFI	RMSEA	CFI	AIC	制約箇所
制約なし	6.043	2	0.904	0.129	0.983	42.043	
モデル1	6.371	3	0.931	0.096	0.986	40.371	失敗恐怖→ストレス
モデル2	7.155	4	0.943	0.081	0.987	39.155	＋ソーシャルサポート→うつ傾向
モデル3	9.060	5	0.943	0.082	0.983	39.060	＋ソーシャルサポート→ストレス
モデル4	13.297	6	0.931	0.100	0.969	41.297	＋ストレス→うつ傾向

a 正規雇用群　　　　　　　　　　　　b 非正規雇用群

非標準化解（標準化解）

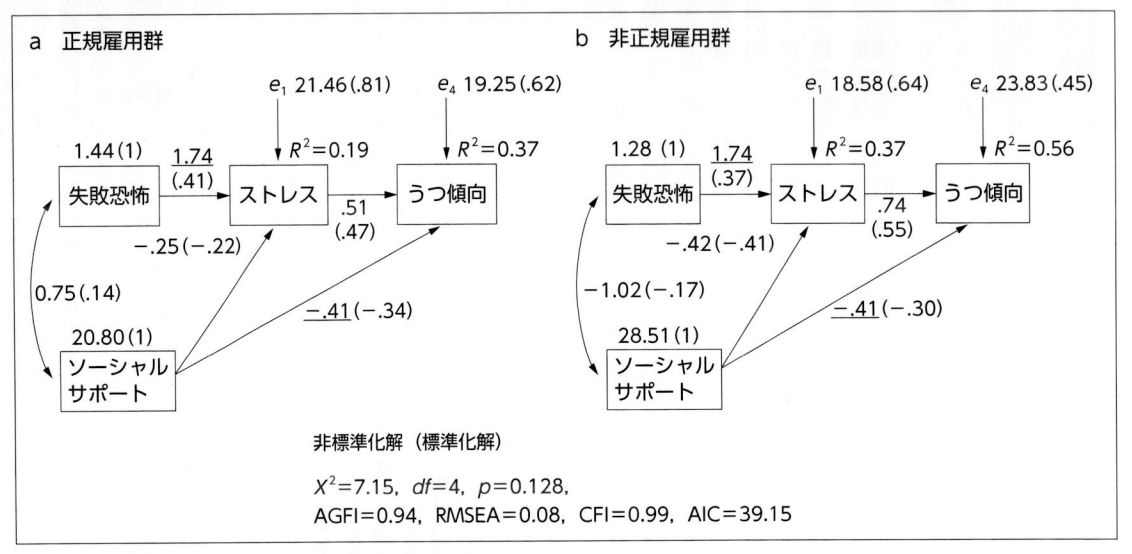

$X^2=7.15$, $df=4$, $p=0.128$,
AGFI=0.94, RMSEA=0.08, CFI=0.99, AIC=39.15

図 22-8　等値制約を2つ入れた多母集団パスモデル

群は1.59，非正規雇用群は1.88で，わりと近い値になっています．他の変数間のパス係数は，もう少し群間で開きがあります．

そこで，群間でパス係数が等しいという制約を，パス係数の差が小さいところから順次入れていき，各モデルの適合度をみてみることにします．このように，パス係数の値が等しいとする制約を等値制約（equality constraint）といいます．

結果を表 22-3 に示します．制約なしは制約を1つも入れないモデル，モデル1は失敗恐怖からストレスに向かうパスのパス係数が群間で等しいという制約を入れたモデル，モデル4は変数間の予測関係を表す4つのパスすべてに，それぞれ群間で値が等しいという等値制約を入れたモデルです．適合度指標をみると，モデル2とモデル3の適合度がほぼ同じで，いずれもデータによく適合していますが，ここでは「失敗恐怖→ストレス」および「ソーシャルサポート→うつ傾向」のパスに等値制約をおいたモデル2を採用することにします．モデル2は，制約なしモデルからパラメタが2個減っているので，自由度は $2+2=4$ になります．

等値制約を2つおいたモデル2による分析結果を図 22-8 に示します．図 22-8 をみると，等値制約を入れた「失敗恐怖→ストレス」および「ソーシャルサポート→うつ傾向」のパスの非標準化パス係数が両群で同じ値になっていることが分かります．

等値制約をおいていない，すなわち，値が異なる2カ所のパス係数について，正規雇用群と非正規雇用群で差があるといえるかどうか，統計的推測を行ってみます．

表 22-4 パス係数の群間比較

パス	Δb	SE	z	p	95%L	95%U
ソーシャルサポート → ストレス	0.16	0.12	1.39	.164	−0.07	0.40
ストレス → うつ傾向	−0.24	0.12	−2.02	.043	−0.47	−0.01

一般に，第1群のパス係数を b_1，第2群のパス係数を b_2，また，b_1 および b_2 の標準誤差をそれぞれ SE_1, SE_2 とすると，

$$z = \frac{b_1 - b_2}{SE} \tag{22.4}$$

は標準正規分布に従うことが知られています．ただし，22.4式の SE は，

$$SE = \sqrt{SE_1^2 + SE_2^2}$$

で計算されます．このことを利用して，母集団において両群のパス係数は等しいという帰無仮説を検定することができます．また，$b_1 - b_2$ の信頼区間も推定することもできます．

分析結果を表22-4に示します．「ソーシャルサポート→ストレス」のパスの非標準化パス係数の差は，丸め誤差を考慮すると0.16ですが，z は統計的に有意ではなく，差があるとはいえません．一方，「ストレス→うつ傾向」のパスのパス係数の差は−0.24で，z は統計的に有意であり，95%信頼区間も［−0.47，−0.01］と推定され，差があると判断することができます．このことから，うつ傾向に対するストレスの影響の強さは，正規雇用群と非正規雇用群で異なり，非正規雇用群のほうが大きいという結論が導かれます．

付　表

付表1　ギリシャ文字

大文字	小文字	読み	大文字	小文字	読み
A	α	アルファ	N	ν	ニュー
B	β	ベータ	Ξ	ξ	グザイ（クシー）
Γ	γ	ガンマ	O	o	オミクロン
Δ	δ	デルタ	Π	π	パイ
E	ε	エプシロン	P	ρ	ロー
Z	ζ	ゼータ	Σ	σ	シグマ
H	η	イータ（エータ）	T	τ	タウ
Θ	θ	シータ	Υ	υ	ユプシロン
I	ι	イオタ	Φ	ϕ	ファイ
K	κ	カッパ	X	χ	カイ
Λ	λ	ラムダ	Ψ	ψ	プサイ
M	μ	ミュー	Ω	ω	オメガ

付表2　1群の平均値の95%信頼区間と標本サイズ

	h（データ分布のSDに対する，信頼区間の半幅の割合）													
	0.05	0.10	0.15	0.20	0.25	0.30	0.35	0.40	0.45	0.5	0.6	0.7	0.8	0.9	1
標本サイズ	1540	387	174	99	64	46	34	27	22	18	14	11	9	8	7

付表3　対応のない2群の平均値の差の95%信頼区間と標本サイズ

	h（データ分布のSDに対する，信頼区間の半幅の割合）													
	0.05	0.10	0.15	0.20	0.25	0.30	0.35	0.40	0.45	0.5	0.6	0.7	0.8	0.9	1
標本サイズ	3075	770	343	194	125	87	64	50	40	32	23	17	14	11	9

2群のデータ分布の標準偏差は等しいとする．
各群の人数であり，標本全体では2倍となる．

付表 4 対応のある 2 群の平均値の差の 95% 信頼区間と標本サイズ

		\multicolumn{15}{c}{h （データ分布の SD に対する，信頼区間の半幅の割合）}
		0.05	0.10	0.15	0.20	0.25	0.30	0.35	0.40	0.45	0.5	0.6	0.7	0.8	0.9	1
2群のデータの相関係数 r	0	3076	771	344	195	126	88	66	51	41	34	24	19	15	12	11
	0.1	2769	694	310	176	114	80	59	46	37	31	22	17	14	12	10
	0.2	2461	618	276	157	101	71	53	41	33	28	20	16	13	11	9
	0.3	2154	541	242	137	89	63	47	37	30	24	18	14	11	10	8
	0.4	1847	464	208	118	77	54	41	32	26	21	16	12	10	9	8
	0.5	1540	387	174	99	64	46	34	27	22	18	14	11	9	8	7
	0.6	1232	310	140	80	52	37	28	22	18	15	12	9	8	7	6
	0.7	925	233	105	61	40	29	22	17	14	12	9	8	7	6	5
	0.8	618	157	71	41	28	20	16	13	11	9	7	6	5	5	5
	0.9	310	80	37	22	15	12	9	8	7	6	5	5	4	4	4

2群のデータ分布の標準偏差は等しいとする．
2群のデータの相関係数が分からないときは，$r = 0$ とする．

付表 5 相関係数の 95% 信頼区間と標本サイズ

	\multicolumn{7}{c}{h （信頼区間の半幅）}
	0.05	0.10	0.125	0.15	0.20	0.25	0.30
相関係数 r							
0	1538	385	247	172	97	62	44
0.05	1530	383	246	171	97	62	43
0.10	1507	378	242	168	95	61	43
0.15	1469	368	236	164	93	60	42
0.20	1417	355	228	159	90	58	41
0.25	1352	339	217	151	86	55	39
0.30	1274	320	205	143	81	53	37
0.35	1185	298	191	133	76	49	35
0.40	1086	273	176	123	70	46	32
0.45	980	247	159	111	64	42	30
0.50	867	219	141	99	57	37	27
0.55	751	190	123	86	50	33	24
0.60	633	161	104	74	43	29	21
0.65	517	132	86	61	36	25	18
0.70	404	105	69	49	30	20	15
0.75	299	79	52	38	23	17	13
0.80	205	56	38	28	18	13	11
0.85	125	36	25	19	13	10	9
0.90	62	20	15	12	9	8	7

相関係数の値が未知のときは，$r = 0$ の場合を採用する．

付表6 対応のない2群の相関係数の差の95%信頼区間と標本サイズ

		\multicolumn{7}{c}{h（信頼区間の半幅）}
		0.05	0.10	0.125	0.15	0.20	0.25	0.30
相関係数の差 Δr	0	3072	767	490	340	190	121	84
	0.05	3056	763	488	338	190	121	83
	0.10	3011	752	480	333	187	119	82
	0.15	2935	733	469	325	182	116	80
	0.20	2831	707	452	314	176	112	78
	0.25	2700	675	431	299	168	107	74
	0.30	2545	636	407	283	159	102	70
	0.35	2367	592	379	263	148	95	66
	0.40	2169	543	348	242	136	88	61
	0.45	1956	490	314	219	124	80	56
	0.50	1731	434	279	194	110	71	50
	0.55	1498	377	242	169	96	63	44
	0.60	1263	319	205	144	82	54	39
	0.65	1030	261	169	119	69	46	33
	0.70	805	206	134	95	56	37	27
	0.75	595	154	101	72	43	30	22
	0.80	406	108	72	52	32	23	18
	0.85	246	68	47	35	23	17	14
	0.90	121	37	27	21	15	12	10

相関係数の差の値が未知のときは，$\Delta r = 0$ の場合を採用する．
各群の人数であり，標本全体では2倍となる．

付表7 1群の比率の95%信頼区間と標本サイズ

		\multicolumn{7}{c}{h（信頼区間の半幅）}
		0.025	0.05	0.075	0.10	0.125	0.15	0.20
比率 p	0.1	554	139	62	35	23	16	9
	0.2	984	246	110	62	40	28	16
	0.3	1291	323	144	81	52	36	21
	0.4	1476	369	164	93	60	41	24
	0.5	1537	385	171	97	62	43	25
	0.6	1476	369	164	93	60	41	24
	0.7	1291	323	144	81	52	36	21
	0.8	984	246	110	62	40	28	16
	0.9	554	139	62	35	23	16	9

比率の値が未知のときは，$p = 0.5$ の場合を採用する．

付表8 対応のない2群の比率の差の95%信頼区間と標本サイズ

		\multicolumn{7}{c}{h（信頼区間の半幅）}
		0.025	0.05	0.075	0.10	0.125	0.15	0.20
一方の群の比率 p	0.1	2090	523	233	131	84	59	33
	0.2	2520	630	280	158	101	70	40
	0.3	2828	707	315	177	114	79	45
	0.4	3012	753	335	189	121	84	48
	0.5	3074	769	342	193	123	86	49
	0.6	3012	753	335	189	121	84	48
	0.7	2828	707	315	177	114	79	45
	0.8	2520	630	280	158	101	70	40
	0.9	2090	523	233	131	84	59	33

過小推定を防ぐため，もう1つの群の比率は0.5としている．
比率の値が未知のときは，$p = 0.5$ の場合を採用する．
各群の人数であり，標本全体では2倍となる．

付表9　t値

下側確率	0.95	0.975	0.995	0.9995
両側 %	10%	5%	1%	0.1%
自由度 5	2.02	2.57	4.03	6.87
10	1.81	2.23	3.17	4.59
15	1.75	2.13	2.95	4.07
20	1.72	2.09	2.85	3.85
25	1.71	2.06	2.79	3.73
30	1.70	2.04	2.75	3.65
40	1.68	2.02	2.70	3.55
50	1.68	2.01	2.68	3.50
75	1.67	1.99	2.64	3.43
100	1.66	1.98	2.63	3.39
150	1.66	1.98	2.61	3.36
200	1.65	1.97	2.60	3.34
300	1.65	1.97	2.59	3.32
500	1.65	1.96	2.59	3.31
∞	1.64	1.96	2.58	3.29

付表10　χ^2 値

下側確率	0.01	0.025	0.05	0.1	0.9	0.95	0.975	0.99
片側 %	1%	2.5%	5%	10%	10%	5%	2.5%	1%
自由度 1	0.00	0.00	0.00	0.02	2.71	3.84	5.02	6.63
2	0.02	0.05	0.10	0.21	4.61	5.99	7.38	9.21
3	0.11	0.22	0.35	0.58	6.25	7.81	9.35	11.34
4	0.30	0.48	0.71	1.06	7.78	9.49	11.14	13.28
5	0.55	0.83	1.15	1.61	9.24	11.07	12.83	15.09
10	2.56	3.25	3.94	4.87	15.99	18.31	20.48	23.21
15	5.23	6.26	7.26	8.55	22.31	25.00	27.49	30.58
20	8.26	9.59	10.85	12.44	28.41	31.41	34.17	37.57
25	11.52	13.12	14.61	16.47	34.38	37.65	40.65	44.31
30	14.95	16.79	18.49	20.60	40.26	43.77	46.98	50.89
40	22.16	24.43	26.51	29.05	51.81	55.76	59.34	63.69
50	29.71	32.36	34.76	37.69	63.17	67.50	71.42	76.15
75	49.48	52.94	56.05	59.79	91.06	96.22	100.84	106.39
100	70.06	74.22	77.93	82.36	118.50	124.34	129.56	135.81
150	112.67	117.98	122.69	128.28	172.58	179.58	185.80	193.21
200	156.43	162.73	168.28	174.84	226.02	233.99	241.06	249.45
300	245.97	253.91	260.88	269.07	331.79	341.40	349.87	359.91
500	429.39	439.94	449.15	459.93	540.93	553.13	563.85	576.49

付表11　F値

下側確率 0.95　片側 5%

自由度1	5	10	20	30	50	75	100	150	200	300	500	∞
1	6.61	4.96	4.35	4.17	4.03	3.97	3.94	3.90	3.89	3.87	3.86	3.84
2	5.79	4.10	3.49	3.32	3.18	3.12	3.09	3.06	3.04	3.03	3.01	3.00
3	5.41	3.71	3.10	2.92	2.79	2.73	2.70	2.66	2.65	2.63	2.62	2.60
4	5.19	3.48	2.87	2.69	2.56	2.49	2.46	2.43	2.42	2.40	2.39	2.37
5	5.05	3.33	2.71	2.53	2.40	2.34	2.31	2.27	2.26	2.24	2.23	2.21
6	4.95	3.22	2.60	2.42	2.29	2.22	2.19	2.16	2.14	2.13	2.12	2.10
8	4.82	3.07	2.45	2.27	2.13	2.06	2.03	2.00	1.98	1.97	1.96	1.94
10	4.74	2.98	2.35	2.16	2.03	1.96	1.93	1.89	1.88	1.86	1.85	1.83
50	4.44	2.64	1.97	1.76	1.60	1.52	1.48	1.44	1.41	1.39	1.38	1.35
100	4.41	2.59	1.91	1.70	1.52	1.44	1.39	1.34	1.32	1.30	1.28	1.24
∞	4.36	2.54	1.84	1.62	1.44	1.34	1.28	1.22	1.19	1.15	1.11	1.00

下側確率 0.99　片側 1%

自由度1	5	10	20	30	50	75	100	150	200	300	500	∞
1	16.26	10.04	8.10	7.56	7.17	6.99	6.90	6.81	6.76	6.72	6.69	6.63
2	13.27	7.56	5.85	5.39	5.06	4.90	4.82	4.75	4.71	4.68	4.65	4.61
3	12.06	6.55	4.94	4.51	4.20	4.05	3.98	3.91	3.88	3.85	3.82	3.78
4	11.39	5.99	4.43	4.02	3.72	3.58	3.51	3.45	3.41	3.38	3.36	3.32
5	10.97	5.64	4.10	3.70	3.41	3.27	3.21	3.14	3.11	3.08	3.05	3.02
6	10.67	5.39	3.87	3.47	3.19	3.05	2.99	2.92	2.89	2.86	2.84	2.80
8	10.29	5.06	3.56	3.17	2.89	2.76	2.69	2.63	2.60	2.57	2.55	2.51
10	10.05	4.85	3.37	2.98	2.70	2.57	2.50	2.44	2.41	2.38	2.36	2.32
50	9.24	4.12	2.64	2.25	1.95	1.81	1.74	1.66	1.63	1.59	1.57	1.52
100	9.13	4.01	2.54	2.13	1.82	1.67	1.60	1.52	1.48	1.44	1.41	1.36
∞	9.02	3.91	2.42	2.01	1.68	1.52	1.43	1.33	1.28	1.22	1.16	1.00

下側確率 0.999　片側 0.1%

自由度1	5	10	20	30	50	75	100	150	200	300	500	∞
1	47.18	21.04	14.82	13.29	12.22	11.73	11.50	11.27	11.15	11.04	10.96	10.83
2	37.12	14.91	9.95	8.77	7.96	7.58	7.41	7.24	7.15	7.07	7.00	6.91
3	33.20	12.55	8.10	7.05	6.34	6.01	5.86	5.71	5.63	5.56	5.51	5.42
4	31.09	11.28	7.10	6.12	5.46	5.16	5.02	4.88	4.81	4.75	4.69	4.62
5	29.75	10.48	6.46	5.53	4.90	4.62	4.48	4.35	4.29	4.22	4.18	4.10
6	28.83	9.93	6.02	5.12	4.51	4.24	4.11	3.98	3.92	3.86	3.81	3.74
8	27.65	9.20	5.44	4.58	4.00	3.74	3.61	3.49	3.43	3.38	3.33	3.27
10	26.92	8.75	5.08	4.24	3.67	3.42	3.30	3.18	3.12	3.07	3.02	2.96
50	24.44	7.19	3.77	2.98	2.44	2.19	2.08	1.96	1.90	1.85	1.80	1.73
100	24.12	6.98	3.58	2.79	2.25	1.99	1.87	1.74	1.68	1.62	1.57	1.49
∞	23.79	6.76	3.38	2.59	2.03	1.75	1.62	1.47	1.39	1.30	1.23	1.00

索　引

い
- イェーツの連続修正 …………… 154
- インフォームド・コンセント …… 20
- 一致係数 …………………… 157
- 一致推定量 ………………… 104
- 一致性 ……………… 90, 104
- 一致度 ……… 77, 149, 158
- 因子 ……………… 33, 166
- 因子パターン ……………… 226
- 因子間相関 ………… 225, 228
- 因子的妥当性 ……………… 67
- 因子得点 ………………… 230
- 因子負荷 …………… 223, 226
- 因子分析 ………………… 219
- 因子分析モデル …………… 219
- 因子分析表 ……………… 226

う
- ウィルコクソンの順位和検定 … 140
- ウィルコクソンの符号順位検定 138
- ウェルチの検定 ……………… 115
- 上ヒンジ ……………………… 46
- 後ろ向き研究 ……………… 167

え
- 円グラフ …………………… 36

お
- オッズ比 …………………… 170
- 折れ線グラフ ………………… 40
- 横断研究 …………………… 167
- 帯グラフ ……………………… 37

か
- カイ 2 乗検定 ………… 154, 214
- カッパ係数 ………………… 158
- カテゴリ ………… 29, 33, 35
- カテゴリカルデータ ………… 30
- 下位尺度 …………………… 231
- 回帰 ………………………… 188
- 回帰係数 …………………… 183
- 回帰直線 …………………… 183
- 回帰分析 …………… 76, 182
- 回転 ………………… 212, 224
- 階級 ………………………… 38
- 階級値 ……………………… 38
- 階級幅 ……………………… 38
- 階層因子分析モデル ……… 233
- 外生変数 ………………… 209
- 確認的因子分析 …… 220, 229
- 確率 ………………………… 86
- 確率分布 …………………… 87
- 確率変数 …………………… 86
- 片側検定 …………… 94, 102
- 間隔尺度 …………… 29, 55
- 間接効果 ………………… 208
- 観察法 ……………………… 20
- 観測変数 ……… 15, 212, 219

き
- 危険率 ……………………… 99
- 希薄化 ……………………… 76
- 帰無仮説 …………………… 93
- 基準関連妥当性 …………… 67
- 基準変数 …………… 12, 182
- 寄与 ……………………… 227
- 寄与率 …………………… 227
- 期待値 ……………………… 89
- 期待度数 ………………… 152
- 棄却域 ……………………… 95
- 逆転項目 …………………… 26
- 級内相関係数 ……… 77, 149
- 球面性 …………………… 130
- 許容度 …………………… 198
- 共通性 …………………… 227
- 共分散 …………… 54, 178
- 共分散構造 ……………… 204
- 共分散構造分析 …… 76, 205
- 共分散比 ………………… 64
- 境界値 ……………………… 38

く
- クラスカル・ウォリスの検定 … 142
- クラスター分析 …………… 190
- クラメルの連関係数 ……… 152
- クロス集計表 ……………… 36
- クロス表 ………………… 150
- 区間推定 ………………… 105
- 群 …………………………… 33
- 群間平均平方 …………… 126
- 群間平方和 ……………… 125
- 群内平方和 ……………… 125

け
- ケース・コントロール研究 …… 167
- 系統抽出法 ………………… 17
- 決定係数 … 188, 193, 209, 227, 228
- 研究参加者 ………………… 16
- 検出力 ……………………… 99
- 検定統計量 … 83, 94, 99, 120
- 検定力 ……………………… 99
- 顕在変数 …………… 15, 71
- 限界値 ……………………… 94

こ
- コホート研究 ……………… 166
- 古典的テスト理論 …………… 70
- 固有値 …………… 223, 227
- 個体 ………………………… 16
- 誤差間相関 ……………… 216
- 交互作用 …… 122, 131, 159, 201
- 効果量 ………… 118, 121, 127
- 項目分析 …………………… 78
- 構成概念 … 13, 48, 55, 65, 182, 188, 212, 219, 234
- 構成概念妥当性 …………… 67
- 構造方程式 ……………… 204
- 構造方程式モデリング ……… 203

さ
- 再検査信頼性係数 ………… 73

245

採択域……………………………… 95
最小値………………… 39, 46, 79
最小2乗推定量 ………………… 105
最小2乗法 ……………………… 224
最大値………………… 40, 46, 79
最頻値……………………………… 43
最尤推定量 ……………………… 105
最尤法…………………… 205, 224
散布図………………… 40, 54, 57
残差 ……………………………… 183
残差デビアンス ………………… 157
残差プロット …………………… 189
残差標準誤差 …………………… 189
残差分散 ………………………… 187
残差分析 ………………………… 155
残差平均平方 …………………… 126
残差平方和 ……………………… 125

し

シンプソンのパラドックス …… 160
四分位点 …………………………… 46
四分位範囲 ………………………… 46
四分相関係数 …………………… 230
自由度 ……… 87, 101, 210, 236
自由度調整済み決定係数 ……… 194
識別されない …………… 212, 224
識別問題 ………………………… 212
識別力 ……………………………… 79
下ヒンジ …………………… 39, 46
質的データ ………………… 30, 35
質的研究 …………………… 15, 30
質的変数 ………………………… 150
質問紙 ……………………………… 22
実験法 ……………………………… 19
斜交 ……………………………… 180
斜交回転 ………………………… 225
尺度 ………………………………… 28
尺度水準 …………………… 12, 28
尺度得点 ………………… 228, 230
主因子法 ………………………… 224
主効果 …………………………… 122
主成分分析 ……………… 202, 236
周辺 ………………………………… 36
周辺確率 ………………………… 151
周辺度数 ………………… 36, 151

従属変数 …………………………… 12
収束的妥当性 ……………………… 67
重回帰モデル …………… 191, 206
重回帰分析 ……………………… 191
重相関係数 ……………… 188, 193
縦断研究 ………………………… 166
順位相関係数 ……………………… 59
順序効果 …………………………… 24
順序尺度 …………………… 29, 138
準実験法 …………………………… 19
初期解 …………………… 212, 225
信頼区間 ………………… 105, 120
信頼係数 ………………………… 105
信頼性 ……………………………… 69
信頼性係数 ………………… 70, 72

す

スクリー基準 …………………… 223
スタージェスの基準 ……………… 39
ステップワイズ法 ……………… 199
水準 ………………………… 29, 33
推定の標準誤差 …………………… 86
推定値 ……………………………… 83
推定量 …………………… 83, 103

せ

セル ………………………………… 36
セル確率 ………………………… 151
セル度数 ………………… 36, 151
説明変数 …………… 12, 182, 197
正規分布 …………………… 49, 87
尖度 ………………………… 48, 49
潜在変数 15, 71, 212, 219, 234
選抜効果 …………………………… 62
全体平方和 ……………………… 125

そ

相関関係 ………………………… 203
相関係数 ……… 56, 143, 179, 196
相関係数の差 …………………… 145
相関比 …………………………… 127
相対リスク ……………………… 169
相対度数 …………………………… 38
層化抽出法 ………………………… 18
総合効果 ………………………… 208

測定の標準誤差 …………… 75, 86
測定方程式 ……………………… 219

た

多次元尺度構成法 ……………… 190
多重共線性 ……………… 197, 226
多重指標モデル ………………… 233
多重比較 ………………………… 128
多段抽出法 ………………………… 17
多変量データ …………… 31, 175
多変量データ解析 ……… 12, 175
多変量分散分析 ………………… 131
多母集団分析 …… 201, 207, 236
妥当性 ……………… 65, 69, 77, 229
大数の法則 ………………………… 90
対応のあるデータ ………………… 32
対応のないデータ ………………… 32
対照群 …………………………… 137
対数オッズ比 …………………… 172
対数リスク比 …………………… 172
対数線形モデル ………………… 161
対立仮説 …………………… 93, 94
代表値 ……………………………… 43
第1種の誤り ……………………… 99
第2種の誤り ……………………… 99
単回帰モデル …………………… 183
単回帰分析 ……………………… 182
単純効果 ………………………… 133
単純構造 ………………………… 224
単純無作為抽出法 ………………… 17
探索的因子分析 …… 212, 222, 226
断面研究 ………………………… 167

ち

中央値 ………………… 39, 43, 46
中心化データ …… 45, 54, 175
中心極限定理 ……………………… 90
著作権 …………………… 22, 229
調査法 ……………………………… 19
調整変数 ………………………… 200
直接効果 ………………………… 208
直交 ……………………………… 180
直交回転 ………………………… 225

て

- テスト理論 ………………… 65
- テトラコリック相関係数 ……… 230
- データの変換 ……………… 136
- データ行列 ………………… 175
- データ分布 …………… 42, 84
- デビアンス残差 …………… 157
- デブリーフィング ……………… 20
- 適合度指標 ………………… 213
- 点推定 ……………………… 103

と

- 度数分布 ……………… 42, 84
- 度数分布表 …………… 35, 38
- 統計的検定 ……… 12, 91, 107
- 統計的推測 ………………… 82
- 統計的推定 ………………… 103
- 統計量 ……………………… 83
- 等値制約 …………………… 238
- 等分散性の検定 …………… 115
- 同値モデル ………………… 217
- 同等性 ……………………… 116
- 独自性 ……………………… 227
- 独立 ………………………… 150
- 独立でないデータ ……………… 32
- 独立なデータ …………………… 32
- 独立モデル ………………… 211
- 独立変数 ……………………… 12

な

- 内生変数 …………………… 209
- 内的整合性 …………… 74, 79
- 内容的妥当性 ………………… 66

に

- 二項検定 …………………… 163

の

- ノンパラメトリック …… 138, 142

は

- バリマックス回転 …………… 225
- パスモデル ………………… 207
- パス解析 …………………… 207
- パス係数 …………………… 203
- パス図 ……………………… 203
- パラメタ …………… 87, 204, 210
- 箱ひげ図 ……………………… 39
- 反応変数 ……………………… 12
- 反復測定データ ……………… 31
- 範囲 ………………………… 46
- 外れ値 ……… 41, 44, 46, 51, 59

ひ

- ヒストグラム ………………… 39
- ヒンジ ………………………… 39
- ヒンジ散布度 …………… 40, 46
- ビッグデータ ………………… 31
- ピアソンのカイ2乗統計量 …… 153, 156
- ピアソン残差 ……………… 156
- 比尺度 ……………………… 30
- 比率 ………………………… 162
- 非標準化解 ………… 206, 236
- 非劣性 …………… 116, 135, 173
- 非劣性マージン ……… 117, 173
- 被験者 ……………………… 17
- 被験者間要因 ……………… 122
- 被験者内要因 ……………… 122
- 表面的妥当性 ………………… 67
- 標準化 … 48, 56, 118, 185, 188
- 標準化データ ……………… 175
- 標準化デビアンス残差 ……… 157
- 標準化ピアソン残差 ………… 156
- 標準化解 …………… 206, 236
- 標準回帰係数 ……………… 185
- 標準誤差 …………… 85, 92, 106
- 標準正規分布 ………………… 49
- 標準偏回帰係数 …………… 192
- 標準偏差 …………… 45, 49, 178
- 標本 ………………… 16, 42, 82
- 標本の大きさ ………………… 17
- 標本サイズ …… 17, 21, 97, 108, 110, 120, 142
- 標本誤差 …………… 84, 92, 229
- 標本数 ……………………… 17
- 標本抽出 …………………… 17
- 標本分布 …………… 42, 84
- 標本変動 …………… 84, 121, 229

ふ

- ファイ係数 …………… 154, 230
- フィッシャーの直接検定法 …… 155
- フリードマンの検定 ………… 139
- プロマックス回転 …………… 225
- 不適解 ……………… 218, 227
- 不偏共分散 …………………… 54
- 不偏推定量 ………………… 103
- 不偏性 ………………… 90, 104
- 不偏分散 ……………… 45, 89
- 分割表 ………………… 36, 150
- 分散 …………………… 45, 58
- 分散構造 …………………… 204
- 分散説明率 ………… 188, 209
- 分散分析 …………… 122, 127
- 分布 ………………………… 35

へ

- ヘイウッドケース …………… 227
- ベイズ推定量 ……………… 105
- 平均 ………………………… 43
- 平方和の分割 ……………… 125
- 併存的妥当性 ………………… 67
- 変数 ………………… 12, 230
- 変数ベクトル ……………… 176
- 偏回帰係数 ‥ 192, 195, 203, 226
- 偏差 IQ ……………………… 49
- 偏相関係数 …………… 61, 180
- 弁別的妥当性 ………………… 67

ほ

- ボンフェロニ法 ……………… 128
- 母集団 ………………… 16, 42, 82
- 母集団分布 …………… 42, 84
- 母数 ………………………… 87
- 母分散 ……………………… 45
- 飽和モデル ………………… 211
- 棒グラフ ……………………… 37

ま

- マクネマーの検定 ………… 165
- マン・ホイットニーの検定 …… 140
- 前向き研究 ………………… 166

247

み
見かけの相関 ………… 60, 160, 182
見かけの連関 ………………… 161

む
無作為 ………………………… 17

め
メタ分析 ……………………… 121
名義尺度 ……………………… 29
面接法 ………………………… 19

も
モード ………………………… 43

ゆ
尤度比カイ2乗統計量 …… 155, 157
尤度比検定 …………………… 155
有意 ………………… 96, 99, 216
有意確率 ……………………… 96
有意水準 …………………… 95, 99

よ
予測 …………………………… 182
予測の標準誤差 …… 86, 188, 193
予測関係 ……………………… 203
予測的妥当性 ………………… 67
予測分散 ……………………… 187
予測変数 ……………………… 12
予備調査 ……………………… 21
要因 …………………………… 33

り
リスク ………………………… 168
リスク差 ……………………… 168
リスク比 ……………………… 169
リッカート尺度 …………… 25, 31

両側検定 ………………… 94, 102
量的データ ………… 30, 38, 42
量的研究 ……………………… 15
倫理的配慮 ………………… 20, 22

る
累積寄与率 …………………… 228
累積相対度数 ………………… 38
累積度数 ……………………… 38

れ
連関 …………………………… 150
連関係数 ……………………… 152

ろ
ロジスティック回帰分析 · 174, 199
論理的妥当性 ………………… 66

わ
歪度 ……………………… 46, 49

A
AGFI …………………………… 213
AIC …………………………… 215

B
BIC …………………………… 215

C
CAIC ………………………… 215
CFI …………………………… 214

D
D 指標 ……………………… 80

G
G-P 分析 ……………………… 80

GFI ……………………………… 213

I
I-T 相関 ……………………… 80

N
NFI …………………………… 214
NNFI ………………………… 214

P
p 値 ………………………… 96

R
RMSEA ……………………… 214

S
SEM …………………………… 203

T
TLI …………………………… 214
t 検定 ……………………… 112
T 得点 ……………………… 49

V
VIF …………………………… 199

Z
z 得点 ……………………… 49
Z 得点 ……………………… 49

ギリシャ文字
α 係数 ……… 74, 77, 149, 228

数字
2×2 表 ……………… 36, 154, 164
2次因子分析モデル ………… 231
2値 ………………… 164, 199, 230

【著者略歴】

石井　秀宗
（いし　い　ひで　とき）

1994年	東京大学教育学部卒業
1996年	東京大学大学院教育学研究科修士課程修了
	医歯薬出版株式会社（～1998年）
1999年	国立身体障害者リハビリテーションセンター学院非常勤講師（～2000年）
2000年	佼成看護専門学校非常勤講師（～2003年）
2001年	大学入試センター研究開発部助手
2003年	東京大学大学院教育学研究科博士課程修了　博士（教育学）
2004年	ミネソタ大学教育心理学科客員研究員（～2005年）
2005年	東京大学大学院教育学研究科客員助教授
2007年	名古屋大学大学院教育発達科学研究科准教授
2010年	富山大学大学院医学薬学研究部非常勤講師（～2011年）
2014年	関西学院大学社会学部非常勤講師（～2014年）
2015年	名古屋大学大学院教育発達科学研究科教授
	ミネソタ大学教育心理学科客員教授（～2016年）
2019年	中京大学総合政策学部非常勤講師（～2020年）

人間科学のための統計分析
こころに関心があるすべての人のために　ISBN978-4-263-73161-1

2014年9月25日　第1版第1刷発行
2020年3月25日　第1版第5刷発行

著　者　石井　秀宗
発行者　白石　泰夫
発行所　医歯薬出版株式会社

〒113-8612　東京都文京区本駒込1-7-10
TEL．(03) 5395-7620（編集）・7616（販売）
FAX．(03) 5395-7603（編集）・8563（販売）
https://www.ishiyaku.co.jp/
郵便振替番号　00190-5-13816

乱丁，落丁の際はお取り替えいたします　　　印刷・木元省美堂／製本・愛千製本所
© Ishiyaku Publishers, Inc., 2014. Printed in Japan

本書の複製権・翻訳権・翻案権・上映権・譲渡権・貸与権・公衆送信権（送信可能化権を含む）・口述権は，医歯薬出版㈱が保有します．
本書を無断で複製する行為（コピー，スキャン，デジタルデータ化など）は，「私的使用のための複製」などの著作権法上の限られた例外を除き禁じられています．また私的使用に該当する場合であっても，請負業者等の第三者に依頼し上記の行為を行うことは違法となります．

JCOPY ＜出版者著作権管理機構　委託出版物＞
本書をコピーやスキャン等により複製される場合は，そのつど事前に出版者著作権管理機構（電話 03-5244-5088，FAX 03-5244-5089，e-mail：info@jcopy.or.jp）の許諾を得てください．